高等学校计算机应用规划教材

HTML+CSS+JavaScript
网页设计

夏魁良　王丽红　编著

清华大学出版社
北　京

内 容 简 介

本书系统全面地介绍 HTML、CSS 和 JavaScript 的基本知识和使用技巧。全书共分为 14 章，主要内容包括网页设计基础知识、HTML 基础、HTML5 快速入门、HTML 表单、网页中的多媒体、CSS 概述、CSS 选择器、使用 CSS 设置文本样式、设置元素的背景、边框和边距、变形处理、CSS 动画、网页布局、JavaScript 基本语法、JavaScript 函数、事件和对象、使用 jQuery 等内容。最后综合运用全书所学知识，介绍企业网站建设的基本流程和风格设计。

本书内容丰富、结构合理、思路清晰、语言简练流畅、示例翔实，主要面向网页设计与制作的学习人员，适合作为高等院校相关专业网页设计课程的教材，还可作为网页设计与开发从业人员的参考资料。

本书对应的课件、习题答案和实例源文件可以到 http://www.tupwk.com.cn/downpage 网站下载，也可通过扫描前言中的二维码下载。

图书在版编目(CIP)数据

HTML+CSS+JavaScript 网页设计 / 夏魁良，王丽红 编著. —北京：清华大学出版社，2019(2022.8重印)
(高等学校计算机应用规划教材)
ISBN 978-7-302-52523-3

Ⅰ. ①H… Ⅱ. ①夏… ②王… Ⅲ. ①超文本标记语言—程序设计—高等学校—教材 ②网页制作工具—高等学校—教材 ③JAVA 语言—程序设计—高等学校—教材 Ⅳ. ①TP312.8②TP393.092

中国版本图书馆 CIP 数据核字(2019)第 043606 号

责任编辑：胡辰浩
装帧设计：孔祥峰
责任校对：成凤进
责任印制：曹婉颖

出版发行：清华大学出版社
网　　址：http://www.tup.com.cn，http://www.wqbook.com
地　　址：北京清华大学学研大厦 A 座　　**邮　　编**：100084
社 总 机：010-83470000　　**邮　　购**：010-62786544
投稿与读者服务：010-62776969，c-service@tup.tsinghua.edu.cn
质 量 反 馈：010-62772015，zhiliang@tup.tsinghua.edu.cn
印 装 者：大厂回族自治县彩虹印刷有限公司
经　　销：全国新华书店
开　　本：185mm×260mm　　**印　　张**：22　　**字　　数**：563 千字
版　　次：2019 年 4 月第 1 版　　**印　　次**：2022 年 8 月第 3 次印刷
定　　价：79.00 元

产品编号：057180-02

前　言

在“互联网+”时代，对各种网站的需求越来越多，规范性标准越来越高，技术越来越先进，传统的网站制作教材从技术实现的角度看，使用的技术比较落后；从代码结构看，没有将页面内容和样式分离，导致代码过于烦琐，不便于维护和扩展。为了适应现代技术的飞速发展，帮助众多网页制作爱好者学习标准的网页设计规范，提高网站的设计及编码水平，我们在潜心研究网站制作的前沿技术后，精心编写了本书。

本书采用全新的Web标准及技术，由浅入深、系统全面地介绍HTML、CSS和JavaScript的基本知识和常用技巧。这3项技术分别对应网页的3个主要部分：结构、表现和行为。HTML是网页的结构，是网页制作的主要语言，作为网页内容的载体，HTML包含用户需要浏览的内容，包括图文、视频，它们是构成网页的基本元素；CSS用来设定网页的表现样式，中文名叫层叠样式表，它的出现是为了解决内容和表现分离的问题，CSS的存在使得HTML变得丰富多样；如果只有“结构”和“表现”，而缺少用户与网页的交互，那么这样的网页就如一潭死水，无法使用户获得良好体验，JavaScript的出现就是为了控制网页的行为，增强用户的可操作性，JavaScript是脚本语言，是连接前台(HTML)和后台服务器的桥梁，更是操纵HTML的能手。

全书共14章，第1章介绍网页制作与设计相关的基础知识，主要讲述一些基本概念、相关技术、常用的开发工具等；第2~5章是HTML部分，主要介绍HTML的基本语法和常用标签的使用，HTML5新增的标签、属性和事件，HTML表单以及网页中的多媒体元素等；第6~10章是CSS部分，主要介绍为什么要使用CSS，如何在HTML中使用CSS，CSS的继承和优先级，CSS选择器，CSS的常用属性(包括字体相关的属性、文本格式化属性、颜色与背景、边框和边距等)，变形处理和动画设计；第11~13章是JavaScript部分，主要介绍JavaScript的发展历程，文档对象模型(DOM)，JavaScript的基本语法，JavaScript函数、事件和对象，使用jQuery(包括为什么使用jQuery、jQuery的基本语法、选择器、筛选器、事件处理、文档处理、jQuery动画等)。JavaScript本身是一个庞大的主题，本书虽然并未以HTML和CSS同样的深度进行介绍，但也能使读者编写自己的脚本并有效地使用jQuery。第14章是综合实例，讲述典型的企业网站建设流程和风格设计，并通过具体的实例开发，引领读者学以致用，熟悉实际项目的开发流程，逐步成长为一名优秀的网页设计与开发人员。

本书内容丰富、结构合理、思路清晰、语言简练流畅、示例翔实。每一章的引言部分概述该章的内容和学习目标。在每一章的正文中，结合所讲述的关键技术和难点，穿插大量极富实用价值的示例，并配有相应的效果图。每一章末尾都安排了有针对性的思考和练习，帮助读者巩固该章所学的知识点，培养读者的实际动手能力，加深读者对关键技术和难点的理解。

本书主要面向网页制作与开发的学习人员，适合作为高等院校相关专业的教材，也适合从事网页设计制作和网站建设的从业人员阅读和参考。

本书分为14章，其中黑河学院的夏魁良编写了第1~7章，王丽红编写了第8~14章。另外，参加本书编写的人员还有肖茜、徐晓明、薛继军、岳殿召、陈添荣、侯铁国、刘军勇、李淑萍、尹志亮、陈光训、吴超群、郑玉祥、付君泽、黄怀春、靳廷喜等。由于作者水平有限，本书难免有不足之处，欢迎广大读者批评指正。我们的信箱是 huchenhao@263.net，电话是010-62796045。

本书对应的课件、习题答案和实例源文件可以到 http://www.tupwk.com.cn/downpage 网站下载，也可通过扫描下方的二维码下载。

作　者

2018年12月

目 录

第 1 章 网页设计基础知识

随着互联网的发展，越来越多的人学会了上网，通过网络，可以聊天、购物、看新闻、查天气，等等。这些功能都是通过访问不同的网页来完成的，那么网页是怎么制作出来的，我们通过手机、电脑上网时又如何访问不同的网页呢？本章将从最基本的概念讲起，告诉读者网页与网站的基本原理，如何设计和开发网页。

本章的学习目标：

- 理解网页和网站的基本概念
- 理解网页设计相关的技术
- 掌握静态网页的工作原理
- 了解常用的网页设计工具
- 了解网页设计与开发的过程
- 掌握网页制作环境的搭建

1.1 网页的基本概念

随着 Internet 的不断发展，网页已经被越来越多的人所熟悉。那么什么是网页，网页又是如何搭建并呈现在用户面前的呢？

1.1.1 Web 与网页

Internet，中文正式译名为互联网，又叫作国际互联网，是由那些使用公用语言互相通信的电脑连接而成的全球网络。一旦将电脑连接到它的任何一个节点上，就意味着电脑已经连上Internet。Internet 目前的用户已经遍及全球，有几十亿人在使用 Internet，并且用户数还在快速上升。

Internet 采用超文本和超媒体的信息组织方式，将信息的链接扩展到整个 Internet。而 Web 就是一种超文本信息系统，它使得文本不再像一本书一样是固定的、线性的，而是可以从一个位置跳到另一个位置并从中获取更多信息。

1. Web

Web(World Wide Web)即全球广域网，也称万维网，是一种基于超文本和HTTP的、全球性的、动态交互的、跨平台的分布式图形信息系统。Web是建立在Internet上的一种网络服务，为浏览者在Internet上查找和浏览信息提供图形化的、易于访问的直观界面，其中的文档及链接将Internet上的信息节点组织成一个相互关联的网状结构。

Web的表现形式包括超文本(HyperText)、超媒体(HyperMedia)和超文本传输协议HTTP(HyperText Transfer Protocol)。

- 超文本是一种用户接口方式，用以显示文本以及与文本相关的内容。超文本的格式有很多，常用的是超文本标记语言(Hyper Text Markup Language，HTML)及富文本格式(Rich Text Format，RTF)。我们日常浏览的网页上的链接都属于超文本。
- 超媒体是超级媒体的简称，是超文本和多媒体在信息浏览环境下的结合。用户不仅能从一个文本跳到另一个文本，而且可以激活一段声音，显示一幅图形，甚至可以播放一段动画。
- 超文本传输协议(HTTP)是互联网上应用最广泛的一种网络协议。

2. 网页

我们用手机或电脑浏览一条新闻或搜索某个关键词时，呈现出来的就是网页。

网页是包含HTML标签的纯文本文件，可以存放在世界某个角落的某台计算机中，是万维网中的一“页”，采用超文本标记语言格式(标准通用标记语言的应用之一，文件扩展名为.html或.htm)。

文字与图片是构成网页的两种最基本元素。我们可以简单地理解为：文字，就是网页的内容；图片，就是网页的外观。除此之外，网页的元素还包括动画、音乐、程序等。

根据网页内容是否依据请求不同而发生变化，可以将网页分为静态网页和动态网页。

- 静态网页：静态网页是标准的HTML文件，文件扩展名是.htm、.html，可以包含文本、图像、声音、Flash动画、客户端脚本和ActiveX控件等。静态网页的内容是预先确定的，早期的网站一般都是由静态网页制作的。静态网页更新起来比较麻烦，适用于一般更新较少的展示型网站。让人容易误解的是静态页面都是.htm这类页面，实际上静态网页也不完全是静态的，也可以出现各种动态的效果，如GIF格式的动画、Flash、滚动字幕等。
- 动态网页：动态网页是跟静态网页相对的一种网页，动态网页可以与用户进行交互，一般以数据库技术为基础，根据用户提交的请求数据，动态生成页面中的内容。采用动态网页技术的网站可以实现更多功能，如用户注册、用户登录等。常用的动态网页技术有JSP、ASP/ASP.NET、PHP等。

从网站浏览者的角度看，无论是动态网页还是静态网页，都可以展示基本的文字和图片信息，但从网站开发、管理、维护的角度看就有很大差别。

网页是构成网站的基本元素，是承载各种网站应用的平台。通俗地说，网站就是由网页组成的，如果一个网站只有域名和虚拟主机而没有制作任何网页的话，也就无法访问该网站。

1.1.2 网站

网站(Web Site)是指在 Internet 上根据一定的规则，使用 HTML 等工具制作的用于展示特定内容的相关网页的集合。简单地说，网站是一种沟通工具，人们可以通过网站来发布自己想要公开的资讯，或者利用网站来提供相关的网络服务。人们可以通过网页浏览器来访问网站，获取自己需要的资讯或者享受网络服务。

域名、网站空间与程序是网站的基本组成部分。

- 域名(Domain Name)：域名是由一串用点分隔的字母组成的 Internet 上某台计算机或计算机组的名称，用于在进行数据传输时标识计算机的电子方位。通俗地讲，域名就相当于家庭的门牌号码，别人通过这个号码可以很容易找到你。例如，百度的域名 www.baidu.com，标号“baidu”是这个域名的主域名体，而最后的标号“com”则是域名的后缀，代表这是 com 国际域名，是顶级域名，而前面的 www 是网络名。DNS 规定，域名中的标号都由英文字母和数字组成。每一个标号不超过 63 个字符，也不区分大小写字母。标号中除连字符(-)外不能使用其他标点符号。级别最低的域名写在最左边，而级别最高的域名写在最右边。
- 网站空间：简单地讲，网站空间就是存放网站内容的空间，也称为虚拟主机空间。通常企业做网站都不会自己架设服务器，而是选择以虚拟主机空间作为放置网站内容的网站空间。网站空间大小是指用于存放网站文件和资料(包括文字、文档、数据库、网站的页面、图片等文件)的容量。
- 程序：程序是指建设与修改网站所使用的编程语言，换成源代码就是一堆按一定格式书写的文字和符号。

对于网页设计初学者来说，可以简单理解为：网站的本质就是一个文件夹，在该文件夹中保存相关联的所有网页文件及所有资源文件，设计网站就是逐个设计网页，并将它们分类保存在网站文件夹的各个子文件夹中。

网站文件夹也称为网站的根目录，一般网站的目录结构如图 1-1 所示。

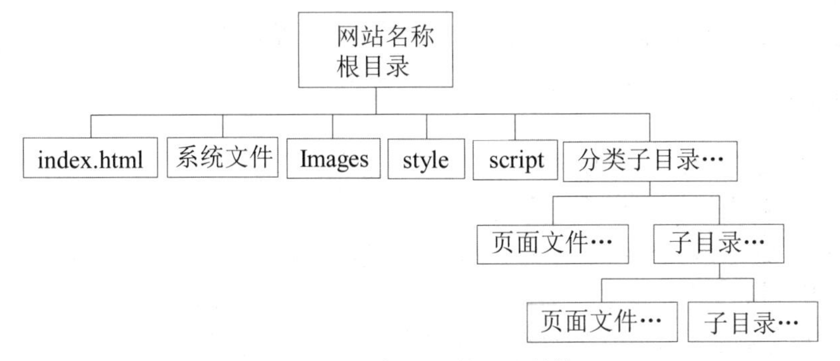

图 1-1 一般网站的目录结构

这里，index.html 是网站的主页文件，主页文件在网站中是不可或缺的，主页文件名可以根据实际需要更换，可以是静态页面，也可以是动态页面。

网站文件夹中子文件夹的类别及个数并不固定，可以根据实际需求来确定，网站中包含的页面个数可以根据实际需求增加或减少。

1.2 网页设计相关技术

Web 标准目前流行的设计方式是采用 HTML(XHTML)+CSS+JavaScript 将网页的内容、表现和行为分离。HTML、CSS 和 JavaScript 都是跨平台且与操作系统无关的，只依赖于浏览器，目前所有的浏览器都支持 HTML、CSS 和 JavaScript。

1.2.1 HTML 概述

HTML 的全称是超文本标记语言(Hyper Text Markup Language)，是 Internet 上用于编写网页的主要语言，它提供精简而有力的文件定义，可以设计出多姿多彩的超媒体文件。

HTML 文件采用纯文本的文件格式，所谓超文本，主要是指它的超链接功能，通过超链接将图片、声音、视频以及其他网页或网站链接起来，构成内容丰富的 Web 页面。

HTML 是最早的超文本标记语言，它的发展经历了多个版本。在发展过程中，尤其是从 HTML 4.0 开始，淘汰了很多标记和属性，本书对这些淘汰的标记和属性不再赘述。

1. HTML 的特点

HTML 文档制作简单，但功能强大，支持导入不同数据格式的文件，这也是万维网(WWW)盛行的原因之一，HTML 的主要特点如下。

- 简易性：只需要一个简单的文本编辑器就可以完成 HTML 文档的创建。
- 可扩展性：HTML 的广泛应用带来了增强功能、增加标识符等要求，HTML 采取子类元素的方式，为系统扩展带来保证。
- 平台无关性：HTML 独立于操作系统，对多平台兼容，只需要一个浏览器，就能在操作系统中浏览网页文件，这也是万维网(WWW)盛行的另一个原因。
- 通用性：HTML 是网络上的通用语言，是一种简单、通用的全置标记语言。它允许网页制作者建立文本与图片相结合的复杂页面，这些页面可以被网上的任何人浏览到，无论使用的是什么类型的终端(电脑或手机)或浏览器。

2. XHTML

XHTML(eXtensible HyperText Markup Language，可扩展超文本标记语言)是一种置标语言，表现方式与 HTML 类似，不过语法上更加严格。

从继承关系上讲，HTML 是一种基于标准通用置标语言的应用，是一种非常灵活的置标语言，而 XHTML 则基于可扩展标记语言，可扩展标记语言是标准通用置标语言的一个子集。

HTML 的语法要求比较松散，这样对网页编写者来说，比较方便;但对于机器来说，语言的语法越松散，处理起来就越困难。对于传统的电脑来说，还有能力兼容松散语法；但对于许多其他设备，比如手机，难度就比较大。因此，产生了由 DTD 定义规则，语法要求更加严格的 XHTML。

事情要追溯到 1998 年，当时 HTML 4.0 规范几近完成，但 W3C(World Wide Web Consortium)做出了决定，让 Web 转向 XHTML 而不是 HTML。于是人们终止了 HTML 4.0 的相关工作，并全力集中于 XHTML 1.0 规范。

2000 年底，W3C 公布发行了 XHTML 1.0。XHTML 1.0 是一种在 HTML 4.0 基础上优化和改进的新语言，目的是基于 XML 应用。XHTML 是一种增强的 HTML，XHTML 是更严谨、更纯净的 HTML 版本。它的可扩展性和灵活性将适应未来网络应用的更多需求。XML 虽然数据转换能力强大，完全可以替代 HTML，但面对成千上万已有的基于 HTML 语言设计的网站，直接采用 XML 还为时过早。因此，在 HTML 4.0 的基础上，用 XML 的规则进行扩展，得到了 XHTML。所以，建立 XHTML 的目的就是实现从 HTML 向 XML 的过渡。

然而，W3C 的下一步走得并不顺利。XHTML 的下一个版本 XHTML 2.0 含有一些了不起的思想，而且是精心编写的规范，但它们完全没有反映出 Web 开发人员在 Web 上实际要做的工作，而更像是 W3C 的理想化产物。

W3C 对此感到沮丧，并引起剧烈反响。最显著的是在 2004 年，一群志同道合的开发人员和各大浏览器的实现者(包括 Opera、Mozilla 以及后来的 Apple 代表)联手，组成了一个名叫 WHATWG(www.whatwg.org)的与规范背离的小组，致力于编写更好的标记规范，使之具有一组更有效创建新品种 Web 应用程序的特性。WHATWG 创建了 Web Application 1.0 规范，其中记录了已有的可交互浏览器行为和特性，以及用于 Open Web 技术堆栈(如 API 以及新的 DOM 解析规则等)的新特性。

经过 W3C 成员之间的多次磋商后，2007 年 3 月 7 日，一个新的 HTML 工作小组(HTML Working Group，HTML WG)以开放的参与方式重新启动了 HTML 的有关工作。HTML WG 的首要决策之一就是，采纳 Web Application 1.0 规范并称之为 HTML5。

HTML5 是向后兼容的，它包含 HTML 4.0 规范的全部特性，并包括少量修改和完善。但它还包含很多用于建立动态 Web 应用程序以及创建更高质量的标记所需的附加素材。目前，主流浏览器的最新版本都对 HTML5 提供很好的支持，本书后面介绍的 HTML 技术，如无特殊说明均指 HTML5。

1.2.2　CSS

CSS(Cascading Style Sheets，层叠样式表)是一种用来表现 HTML 或 XML 等文件样式的语言。CSS 不仅可以静态地修饰网页，还可以配合各种脚本语言动态地对网页元素进行格式化。

CSS 能够对网页中元素位置的排版进行像素级精确控制，支持几乎所有的字体字号样式，拥有对网页对象和模型样式编辑的能力。

CSS 是一种定义样式结构(如字体、颜色、位置等)的语言，被用于描述网页上信息的格式化和显示方式。CSS 样式可以直接存储于 HTML 网页或单独的样式表文件中。

层叠样式表中的“层叠”表示样式规则应用于 HTML 文档元素的方式。具体地说，CSS 样式表中的样式将形成一个层次结构，更具体的样式覆盖通用样式。样式规则的优先级由 CSS 根据这个层次结构决定，从而实现级联效果。

1. CSS 的发展史

CSS 最早于 1996 年由 W3C 审核通过并推荐使用，被称为 CSS 1.0，CSS 1.0 比较全面地规定了文档的显示样式，主要包括选择器以及一些基本的样式。1998 年，W3C 推出了 CSS 2.0，CSS 2.0 在 CSS 1.0 的基础上添加了新的选择器，改进了位置属性并且添加了新的媒体类型等。

在实现 CSS 2.0 标准时花费了很长时间，遇到了很多的问题。于是，2007 年 W3C 对 CSS 2.0 进行了修订、修改，同时又删除了一些属性和样式，推出了 CSS 2.1。2001 年 W3C 开始着手 CSS3 标准的制定，与前面的版本不一样，CSS3 不是一个独立的完整版本，而是拆分成若干独立的模块，如选择器模块和盒子模型模块等，这些拆分有利于整个标准的及时更新和发布，也有利于浏览器厂商的实现。然而每个模块的进度都不一样，比如选择器模块可能已经有标准了，而网格布局可能还处在起草阶段，所以说 CSS3 要得到全面支持并推广还需要一段时间。但现在一些主流浏览器已经开始支持 CSS3 的部分属性了，开发者在开发中也已经用到这些属性，特别是在移动端的开发中，像页面中的动画、圆角等效果，基本上都是使用 CSS3 的属性来实现的。

2. HTML 和 CSS 的结合

前面已经介绍了 HTML 一些优点，包括简单易学、易于推广和扩展，具有平台无关性，开发者无须考虑浏览器的兼容问题。

但是，单纯的 HTML 代码在数据和表现上比较混杂，代码臃肿，不易于维护。CSS 的产生恰恰弥补了这些缺点，主要表现在如下几个方面。

- 表现与 CSS 的分离：CSS 2.0 从真正意义上实现了设计代码与内容的分离，它将设计部分剥离出来并放在独立的样式文件中，HTML 文件只存放文本信息，这样的页面对搜索引擎更加友好。
- 提高页面浏览速度：对于页面的视觉效果，采用 CSS 布局的页面容量要比表格编码的页面文件容量小得多，前者一般只有后者的二分之一，浏览器不用去编译大量冗长的标签。
- 易于维护和修改：开发者只需要简单修改几个 CSS 文件，就可以重新设计整个网站的页面。
- 继承性能优越：CSS 代码在浏览器的解析顺序上会根据 CSS 的级别进行，按照对同一元素定义的先后来应用多个样式，良好的 CSS 代码设计可以使代码之间产生继承关系，能够达到最大限度的代码重用，从而降低代码量及维护成本。
- 易于被搜索引擎搜索：由于 CSS 代码规范整齐，并且与网页内容分离，因此搜索引擎仅分析内容部分即可。

1.2.3 JavaScript 脚本语言

JavaScript 是一种属于网络的脚本语言，已经被广泛用于 Web 应用开发，常用来为网页添加各式各样的动态功能，为用户提供更流畅美观的浏览效果。

在 1995 年，JavaScript 由 Netscape 公司的 Brendan Eich，在 Netscape Navigator 浏览器上首次设计实现而成。因为 Netscape 与 Sun 合作，Netscape 管理层希望它外观看起来像 Java，因此取名为 JavaScript。但实际上 JavaScript 的语法风格与 Self 及 Scheme 较为接近。

JavaScript 是一种直译式脚本语言，它的解释器称为 JavaScript 引擎，是浏览器的一部分，是被广泛用于客户端的脚本语言，最早在 HTML 网页上使用，用来给 HTML 网页增加动态功能。

JavaScript 脚本语言同其他语言一样，有自身的基本数据类型、表达式和算术运算符，也有自己基本的程序框架。JavaScript 提供四种基本的数据类型和两种特殊数据类型用来处理数据和文字。变量提供存放信息的地方，表达式则可以完成较复杂的信息处理。

1.3 网页设计与开发

本节将介绍静态网页的工作原理，以及网页设计常用的开发工具。

1.3.1 静态网页的工作原理

静态网页部署在 Web 服务器端，Web 服务器收到 HTTP 请求后需要将整个页面的内容全部下载到客户端，由 Web 浏览器解释执行。

静态网页最大的特点是网页中显示的内容通常不会因人、因时而变，即任何客户端在任何时候访问同一个页面，其内容都是一样的。

静态网页的工作原理如图 1-2 所示。

静态网页的执行需要两步来完成：

(1) 在 Web 浏览器的地址栏中输入静态网页的 URL，向 Web 服务器发出 HTTP 请求。

(2) Web 服务器处理 HTTP 请求，返回 HTTP 响应，将用户所请求页面的所有代码及资源文件都返回给客户端，Web 浏览器解释执行之后，将内容呈现给用户。

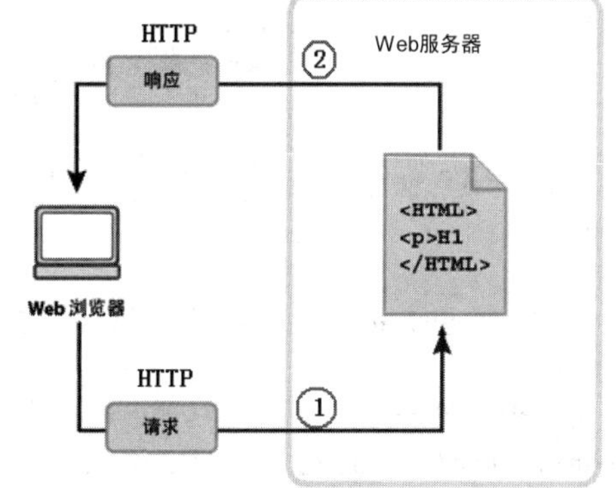

图 1-2　静态网页的工作原理

所以，对于我们访问的静态页面，在 Web 浏览器中查看源文件时，可以看到文件的所有代码，不具有任何保密性。

虽然静态文件可以直接通过 Web 浏览器预览或者在文件夹中双击运行，但是本书统一采用规范化做法，所有的页面文件都通过 Web 服务器的方式来运行。

1.3.2 常用的开发工具

由于 HTML 文件是标准的 ASCII 文本文件，因此，可以使用任意文本编辑器来打开和编辑 HTML 文件，如 Windows 自带的“记事本”程序。除此之外，还有一些专门用来设计和开发网页的软件，常用的有 Dreamweaver，这些专业软件具有可视化界面，可以所见即所得地快速设计出美观的网页，减少开发人员的工作量。

1. 使用记事本编写 HTML 文件

HTML 是一门以文字为基础的语言，不需要什么特殊的开发环境，所以可以直接使用 Windows 自带的“记事本”程序进行编写，需要注意的是保存文件时，一定要使用 HTML 文件的扩展名.html 或.htm 进行保存。具体操作步骤如下：

(1) 通过“开始”菜单，运行“记事本”程序，将自动新建一个空白的文本文档。

(2) 在记事本的空白文件中输入HTML文件的代码。

(3) 选择“文件”|“另存为”命令，打开“另存为”对话框。在“保存类型”下拉列表中选择“所有文件(*.*)”选项，然后输入扩展名为.html或.htm的文件名，如图1-3所示。

图1-3　保存文件

(4) 单击“保存”按钮，完成HTML文件的编写，找到该文件，双击后即可在浏览器中查看效果。

2. 使用Dreamweaver编写HTML文件

Dreamweaver是集网页制作和网站管理于一身的所见即所得网页代码编辑器，最新版本是Dreamweaver CC 2019。在Dreamweaver CC中编写HTML文件的具体步骤如下：

(1) 启动Dreamweaver CC，选择“文件”|“新建”命令，新建一个HTML文档。新建的HTML文档会自动生成HTML5格式的空白页面，包含基本的HTML标记。

(2) 默认情况下，Dreamweaver CC的主窗口分成两部分：上面是“实时视图”，显示当前页面实际运行时的效果，也可以直接在实时视图中设计页面内容；下面是“代码视图”，在代码视图中可以直接编写HTML代码，就如同在文本编辑器中输入HTML代码一样。

(3) 在代码视图中输入完HTML代码后，实时视图会立即更新，显示当前页面的实际运行效果。

(4) 选择“文件”|“保存”命令，保存文档，即可完成HTML文件的编写。

3. Web服务器

Web服务器一般指网站服务器，只有将设计好的网站放置到Web服务器上，才能使网络中的所有用户通过Web浏览器进行访问。Web服务器不仅能存储信息，还能在用户通过Web浏览器提供的信息的基础上运行脚本和程序。目前主流的Web服务器有Apache、IIS和Nginx。

Apache：由Apache基金组织提供的一种Web服务器，特长是处理静态页面，对静态页面的处理效率非常高。

IIS：Microsoft的Web服务器产品为Internet Information Services(IIS)，IIS是允许在公共

Intranet 或 Internet 上发布信息的 Web 服务器。IIS 是目前最流行的 Web 服务器产品之一，很多著名的网站都建立在 IIS 平台上。IIS 提供了拥有图形界面的管理工具，称为 Internet 服务管理器，可用于监视配置和控制 Internet 服务。

Nginx：一款轻量级的 Web 服务器，可以在大多数 UNIX/Linux 系统上编译运行，并有 Windows 移植版。特点是占有内存少，并发能力强，使用 Nginx 的网站有百度、京东、新浪、网易、腾讯、淘宝等。

1.3.3　网页设计与开发的过程

创建完整的网站是一个系统工程，有一定的工作流程，只有遵循步骤，按部就班，才能设计出让人满意的网站。因此，在设计网页前，先要了解网页设计与开发的基本流程，从而制作出更好、更合理的网站。

1. 明确网站定位

在创建网站时，确定网站的目标是第一步。设计者应清楚要建立的网站的目标定位，即明确网站将提供什么样的服务。通常可以从以下 3 个方面来考虑。

(1) 网站的整体定位：对网站的整体进行客观评估，定位是哪种类型的网站，包括大型商用网站、小型电子商务网站、门户网站、个人主页、科研网站、交流平台、公司或企业的服务型网站等。

(2) 网站的主要内容：如果是综合型网站，那么对于新闻、邮件、电子商务、论坛等都要有所涉及，这就要求网页结构紧凑、美观大方。对于侧重某一方面的网站，如游戏网站、娱乐网站等，则对网页美工要求较高，使用模板较多，网页和数据库更新较快。对于个人主页或介绍型网站，通常更新较慢，浏览率较低，并且由于链接较少，内容不如其他网站丰富。

(3) 网站浏览者的教育程度：对于不同的浏览者群体，网站的吸引力是截然不同的。例如，针对少年儿童的网站，卡通和科普性的内容更符合浏览者的兴趣，也能够达到网站寓教于乐的目的；针对学生的网站，往往对网站的动感程度和特效技术要求更高一些；对于商务浏览者，网站的安全性和易用性更为重要。

2. 收集信息与素材

为了丰富网站内容，提高网站的吸引力，在制作网页之前，收集相关的信息和素材是必不可少的。可将收集到的资料分类存放到两个文件夹中——text 和 image，每个资料的文件名最后应该使用英文小写，因为有些主机或服务器不支持中文。

(1) 文本内容的收集

文本是网页的主要内容，通过文字描述可以让访问者清楚地明白页面的具体作用。可以从网络、书本、报刊上找到需要的文字材料，也可以使用平时积累的一些资料，甚至自己编写有关的文字材料。收集的文本素材既要丰富，又要便于组织，这样才能做出内容丰富、整体感强的网站。

(2) 多媒体素材的收集

只有文本的网页枯燥乏味、缺乏美感。如果增加一些图片、声音或动画效果，将使网页充满生机，从而吸引更多的访问者。

多媒体素材的主要来源有如下 3 个渠道。

- 从 Internet 上获取，充分利用网络共享资源，收集一些能美化网页的图片素材。
- 利用已有图片或自己拍摄。随着手机功能越来越强大，利用手机可以随时随地拍摄身边的美景，经过加工处理，整合到网页中。
- 使用动画制作软件：可采用 3ds Max 或 Flash 等软件自己动手制作特殊效果的动画或图像素材。

3. 规划网站结构

合理地组织站点结构，能够加快站点的设计，提高工作效率，节省工作时间。当需要创建大型网站时，如果将所有网页都存储在一个目录下，当网站的规模越来越大时，管理起来就会变得很困难。因此，合理地使用文件夹管理文档就显得非常重要。

网站的目录是指在创建网站时建立的目录。要根据网站的主题和内容来分类规划，不同的栏目对应不同的目录。在各个栏目目录下也要根据内容的不同划分不同的子目录，如页面用到的图片放在 images 目录下，新闻放在 news 目录下，数据库放在 database 目录下，脚本放在 scripts 目录下，等等。同时，要注意目录的层次不宜太深，一般不超过 3 层。另外，给目录起名的时候要尽量使用能表达目录内容的英文或汉语拼音，这样方便日后维护与管理。图 1-4 所示是一般企业网站的网站结构。

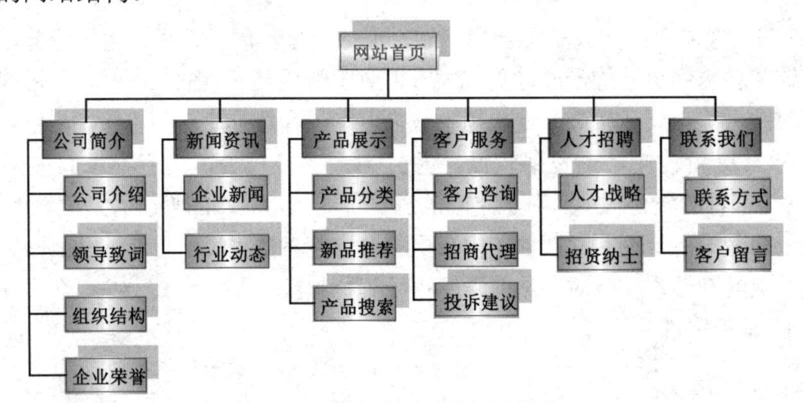

图 1-4　一般企业网站的网站结构

4. 设计网页模板

为了使整个网站的页面具有统一的布局和色调，通常网站的所有页面都是基于同一个模板制作的，这样做不仅使整个网站的页面风格一致，还能大大提高开发人员的效率。

模板的设计主要涉及页面的整体布局，包括 Logo、标准色彩、导航栏、版权页脚部分等。留下页面的主体部分，用基于模板的具体网页来填充具体内容。

一种常见的网站页面布局如图 1-5 所示，其中，除了“页面内容”部分以外的其他内容都可以在模板中完成设计，这样所有页面不同的地方只有“页面内容”部分，从而节省大部分开发工作，而且整个网站看起来风格一致。

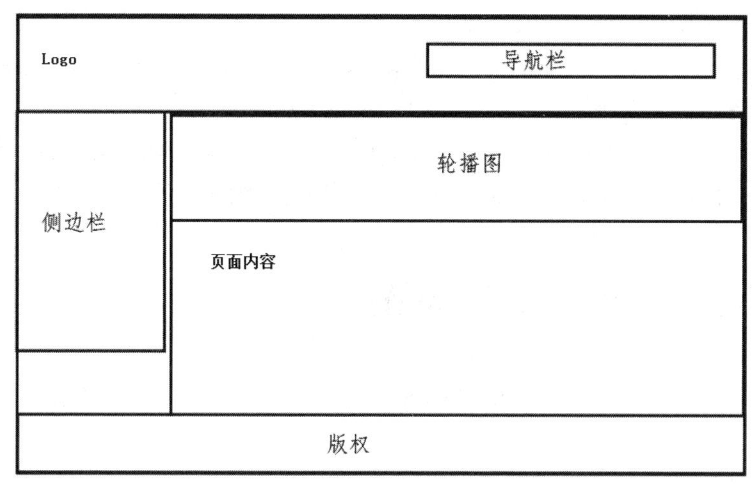

图 1-5　一种常见的网站页面布局

5. 制作页面

设计好网站的模板以后，通常可以基于模板来制作每一个具体的页面。

网页制作是一个复杂而细致的过程，一定要按照先大后小、先简单后复杂的顺序制作。所谓先大后小，是指在制作网页时，先把大的结构设计好，然后逐步完善小的结构设计；所谓先容易后复杂，是指先设计出简单的内容，然后设计复杂的内容，以便出现问题时好修改。

这一部分也是本书要讲解的重要内容，通过本书的学习，相信读者将慢慢成长为一名优秀的网页设计开发人员。

6. 实现后台功能

页面制作完毕后，如果有动态交互功能，则需要完成后台的动态功能模块。目前，几乎所有网站都包含动态功能。常见的后台功能有注册、登录、留言、搜索等。

静态网站可以使用 Dreamweaver 等网页编辑工具来建立，而动态网站的后台交互功能则需要使用服务器端技术，如 JSP、ASP.NET、PHP 等。本书不对此做过多介绍，感兴趣的读者可参考相关书籍。

7. 网站的测试与发布

在将网站的内容发布到服务器之前，需要先在本地搭建环境，进行完整的测试，以保证页面外观和效果、链接和页面下载等与设计相同。站点测试主要包括检测站点在各种浏览器中的兼容性，检测站点中是否有断掉的链接。用户可以使用不同类型、不同版本的浏览器预览站点中的网页，检查可能存在的问题。

测试站点时需要注意以下几个方面：

(1) 在站点测试过程中应确保在目标浏览器中，网页如预期般显示和工作，没有受损的链接，下载时间不宜过长等。

(2) 了解各种浏览器对 Web 页面的支持程度，不同浏览器访问同一个 Web 页面，可能会有不同的效果。很多制作的特殊效果，在有的浏览器中可能看不到，为此需要进行浏览器兼容检测，以找出不被其他浏览器支持的部分。

(3) 检查链接的正确性，可以借助Dreamweaver CC中改进的检查链接功能来检查文件或站点中的内部链接及孤立文件。

网站的域名和空间申请完毕后，就可以上传网站了。可以使用FTP客户端工具将网站文件上传至服务器，也可以直接在Dreamweaver中通过站点管理来上传文件。

1.4 编写第一个HTML页面

前面介绍了这么多网页设计的相关知识，现在我们就来编写第一个HTML页面。

1.4.1 环境搭建

虽然静态网页不需要Web服务器的支持，可以直接通过浏览器预览，但是为了规范，本书所有页面均使用Apache服务器来进行访问。为此，我们需要先安装并配置Apache，同时需要检查浏览器对HTML5的支持。

1. 安装和配置Apache

从Apache官方网站http://httpd.apache.org/download.cgi可以下载Apache的Windows最新版本Apache 2.4，将下载的压缩包解压到需要安装的目录，以D盘为例，解压后得到一个名为Apache24的文件夹。该文件夹下有若干子文件夹，在conf子文件夹中找到配置文件httpd.conf，这是一个纯文本文件，可以用记事本打开，在该文件中更改服务路径及监听端口，如图1-6所示。

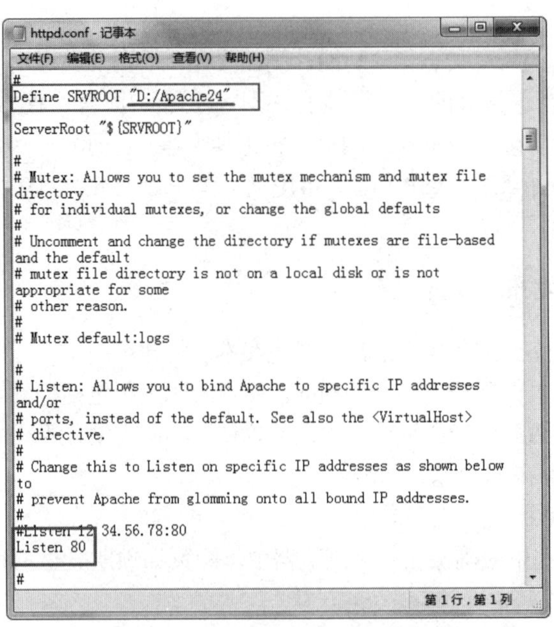

图1-6　更改服务路径和监听端口

保存配置，打开一个命令行窗口，进入Apache24文件夹下的bin目录，输入安装命令"httpd

-k install”开始安装服务，如图 1-7 所示。当出现“successfully installed”字样时表示安装成功。

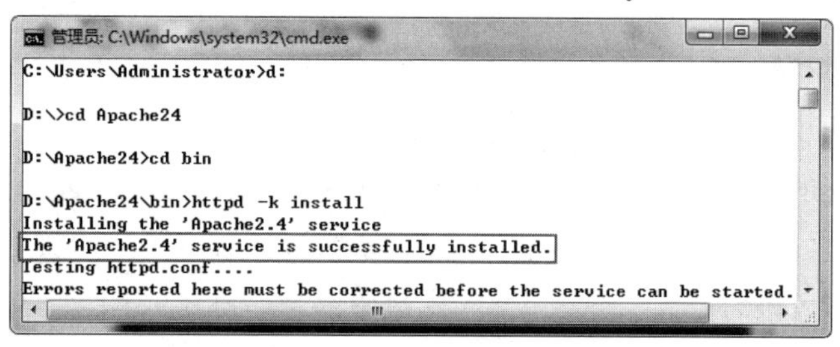

图 1-7　将 Apache 安装为 Windows 服务

可以在命令行窗口中通过命令“net start apache2.4”启动 Apache，或者到“服务”窗口中找到该服务并启动，Apache 服务启动成功后，会出现如图 1-8 所示的信息。

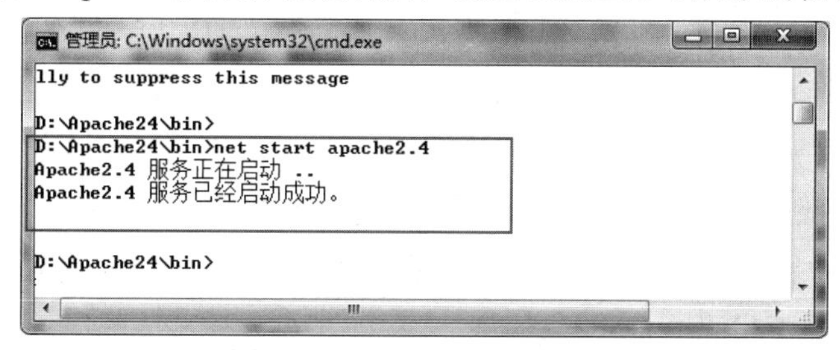

图 1-8　Apache 服务启动成功

此时，打开浏览器，在地址栏中输入网址 http://localhost/或 http://127.0.0.1 并访问，出现如图 1-9 所示的页面，表示 Apache 可以正常工作了。

图 1-9　Apache 服务的默认主页

网站的主目录是 Apache24 文件夹下的 htdocs 目录，上述请求打开的是 htdocs 目录下的 index.html 文件，这是 Apache 的默认配置，也可在 httpd.conf 中修改这些配置。

可以将 localhost 看作到主目录 htdocs 的映射，如果在 htdocs 目录下还有文件夹，访问这些文件夹中文件的方法是在 localhost 后面增加文件夹名称和相应的文件名。

例如，若 htdocs 目录中包含文件夹 exam，在该文件夹下存在网页文件 exam1.html，则可以在浏览器的地址栏中输入 http://localhost/exam/exam1.html 进行访问。本书所有示例都存放在 htdocs 目录的 exam 文件夹下，然后按章分别建立 ch01、ch02 等文件夹来存放每一章的示例文件。

2. 检测浏览器是否支持

尽管主流浏览器的最新版本都对 HTML5 提供很好的支持，但 HTML5 毕竟是全新的，因此在执行 HTML5 页面之前，必须先检查浏览器是否支持 HTML5。

目前，Microsoft 的 IE(IE9+)浏览器，以及 Mozilla 的 Firefox 与 Google 的 Chrome 浏览器等都可以很好地支持 HTML5。本书的示例主要运行在 Chrome 浏览器上。

安装相应的浏览器以后，为了能进一步了解浏览器对 HTML5 新标签的支持情况，可以在引入新的标签前，通过编写 JavaScript 代码来检测浏览器是否支持该标签。

浏览器在加载 Web 页面时会构造一个文本对象模型(Document Object Model，DOM)，然后通过该文本对象模型来表示页面中的各个 HTML 元素，这些 HTML 元素被表示为不同的 DOM 对象。全部的 DOM 对象都共享一些公共或特殊的属性，如 HTML5 的某些属性。如果在支持该属性的浏览器中打开页面，就可以很快检测出这些 DOM 对象是否支持这些属性。

下面以加入画布标记为例，说明如何检测浏览器对 canvas 标签的支持。

【例 1-1】 编写测试页面，检测浏览器是否支持 HTML5 标记。

在 Dreamweaver 中新建一个 HTML 页面，保存为 1-1.html，存放在 Apache 的 htdocs/exam/ch01 目录下，输入如下代码：

```
<!DOCTYPE html>
<html>
  <head>
        <meta charset="GB2312" />
        <title></title>
        <style type="text/css">
              #myCanvas {
                        background: red;
                        width: 200px;
                        height: 100px;
              }
        </style>
  </head>
  <body>
        <canvas id="myCanvas">该浏览器不支持 HTML5 的画布标记！ </canvas>
  </body>
</html>
```

本例用到了 HTML5 的画布标记<canvas>，通过 Chrome 浏览器浏览该页面文件，显示如图 1-10 所示的效果。如果使用 IE8 浏览器，因为不支持 HTML5 的画布标记，所以会显示“该浏览器不支持 HTML5 的画布标记！”，如图 1-11 所示。

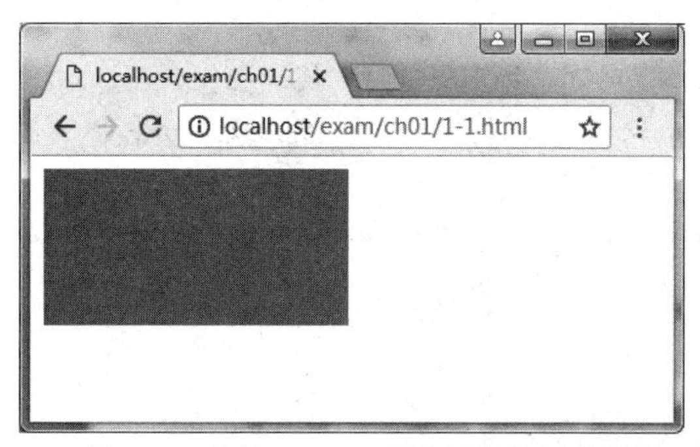

图 1-10　支持 HTML5 画布标记的显示结果

图 1-11　不支持 HTML5 画布标记的显示效果

1.4.2　使用 HTML5 编写简单网页

与 HTML 4.0 相比，HTML5 新增了很多标签，整体页面结构也发生了很大变化。下面使用 HTML5 来编写一个 HTML 页面。

【例 1-2】 编写一个 HTML5 页面。

新建一个名为 1-2.html 的页面，完整的代码如下：

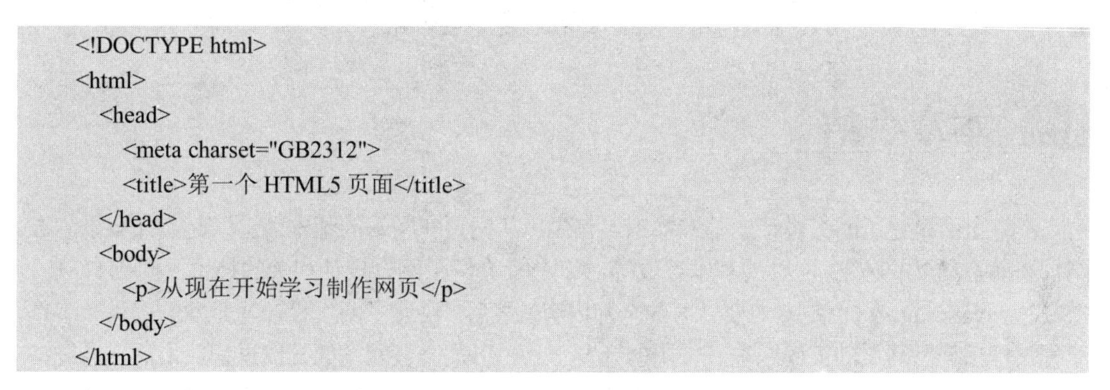

```
<!DOCTYPE html>
<html>
  <head>
    <meta charset="GB2312">
    <title>第一个 HTML5 页面</title>
  </head>
  <body>
    <p>从现在开始学习制作网页</p>
  </body>
</html>
```

该页面的运行效果如图 1-12 所示。

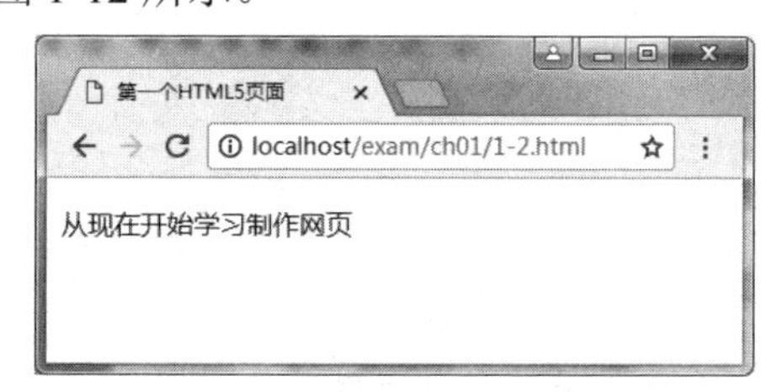

图 1-12　运行效果

通过短短几行代码就完成一个页面的开发，可见HTML5语法十分简洁。下面逐句分析HTML5文档的组成。

第一行代码如下：

```
<!DOCTYPE html>
```

短短几个字符，甚至不包括版本号，就能告诉浏览器需要用 DOCTYPE 来触发标准模式，简明扼要。这是 HTML5 的文档类型声明，浏览器会根据 DOCTYPE 来识别应该使用哪种显示模式，以及使用什么规则来验证页面。

接下来是<html>标签，该标签与最后的</html>是一对，所有 HTML 代码都包含在这对标签中。在<html>标签中还有两对标签<head>和<body>，<head>标签标识头部区域，而<body>标签标识主体区域。HTML 文档通常就由这 3 对标签负责组织。

在<head>标签中使用<meta>标签定义文档的字符编码，常用字符编码包括中文简体(gb2312)、中文繁体(big5)和通用字符编码(utf-8)。本例中因为要显示中文信息，所以使用的是 gb2312，如下所示：

```
<meta charset="GB2312">
```

HTML5 不区分字母、标记结束符的大小写以及属性是否加引号，下面的代码是等效的：

```
<meta charset="gb2312">
<META charset="Gb2312">
<meta charset=gB2312>
```

接下来使用<title>标签设置文档的标题，标题信息将显示在浏览器或标签页的标题栏中。

在<body>主体中，编写需要显示的内容，本例需要显示一些文本信息。也可以省略主体标记，即去掉<body>和</body>标签对。虽然在编写代码时可以省略<html>、<head>和<body>标签，但考虑到代码的可读性和可维护性，最后还是不要省略。

1.5 本章小结

本章全面讲述了网页设计的基本知识。首先，从网页和网站的基本概念谈起，介绍了静态网页和动态网页的区别、网站的基本组成等。接下来，介绍了网友设计相关的技术，包括 HTML、CSS 和 JavaScript，这也是本书要学习的全部内容。之后，讲述了网页设计与开发的工具和工作流程，包括静态网页的工作原理、常用的开发工具，以及一般网站的开发过程。最后，通过搭建简单的环境，完成一个简单 HTML 页面的开发。

1.6 思考和练习

1. 什么是网页，网站和网页有什么关系？
2. 根据网页内容是否根据请求不同而发生变化，可以将网页分为________和________。
3. HTML 的全称是________________，是 Internet 上用于编写网页的主要语言。
4. 简述静态网页的工作原理。
5. 由于 HTML 文件是标准的________文件，因此，可以使用任意文本编辑器来打开和编辑 HTML 文件，如 Windows 自带的_________程序。
6. 搭建上机练习环境，检测浏览器是否支持 HTML5。
7. 编写一个简单的 HTML5 页面。

第 2 章 HTML基础

作为一种网页制作语言，HTML 有自己的语法规则，本章从 HTML 的历史变迁讲起，带领读者从基本的标签和元素开始，慢慢学习 HTML 的基本语法，尝试制作简单的网页。

本章的学习目标：

- 了解HTML的历史变迁
- 了解HTML与XHTML的关系
- 掌握HTML中标签和元素的基本概念
- 掌握 HTML5 的文档类型声明
- 掌握常用的文本格式化标签
- 掌握HTML中列表的创建与使用
- 掌握链接的创建和应用
- 掌握表格的创建与使用

2.1 HTML 简介

HTML 是目前互联网上应用最为广泛的语言，也是构成网页文档的主要语言。HTML 文档是由 HTML 标签组成的描述性文本，HTML 标签可以标识文字、图形、动画、声音、视频、表格、链接等。

2.1.1 HTML 的历史变迁

1982 年，美国人蒂姆·伯纳斯·李为了方便世界各地的物理学家能够进行合作研究以及信息共享，创造了 HTML 语言。1990 年，他又发明了世界上的第一个浏览器。随后的几年里，Netscape 和 Microsoft 两个软件巨头掀起了一场互联网浏览器大战。这场大战最后以 Microsoft 的 Internet Explorer 完胜告终，Internet Explorer 极大地推动了互联网的发展，把网络带到了千千万万普通用户面前。1993 年，互联网工程工作小组(Internet Engineering Tast Force，IETF)工作草案发布，可以算作 HTML 的第一个版本，但它却不是一个正式的版本。第一个正式版本 HTML 2.0 也不是出自 W3C 之手，而是由 IETF 制定的，从第三个版本开始，W3C 开始接手并负责后续版本的制定工作。

HTML 3.0规范由W3C于1995年3月提出，提供了很多新的特性，例如表格、文字绕排和复杂数学元素的显示。虽然它是被设计用来兼容2.0版本的，但是实现这个标准的工作在当时过于复杂，在草案于1995年9月过期时，标准开发也因为缺乏浏览器支持而中止了。3.1版本从未被正式提出，而下一个被提出的版本是开发代号为Wilbur的HTML 3.2，去掉了大部分3.0版本中的新特性，但是加入了很多特定浏览器(例如Netscape和Mosaic)的元素和属性。

20世纪90年代，HTML有过几次快速发展。众所周知，那时构建网站是一项十分复杂的工程，从1997年到1999年，HTML的版本从3.2到4.0，再到4.01，经历了非常快的发展。

问题是到了4.01版本的时候，W3C的认识发生倒退，W3C并没有停止开发这门语言，只不过他们对HTML不再感兴趣了。在HTML 4.01之后，W3C提出了XHTML 1.0的概念。虽然听起来完全不同，但XHTML 1.0和HTML 4.01其实是一样的。唯一不同的是XHTML 1.0要求使用XML语法。

从规范本身的内容看，本质是相同的，不同之处在于编码风格，因为浏览器读取符合HTML 4.01、HTML 3.2或XHTML 1.0规范的网页都没有问题。对于浏览器来说这些网页都是一样的，都会生成相同的DOM树，只不过用户更喜欢XHTML 1.0，因为不少人认同它比较严格的编码风格。

到了2000年，Web标准项目的活动开展得如火如荼，开发人员对浏览器里包含的那些乱七八糟的专有特性已经忍无可忍了。当时CSS有了长足的发展，而且与XHTML 1.0的结合也很紧密，CSS+XHTML 1.0可以算是最佳实践了。虽然HTML 4.01与XHTML 1.0没有本质上的区别，但是大部分开发人员接受了这种组合。

XHTML 1.0之后是XHTML 1.1，规范本身没有什么新内容，元素、属性也都相同，唯一的变化就是把文档标记为XML文档。而在使用XHTML 1.0的时候，还可以把文档标记为HTML文档。但是，这样做带来了很多问题。首先，把文档标记为XML文档后，IE浏览器不能处理。当然，IE9及其以上版本是可以处理的。作为全球领先的浏览器，IE无法处理接收到的XML类型的文档，而规范又要求以XML类型来发送文档，这对于广大用户来说，是一件很痛苦的事。

接下来，新的版本是XHTML 2，但是这个版本并没有完成。理论上，XHTML 2是一个非常好的规范。如果所有人都同意使用的话，也一定是非常好的格式，只不过它还不够实用。首先，XHTML 2仍然使用XML错误处理模型，用户必须保证以XML类型发送文档；其次，XHTML 2中有意不再向后兼容已有的HTML版本，甚至曾经讨论废除img元素，这对于每天都在做Web开发的人员来说确实有点难以接受。

因此，无论XHTML 2在理论上是多么完美的一种格式，却从未有机会付诸实践。之所以难以付诸实践，就是因为开发人员永远不会支持它，它向后不兼容。同样，浏览器厂商也不会支持它。

在2004年W3C成员内部的一次研讨会上，Opera公司的代表伊恩 • 希克森(Ian Hickson)提出了扩展和改进HTML的建议。他建议新的任务组可以跟XHTML 2并行，但是在已有HTML的基础上开展工作，目标是对HTML进行扩展。但是W3C投票表示反对，因为他们觉得XHTML 2才是未来的方向。然后，Opera、Apple等浏览器厂商以及其他一些成员脱离了W3C，成立了WHATWG(Web Hypertext Applications Technology Working Group，Web超文本应用技术工作组)，在 HTML 的基础上开展工作，向其中添加新东西。

WHATWG 的工作不久就初见成效，而 W3C 的 XHTML 2 并没有实质性进展。于是，W3C 于 2007 年组建了 HTML5 工作组，在 WHATWG 工作成果的基础上继续开展工作，由伊恩 • 希克森担任 W3C HTML5 规范的编辑，同时兼任 WHATWG 的编辑，以方便新工作组开展工作。

在 XHTML 2 失败之时，HTML5 已经取得了成功，因为它在开发时考虑到了当前和未来的浏览器开发，以及过去、现在和将来的 Web 开发任务。

Web 发展不断告诉我们的经验之一是，相比理论完美性它更重视实用型开发。HTML5 的发展核心就在于支持所有现有内容的重要性。HTML5 是向后兼容的。它包含 HTML4 规范的全部特性，并包括少量修改和完善。基于这一思想，W3C 指出：应当尽可能将现有 HTML 文档处理成 HTML5，并根据现有浏览器的行为，得到与用户和作者的当前期望相兼容的结果。

2.1.2　XHTML 基础

在 HTML 的历史变迁中，XHTML 是想作为 HTML 的替代者出现的，但是发展到 XHTML 2 的时候失败了，而 HTML5 取得了成功。为了更好地学习和理解 HTML5，有必要对 XHTML 做更深入的学习和理解。

1. XHTML 结构

XHTML 是在 HTML 语言基础上发展而来的，但是为了兼容数以万计的现存网页和不同浏览器，XHTML 文档与 HTML 文档没有太大区别，只是添加了 XML 语言的基本规范和要求。

下面是 Dreamweaver 自动生成的标准 XHTML 页面模板文件，包含以下代码：

```
<!DOCTYPE html PUBLIC "-//W3C//DTD XHTML 1.0 Transitional//EN" "http://www.w3.org/TR/xhtml1/DTD/xhtml1-transitional.dtd">
<html xmlns="http://www.w3.org/1999/xhtml" >
<head>
        <meta content="text/html; charset=utf-8" http-equiv="Content-Type" />
        <title>无标题文档</title>
</head>
<body>
</body>
</html>
```

XHTML 代码不排斥 HTML 规则，在结构上也基本相似，但如果仔细比较，它们有两点不同。

(1) 定义文档类型

在 XHTML 文档的第一行新增了<!DOCTYPE>元素，该元素用来定义文档类型。DOCTYPE 是 document type(文档类型)的英文简写，用于设置 XHTML 文档的版本。使用时应注意该元素的名称和属性必须大写。

DTD(如 xhtml1-transitional.dtd)表示文档类型定义，里面包含文档的规则，网页浏览器会根据预定义的 DTD 来解析页面元素，并把这些元素所组织的页面显示出来。要建立符合网页标准的文档，DOCTYPE 声明是必不可少的关键组成部分，除非所编写的 XHTML 确定了正确的

DOCTYPE，否则页面上的元素和CSS不能正确生效。

(2) 声明命名空间

在XHTML文档的根元素中必须使用xmlns属性声明文档的命名空间。xmlns是XHTML NameSpace的英文缩写，中文译为命名空间。命名空间是收集元素类型和属性名称的一个详细DTD，它允许通过一个URL地址指向来识别命名空间。

XHTML是HTML向XML过渡的标识语言，它需要符合XML规则，因此也需要定义命名空间。又因为XHTML 1.0还不允许用户自定义元素，因此它的命名空间都相同，就是http://www.w3.org/1999/xhtml，这也是每个XHTML文档的xmlns属性值都相同的原因。

2. XHTML语法

XHTML是根据XML语法简化而来的，因此它遵循XML文档规范。同时XHTML又大量继承HTML语言的语法规范，因此与HTML语言非常相似，不过它对代码的要求更加严谨。遵循以下这些要求，对于培养良好的XHTML代码书写习惯是非常重要的：

- 在文档的开头必须定义文档类型。
- 在根元素中声明命名空间，即设置xmlns属性。
- 所有标签都必须是闭合的。在HTML中，用户可能习惯书写独立的标签，如<p>、<li>，而不习惯书写对应的</p>和</li>来关闭它们，但在XHTML中这是不合法的。XHTML要求有严谨的结构，所有标签都必须关闭。如果是单独不成对的标签，应在标签的最后加上“/”来关闭，如
。
- 所有元素和属性都必须小写。XHTML是大小写敏感的，<title>和<TITLE>表示不同的标签，而HTML不区分大小写。
- 所有属性必须用引号括起来。在HTML中，可以不给属性值加引号，但是在XHTML中必须加引号，如<table height="80"></table>。特殊情况下，可以在属性值里使用双引号或单引号。
- 所有标签都必须合理嵌套。这是因为XHTML要求有严谨的结构，所有的嵌套都必须按顺序进行。
- 所有属性都必须被赋值，没有值的属性就用自身来赋值。例如，<td nowrap>是错误的，正确的写法是<td nowrap="nowrap">。
- XHTML规范废除了name属性，而使用id属性作为统一的名称。

3. XHTML类型

从上面的介绍可知，XHTML文档有3个主要部分：DOCTYPE、head、body。DOCTYPE表示文档类型。在XHTML文档中，文档类型声明总是位于首行，例如：

```
<!DOCTYPE html PUBLIC "-//W3C//DTD XHTML 1.0 Strict//EN" "http://www.w3.org/TR/xhtml1/DTD/
xhtml1-strict.dtd">
```

XHTML文档类型有3种：STRICT(严格类型)、TRANSITIONAL(过渡类型)和FRAMESET(框架类型)。上面所示的为严格类型，另外两种分别如下：

```
<!DOCTYPE html PUBLIC "-//W3C//DTD XHTML 1.0 Transitional//EN" "http://www.w3.org/TR/xhtml1/
```

```
DTD/xhtml1-transitional.dtd">
    <!DOCTYPE html PUBLIC "-//W3C//DTD XHTML 1.0 Frameset//EN" "http://www.w3.org/TR/xhtml1/DTD/xhtml1-frameset.dtd">
```

这 3 种文档类型的区别如下：

- 严格型文档对文档中的代码要求比较严格，不允许使用任何表现层的标签和属性。在严格型文档中，诸如 center、font、strike、s、u、iframe、isindex、dir、menu、basefont、applet 等元素和 align、language、background、bgcolor、border、height、hspace、name、noshade、nowrap、target、text、link、vlink、alink、vspace、width 等属性将不被支持。
- 过渡型文档对标签和属性的语法要求不是很严格，允许在页面中使用 HTML 4.01 的标签。
- 框架型文档专门针对框架页面所使用的 DTD，当页面中含有框架元素时，就应该采用这种 DTD。

4. DTD 解析

在 XHTML 文档中，只有使用正确的 DOCTYPE(文档类型)，HTML 文档的结构和样式才能被正常解析和呈现。

DTD 是一套关于标签的语法规则。DTD 文件是 ASCII 文本文件，后缀名为.dtd。利用 DOCTYPE 声明中的 URL 可以访问指定类型的 DTD 详细信息。例如，在 XHTML 1.0 中，过渡型 DTD 的 URL 为 http://www.w3.org/TR/XHTML1/DTD/xhtml1-transitional.dtd。

文档类型不同，对应的 DTD 也不同。DTD 文档包含元素的定义规则，元素之间关系的定义规则，元素可使用的属性、实体或符号规则。这些规则用于标识 Web 文档的内容。此外还包括一些其他规则，它们规定哪些标签能出现在其他标签中。

如果页面中没有显式声明 DOCTYPE，那么不同的浏览器就会自动采用各自默认的 DOCTYPE 规则来解析文档中的各种标签和 CSS 样式。

DOCTYPE 声明语句的结构含义如图 2-1 所示。

图 2-1　DOCTYPE 结构图

- 顶级元素：指定 DTD 中声明的顶级元素的类型，这与声明的 SGML 文档类型相对应。HTML 文档默认的顶级元素为 html。
- 可用性：指定是可公开访问的对象 PUBLIC 还是系统资源 SYSTEM。默认为 PUBLIC，SYSTEM 系统资源包括本地文件和 URL。
- 注册：指定组织是否由国际标准化组织 ISO 注册。+表示组织名称已注册，是默认选项。-表示组织名称未注册。W3C 是未注册 ISO 的组织，因此显示为-符号。
- 组织：指定在 DOCTYPE 声明中引用的 DTD 的创建和维护团体或组织的名称。XHTML 语言规范的创建和维护组织为 W3C。

- 类型：指定公开文本的类，即引用的对象类型。
- 标签：指定公开文本的描述，即对引用的公开文本的唯一描述性名称，后面可附带版本号。
- 定义：指定文档类型的定义。
- 语言：指定公开文本的语言。
- URL：指定所引用对象的位置。

由此可见，DOCTYPE 声明语句的写法严格遵循一定的规则，只有这样，浏览器才能够调用对应的文档类型的规则集来解释文档中的标签。

5. 命名空间

在 XHTML 文档中，还有一句常见的代码：

```
<html xmlns="http://www.w3.org/1999/xhtml" >
```

xmlns 属性声明了 html 顶级元素的命名空间，用来定义顶级元素及其包含的各级子元素的唯一性。由于 XML 语言允许用户自定义标签，因此使用命名空间可以避免自己定义的标签和别人定义的标签发生冲突。比如，两个人定义了一模一样的文档，如果文档头部没有用 xmlns 命名空间加以区分，就会发生冲突；如果在文档头部加上不同的命名空间，文档就不会冲突。通俗地讲，命名空间就是给文档做标记，标明文档属于哪个网站。对于 HTML 文档来说，由于元素是固定的，不允许用户进行定义，因此指定的命名空间永远是 http://www.w3.org/1999/xhtml。

2.1.3 Web 开发新时代：HTML5

2014 年 10 月 29 日，万维网联盟宣布，经过几乎 8 年的艰辛努力，HTML5 标准规范终于最终制定完成并公开发布。

1. HTML5 的目标

HTML5 的目标是创建更简单的 Web 程序，书写出更简洁的 HTML 代码。例如，为了使 Web 应用程序的开发变得更容易，提供了很多 API；为了使 HTML 变得更简洁，开发出了新的属性、元素，等等。总体来说，HTML5 为下一代 Web 平台提供了许许多多新的功能。

2. HTML5 新特性

虽然 HTML5 宣称的立场是“非革命性的发展”，但是它所带来的功能是让人渴望的，使用它进行设计也是简单的，因此深受 Web 设计及开发人员的欢迎。

(1) 兼容性

考虑到互联网上 HTML 文档已经存在二十多年了，因此支持所有现存 HTML 文档是非常重要的。HTML5 不是颠覆性的创新，它的核心理念就是要保持与过去技术的兼容和过渡。一旦浏览器不支持 HTML5 的某项功能，针对该功能的备选行为就会悄悄进行。

(2) 合理性

HTML5 新增加的元素都是经过对现有网页和用户习惯进行跟踪、分析和概括而推出的。例如，Google 分析了上百万个页面，从中分析出<div>标签的通用 ID 名称，并且发现其重复量很大，如很多开发人员使用<div id="header">来标记页眉区域。为了解决实际问题，HTML5直接添加了<header>标签。也就是说，HTML5新增的很多元素、属性或功能都是根据现实互联网中已经存在的各种应用进行的技术精炼，而不是在实验室中理想化地虚构新功能。

(3) 效率

HTML5规范是基于用户优先准则编写的，宗旨是“用户即上帝”，这意味着在遇到无法解决的冲突时，HTML5规范会把用户放在第一位，其次是页面作者，再次是实现者(或浏览器)，接着是规范制定者(W3C/WHATWG)，最后才考虑理论的纯粹性。因此，HTML5的绝大部分功能是实用的，只是在有些情况下还不够完美。例如，下面的几种代码写法在HTML5中都能被识别：

```
id="prohtml5"
id=prohtml5
ID="prohtml5"
```

当然，上面几种写法比较混乱，不够严谨，但是从用户开发角度考虑，用户不在乎代码怎么写，根据个人习惯书写反而能提高代码编写效率。当然，我们并不提倡初学者一开始写代码就这样随意、不严谨。

(4) 安全性

为保证安全，HTML5规范引入了一种新的基于来源的安全模型，该安全模型不仅易用，而且各种不同API都可通用。这个安全模型不需要借助任何所谓聪明、有创意却不安全的hack技术就能跨域进行安全对话。

(5) 分离

在清晰分离表现与内容方面，HTML5迈出了很大一步。HTML5在所有可能的地方都努力进行了分离，包括HTML和CSS。实际上，HTML5规范已经不支持旧版HTML的大部分表现功能了。

(6) 简单

HTML5要的就是简单，避免不必要的复杂性。为了尽可能简单，HTML5做了如下改进：

- 以浏览器原生能力替代复杂的JavaScript代码。
- 简化的DOCTYPE。
- 简化的字符集声明。
- 简单而强大的HTML5 API。

(7) 通用

通用访问的原则可以分成如下3个概念。

- 可访问性：出于对残疾人士的考虑，HTML5与WAI(Web Accessibility Initiative，Web可访问性倡议)和ARIA(Accessible Rich Internet Application，可访问的富Internet应用)做到了紧密结合，WAI-ARIA中以屏幕阅读器为基础的元素已经被添加到HTML中。
- 媒体中立：如果可能的话，HTML5的功能在所有不同的设备和平台上应该都能正常运行。
- 支持所有语种：例如，新的<body>元素支持在东亚地区页面排版中会用到的Ruby注释。

(8) 无插件

在传统 Web 应用中，很多功能只能通过插件或复杂的 hack 技术来实现，但在 HTML5 中提供了对这些功能的原生支持。插件方式存在很多问题：

- 插件安装可能失败。
- 插件可以被禁用或屏蔽(如 Flash 插件)。
- 插件自身会成为被攻击的对象。
- 插件不容易与 HTML 文档的其他部分集成，因为存在插件边界、剪裁和透明度问题。

以 HTML5 的<canvas>元素为例，以前在 HTML4 页面中较难画出对角线，而有了<canvas>元素就可以轻易地实现了。基于 HTML5 的各类 API 的优秀设计，可以轻松地对它们进行组合应用。

3. HTML5 的构成

HTML5 主要包括如下功能：Canvas(2D 和 3D)、Channel 消息传递、Cross-Document 消息传送、Geolocation、MathML、Microdata、Server-Send Events、Scalable Vector Graphics(SVG)、WebSocket API 及协议、Web Origin Concept、Web Storage、Web SQL Database、Web Workers、XMLHttpRequest Level 2。

2.2 HTML 基本语法

HTML 是超文本标记语言，作为一种网页制作语言，它有自己的语法规则，本节就来学习这些基础的语法规则。

2.2.1 标签与元素

在上一章中我们已经制作了一个简单的 HTML 页面，在 HTML 文档中出现了很多用尖括号括起来的字符，这些带尖括号的字符就是 HTML 的“标签”。

通常，一个 HTML 文档中有很多标签，且标签大都成对出现。它们中有“开标签”和“闭标签”。尖括号中没有斜线(/)的标签是开标签，而尖括号中第一个字符为斜线(/)的标签为闭标签，如</html>。

一对标签及二者之间包含的内容称作“元素”(element)。如图 2-2 所示，是例 1-2 所示页面中的<title>元素。

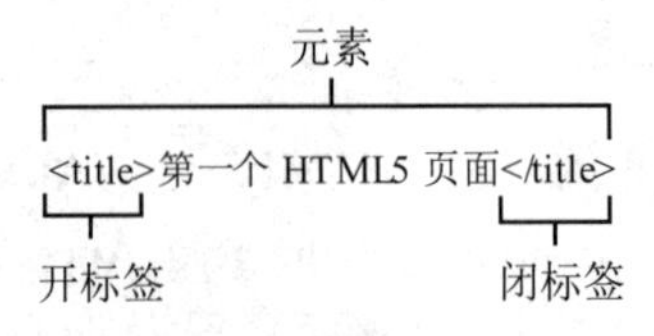

图 2-2　元素与标签示意图

说明：标签通常包含左尖括号、右尖括号以及二者间的字母和数字，如<title>，而元素则是指开标签、闭标签以及二者之间的任何内容。

实际上，整个 HTML 文档都包含在开标签<html>和闭标签</html>之间。大多数 HTML 元素都可以包含其他 HTML 元素，即 HTML 元素可以嵌套。包含另一个元素的元素称作“父元素”，而被包含的那个元素则称为父元素的“子元素”。因此，<title>元素是<head>元素的子元素，而<head>元素是<title>元素的父元素，以此类推。

2.2.2　核心元素

通常我们的 HTML 文档都包含于开标签<html>和闭标签</html>之间(除了第一行的 DOCTYPE)，在<html>元素内部，存在页面的两个主要部分。

- <head>元素：经常被称为页面的头部，包含页面的相关信息(此处不是页面的主体内容)。例如，它可能包含一个<title>元素和一段页面描述或指示信息，告知浏览器从哪里可以找到用于解释文档外观的 CSS 规则。
- <body>元素：经常被称为页面的主体，包含实际希望在浏览器主窗口中显示的信息。

<html>、<head>以及<body>元素构成了一个 HTML 文档的框架——它们是所有网页构建的基础。

1. 关于 DOCTYPE

前面介绍了 XHTML 的 DOCTYPE 是非常复杂的一长串字符，在编写 HTML5 规范时，WHATWG 意识到了这一点，并将它改为构成有效 DOCTYPE 的最短字符序列：

```
<!doctype html>
```

看上去非常简单，而且很好记。这一文档类型声明也是所有 HTML5 页面的第一行代码。

2. <html>元素

<html>元素是整个 HTML 文档的包含元素，出现在 DOCTYPE 声明之后。

<html>元素可以包含以下几个属性：id、dir、lang。

3. <head>元素

<head>元素仅仅是所有其他头部元素的容器。它是开标签<html>后出现的第一个标签。

通常<head>元素内都包含一个<title>元素，用以指定文档的标题。不过，它还可以包含以下元素的任意一种按任意顺序出现的组合。

- <base>元素：用来为页面指定基础 URL 地址。通过这种设置，浏览器会以在相对地址前加上基础地址的方式得到完整的绝对地址。基础 URL 地址的值可以在<base>元素的 href 属性中进行设置。
- <link>元素：用于链接外部文件，例如 CSS 样式表文件等。在学习 CSS 时详细介绍。
- <style>元素：用于在文档内包含 CSS 规则。在学习 CSS 时详细介绍。
- <script>元素：用于在文档内包含脚本。在学习 JavaScript 时详细介绍。
- <meta>元素：包含文档的相关信息，比如一段描述或作者姓名等。

<head>开标签可包含如下几个属性：id、dir、lang。

4. <title>元素

<title>元素用来为网页指定标题，它是<head>元素的一个子元素。它以如下几种方式呈现和使用：

- 在浏览器窗口的标题栏上显示。
- 在 IE、Firefox、Chrome 等浏览器中作为书签的默认名称。
- 搜索引擎使用其内容帮助建立页面索引。

因此，必须使用能够描述网站内容的标题。检验标题好坏的标准是：访问者能否在不必查看网页实际内容的情况下，仅通过读标题就能说出他们将在页面中找到什么；以及是否使用了人们搜索此类信息时常用的字眼。

<title>元素应该只包含标题文本，不可以包含任何其他元素。<title>元素可以包含如下属性：id、dir、lang。

5. 链接与样式表

<link>元素用来添加样式表。该元素可以使用 href 属性指向 Web 上的某个资源。这里的 href 不是为了在单击链接时打开一个新的页面或网站，而是指向为当前页面提供样式信息的文件的位置。使用 rel 属性指明链接的文档是样式表，并且浏览器应据此做相应处理。

```
<link rel="stylesheet" href="css/main.css">
```

向页面添加脚本则更加简单。在页面中添加一个<script>元素，然后添加 src 属性，指向需要使用的 JavaScript 文件的位置。

```
<script src="js/main.js"></script>
```

6. <body>元素

<body>元素出现在<head>元素之后。它包含实际想在浏览器主窗口中显示的部分，有时也被称为“主体内容”。

7. 常见的内容元素

除了上述主要元素，还有很多用来描述文本结构的不同元素。主要包括如下几类。

- 标题的 6 个级别：<h1>、<h2>、<h3>、<h4>、<h5>及<h6>。
- 段落<p>、预格式化小节<pre>、断行
、块引用<blockquote>以及地址<address>。
- 分组元素：<div>、<header>、<hgroup>、<nav>、<section>、<article>、<footer>、<aside>以及<hr>。
- 呈现性元素：<b>、<i>、<sup>以及<sub>。
- 短语元素：<em>、<strong>、<abbr>、<dfn>、<blockquote>、<q>、<cite>、<code>、kbd>、<var>以及<samp>。
- 列表：如使用<ul>、<li>的无序列表，使用<ol>、<li>的有序列表，以及使用<dl>、<dt>及<dd>的定义列表。
- 编辑元素：<ins>和<del>。

2.2.3　HTML 属性

属性为 HTML 元素提供了更多附加信息。HTML 属性通常以名称/值对的形式出现在开始标签中，例如下面的<style>标签中的 type 属性，值为 text/css：

```
<style type="text/css">
```

有些属性则只含有一个名称，如 required 或 checked 属性。这些属性被称作“布尔属性”。在一个标签中如果只出现一个布尔属性的名称而没有值，则代表该布尔属性的值为 true。因此，以下两行是等价的：

```
<input type="text" required >
<input type="text" required="true">
```

1. 核心属性

可以在多数(尽管不是全部)HTML 元素中使用的 4 个核心属性是：id、title、class 和 style。

(1) id 属性

id 属性用来唯一标识页面中的一个元素，或者用来指定一个 CSS 样式或一段 JavaScript 代码应该只被应用于文档中的该元素。

id 属性的使用语法如下(此处的“string”是为该属性选定的值)：

```
id="string"
```

例如，可以使用 id 属性区分两个段落元素，如下所示：

```
<p id="accounts">这个段落是账户信息。</p>
<p id="sales">这个段落是销售信息。</p>
```

id 属性的取值需要遵循下列特殊规则：

- 必须以字母(A~Z 或 a~z)开头。之后可接任意数量的字母、数字(0~9)、横线(-)、下画线(_)、分号(;)以及句号(.)。不能以数字、横线、下画线、分号或句号开头。
- 在文档中必须保持唯一性。同一 HTML 页面中不允许存在两个取值相同的 id 属性。这种情况应该由 class 属性处理。

(2) class 属性

可以使用 class 属性指定某元素属于某一特定“类型”。这种用法在 CSS 中运用非常普遍。后面学习 CSS 时会学习更多有关 class 属性的知识。class 属性的语法如下：

```
class="className"
```

class 属性的取值也可以是一个以空格分隔的 class 名称列表，例如：

```
class="className1 className2 className3"
```

(3) title 属性

title 属性为元素提供标题。title 属性的语法如下：

```
title="string"
```

该属性的行为取决于包含它的元素。不过它经常会作为提示标签或在元素载入时显示。

(4) style 属性

style 属性用来在元素内部指定 CSS 规则。本书第 6 章在介绍 CSS 时会用到该属性，不过，作为总体规则，最好使用一个独立的样式表取而代之。

2. 国际化

Web 是一项全球化技术。因此，很多机制被内置于驱动 Web 的工具中，以允许作者们使用不同语言创建文档。这一过程被称为“国际化”(internationalization)。

有两个常见的国际化属性可以帮助用户使用不同的语言及字符集编写网页：dir 和 lang。

(1) dir 属性

dir 属性用来指定浏览器中文本的显示方向：从左向右或从右向左。当需要为整个文档(或文档的大部分)指定行文方向时，应该在<html>元素而非<body>元素中使用该属性。该属性的两个可能的取值如下。

- ltr：从左向右(默认值)显示
- rtl：从右向左(用于希伯来文或阿拉伯文等从右向左朗读的语言)显示

(2) lang 属性

使用 lang 属性可以指定文档中使用的主要语言。

lang 属性的设计初衷是为用户提供基于语言的显示方式。然而，它在主流浏览器中的效果并不明显。使用 lang 属性的好处主要体现在：搜索引擎(可以告知用户编写文档所用的语言)、屏幕阅读器(可能需要对不同语言使用不同发音)以及应用程序(当不支持该语言或页面语言与默认语言不同时，可以警告用户)。

lang 属性的取值是 ISO-639-1 的标准双字符语言代码。如果想指定该语言的某种方言，可以在语言代码后附上一个横线和次级语言代码。常见的取值如下。

- ar：阿拉伯语
- en：英语
- en-us：美国英语
- zh：中文

3. 全局属性

在 HTML5 中增加了全局属性的概念。全局属性是指可以对任何元素都使用的属性，这些属性如表 2-1 所示。

表 2-1　HTML 全局属性

属　性	描　述
accesskey	规定激活元素的快捷键
contenteditable	规定元素内容是否可编辑
contextmenu	规定元素的上下文菜单。上下文菜单在用户单击元素时显示
data-*	用于存储页面或应用程序的私有定制数据
draggable	规定元素是否可拖动
designMode	指定整个页面是否可编辑，当页面可编辑时，页面中任何支持 contentEditable 属性的元素都变成可编辑状态

(续表)

属　性	描　述
dropzone	规定在拖动被拖动数据时是否进行复制、移动或链接
hidden	规定元素仅仅在视觉上看不见，占据的空间位置仍然存在
spellcheck	对用户输入的文本内容进行拼写检查和语法检查
tabindex	规定元素的 Tab 键次序
translate	规定是否应该翻译元素内容

2.2.4　文本格式化

几乎所有的页面都包含某种形式的文本，本节将学习文本格式化相关的 HTML 元素，主要包括如下几个元素：

- <h1>、<h2>、<h3>、<h4>、<h5>以及<h6>元素
- <p>、
以及<pre>元素

在开始学习这些元素之前，先了解一下在没有任何元素时文本的默认显示方式会很有帮助。如果希望浏览器使用不同方式处理文本，这样做有助于展示通过使用标记的重要性。

1. 空格

在开始标记文本之前，先了解一下当 HTML 遇到空格时是如何处理的，以及浏览器是如何处理长句子和文本段落的。

当一段文本中的两个字之间出现多个连续的空格时，默认情况下，屏幕上只有一个空格会被显示。这种处理方式被称为“空格压缩”。类似地，在 HTML 文档中另起一个新行，或者当有多个连续的空行时，这些都会被忽略，并且会作为一个空格处理。

【例 2-1】 HTML 的空格压缩功能。

在 Dreamweaver 中新建一个 HTML 页面，保存为 2-1.html，存放在 Apache 的 htdocs/exam/ch02 目录下，输入如下代码：

```
<!DOCTYPE html>
<html>
  <head>
      <meta charset="GB2312" />
      <title>HTML 空格压缩</title>
  </head>
  <body>
      <p>这是正文段落，后面有多个空格        和多个空行。



      空格和空行后的文本。
      </p>
  </body>
</html>
```

通过浏览器查看页面，效果如图 2-3 所示，浏览器将多个空格以及若干换行都以单个空格

处理。它还使文本行完全占据浏览器窗口的全部宽度。

现在再来看一遍本例中的代码，并将代码中每个新行的起始处与屏幕中每行的起始处做比较。除非在浏览器显示文本时另行指定，否则将自动占据屏幕的全部宽度，并在空间不足时将文本自动换行以继续显示。为了更好地观察这一效果，可以尝试调整浏览器窗口宽度，并注意文本在屏幕上的新位置。

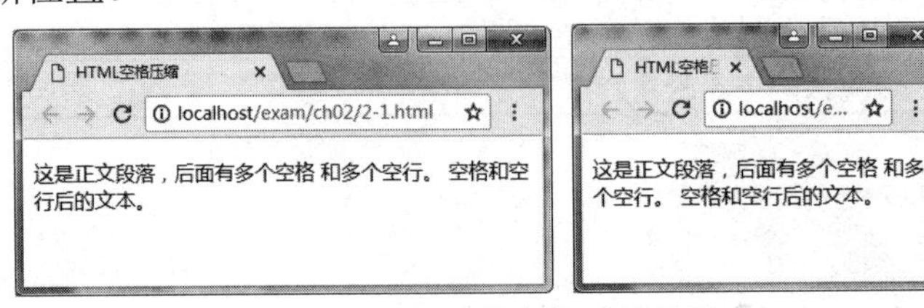

图 2-3　HTML 的空格压缩效果

空格压缩有时非常有用，因为它允许你在 HTML 中加入额外的空格，而在浏览器中查看时又不会显示。可以利用这一特性对代码进行缩进，从而提高代码的可读性。

如果页面中确实需要显示多个连续的空格，该怎么办呢？这时有两种方法：使用<pre>标签(本节后面会介绍)或使用空格符号 ， 代表一个空格，需要多少个空格就添加多少个 。

【例 2-2】 在 HTML 页面中添加多个连续的空格。

新建一个名为 2-2.html 的页面，输入如下代码：

```
<!DOCTYPE html>
<html>
  <head>
      <meta charset="GB2312" />
      <title>多个连续空格</title>
  </head>
  <body>
      <p>         这是正文段落，后面有多个空格     
  空格后的文本。
      </p>
  </body>
</html>
```

在浏览器中的显示效果如图 2-4 所示。

除了空格以外，在网页制作过程中，还有一些特殊符号也需要使用代码进行代替，一般情况下，这些特殊符号的代码都由前缀“&”、字符名称和后缀“;”组成。常用的特殊符号及对应的代码如表 2-2 所示。

表 2-2　特殊符号及对应的代码

特殊符号	代　　码	特殊符号	代　　码
"	"	&	&
<	<	>	>
×	×	§	§
©	©	®	®

2. 使用标题

HTML 提供了 6 种级别的标题，它们对应元素<h1>、<h2>、<h3>、<h4>、<h5>以及<h6>。浏览器以上述 6 个元素中的最大字体显示<h1>，而<h6>对应显示的字体则最小。<h1>通常表示一段文字的标题或主题，所以不宜多用，一个就足够了；<h2>~<h6>使用数目不限，以体现多层次的内容结构。

在较长的文本片段中，标题可以帮助组织文档结构。如果查看一下本书的目录，就能看到不同级别的标题是如何组织的。

【例 2-3】 查看标题的不同级别的显示效果。

新建一个名为 2-3.html 的页面，输入如下代码：

```
<!DOCTYPE html>
<html>
  <head>
      <meta charset="GB2312" />
      <title>不同级别标题的效果</title>
  </head>
  <body>
    <h1>一级标题  h1</h1>
    <h2>二级标题  h2</h2>
    <h3>三级标题  h3</h3>
    <h4>四级标题  h4</h4>
    <h5>五级标题  h5</h5>
    <h6>六级标题  h6</h6>
  </body>
</html>
```

在浏览器中的显示效果如图 2-5 所示。

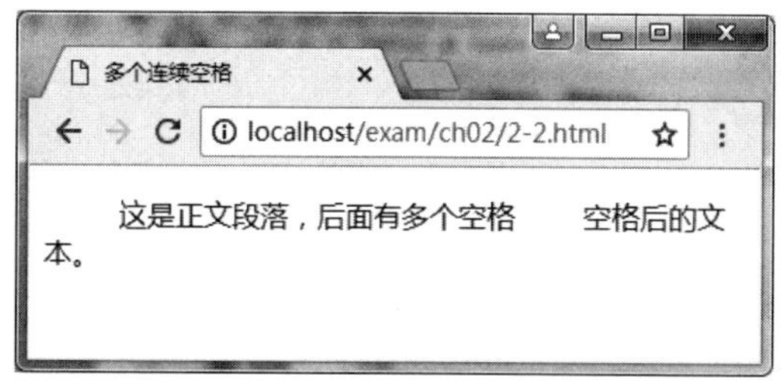

图 2-4　在 HTML 中添加多个连续空格

图 2-5　不同级别标题的显示效果

当然，这 6 个标题元素都可以包含以下通用属性：class、id、style、title、dir 和 lang。

3. 使用<p>元素创建段落

使用段落标签<p>可以分段显示网页中的文本，让文章具有段落之分。合理使用<p>元素，不仅可以减轻阅读者的视觉疲劳，而且可以让文章更有条理，也利于搜索引擎优化。

开标签<p>与闭标签</p>之间的所有文本都在一个段落内，如果要分成多个段落，则需要使用多个<p>标签。

【例 2-4】 分段显示网页文本。

新建一个名为 2-4.html 的页面，输入如下代码：

```
<!DOCTYPE html>
<html>
  <head>
      <meta charset="GB2312" />
      <title>分段显示</title>
  </head>
  <body>
      <h2>下面是多个段落文本</h2>
      <p>伤害让一个人成长，时间让一个人坚强</p>
      <p>每个人心中都会有一些记忆，在某个夜深人静的时刻，翻涌而出</p>
      <p>有时候，必须有前面的苦心经营，才有后面的偶然相遇</p>
      <p>我们每个人，至少都有那么一次，付出了很多辛苦，也很真诚，掏心挖肺的，觉得什么都拎出来了，却发现不仅没有回报，还被别人当白痴对待</p>
      <p>倘若你问心有愧呢</p>
      <p>不是所有事情都能如愿以偿，但是任何事情都值得尝试</p>
  </body>
</html>
```

当浏览器显示一个段落时，通常会在下一个段落前插入一个空行，并加入少许额外的纵向空间，如图 2-6 所示。

4. 使用
和<hr/>标签

使用
元素，可以将段落文本换行显示。
元素是一个“空元素”，不需要开闭标签对，因为二者之间不会有任何内容，通常直接在开标签的后面加一条斜线，写作
。一个
代表一次换行，多个
可以实现多次换行。

与
类似的还有一个标签，也不需要开闭标签对，就是水平线标签<hr/>，使用该标签，将在网页中添加一条水平线。

【例 2-5】 使用
和<hr/>标签。

新建一个名为 2-5.html 的页面，输入如下代码：

```
<!DOCTYPE html>
<html>
  <head>
      <meta charset="GB2312" />
      <title>文本换行与水平线</title>
  </head>
  <body>
      <h2>池上</h2> <hr/>
      小娃撑小艇，<br/>
```

```
        偷采白莲回。<br/>
        不解藏踪迹，<br/>
        浮萍一道开。<br/><hr/>
    </body>
</html>
```

在浏览器中的显示效果如图 2-7 所示。

图 2-6 分段显示文本

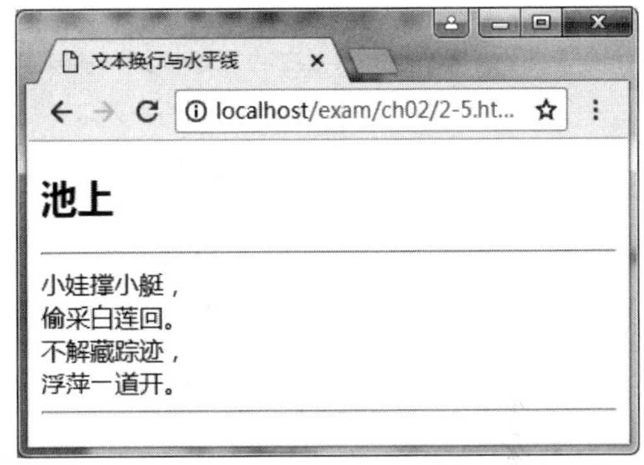

图 2-7 为文本添加换行和水平线

5. 使用<pre>元素预格式化文本

有时候，我们希望文本与它们写在 HTML 文档中的格式完全保持一致，不希望文本在到达浏览器边框时自动换行。也希望浏览器忽略多个空格，并且希望文本能够按照编写时的格式换行。这就需要使用<pre>元素了。任何位于<pre>开标签和</pre>闭标签之间的文本都会保持它们在源文件中的格式。

但是，需要注意的是，大多数浏览器默认会使用等宽字体显示这种文本(Courier 字体就是一种等宽字体，因为每个字母都占用相同的宽度。与之相对的是不等宽字体，这种字体中字母“i”的宽度通常小于字母“m”的宽度)。

<pre>元素经常用来显示源代码，例如下面的例 2-6。

【例 2-6】 使用<pre>元素。

新建一个名为 2-6.html 的页面，输入如下代码：

```
<!DOCTYPE html>
<html>
    <head>
        <meta charset="GB2312" />
        <title>使用 pre 预格式化文本</title>
    </head>
    <body>
        <p>以下内容演示&lt;pre&gt;的用法</p>
        <pre>
    function testFunction( strText ){
        console.log( strText )
```

```
    }
        </pre
    </body>
</html>
```

在浏览器中的显示效果如图 2-8 所示。

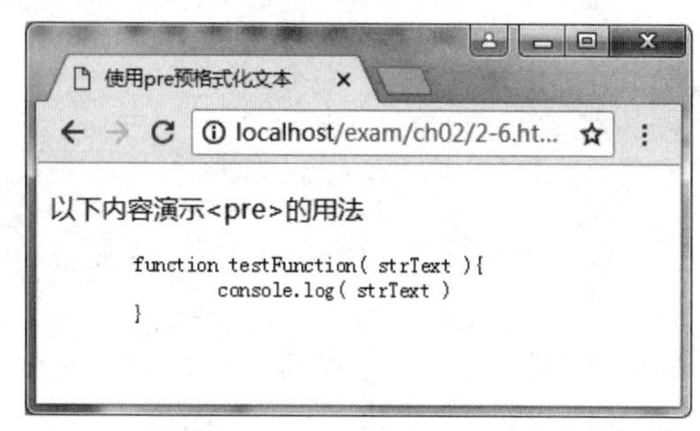

图 2-8　<pre>元素的显示效果

6. 使用字体样式标签

有时候，为了强调某些信息，需要对个别关键词使用不同的字体样式，如粗体或斜体等，这就用到如下几个字体样式标签。

- <b>：该标签将以粗体显示文本。
- <em>：该标签把文本定义为强调的内容，通常将文本显示为斜体。
- <strong>：该标签把文本定义为语气更强的强调的内容。
- <i>：该标签显示文本斜体效果，和<em>标签类似。它告诉浏览器将包含其中的文本以斜体(italic)或倾斜(oblique)字体显示。
- <sup>：该标签实现文本上标效果。
- <sub>：该标签实现文本下标效果。
- <u>：该标签内的文本将被添加下画线。

【例 2-7】 使用字体样式标签。

新建一个名为 2-7.html 的页面，输入如下代码：

```
<!DOCTYPE html>
<html>
    <head>
        <meta charset="GB2312" />
        <title>不同的字体样式</title>
    </head>
    <body>
        <p>不同样式效果演示</p>
        <b>粗体显示文本</b><br/>
        <em>强调内容，斜体显示文本</em><br/>
        <strong>语气更强的强调</strong><br/>
        <i>斜体显示文本</i><br/>
        <p>上标 a<sup>2</sup></p>
```

```
        <p>下标 H<sub>2</sub>O</p>
        <u>带下画线的文本,很少用,会把它混淆为一个超链接</u>
    </body>
</html>
```

在浏览器中的显示效果如图 2-9 所示。

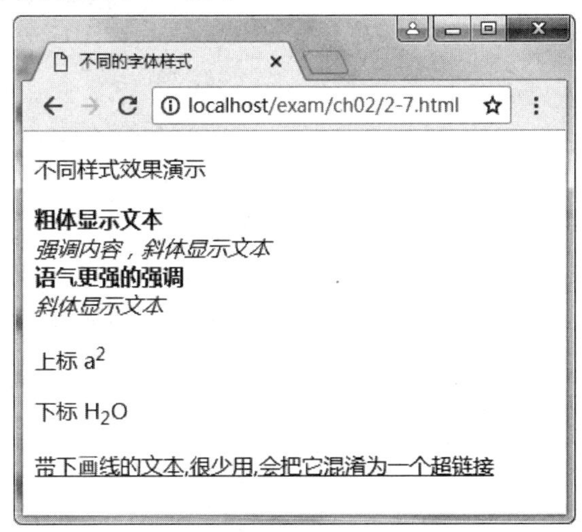

图 2-9　字体样式显示效果

2.2.5　使用列表

HTML 支持如下 3 种类型的列表。

- 无序列表：无序列表是一列项目，列表项目使用粗体圆点(典型的小黑圆圈)进行标记。
- 有序列表：有序列表也是一列项目，列表项目使用数字进行标记。
- 自定义列表：自定义列表不仅是一列项目，而且是项目及其注释的组合。

1. 无序列表

在HTML中，无序列表的创建标签是<ul> (ul是unordered list无序列表的英文缩写)，在<ul>元素中需要写下的每一项或每一行都应该位于开标签<li>和闭标签</li>之间(li是list item的英文缩写)。<ul>和<li>元素可以包含所有通用属性以及UI事件属性。

【例 2-8】 创建无序列表。

新建一个名为 2-8.html 的页面，输入如下代码：

```
<!DOCTYPE html>
<html>
  <head>
        <meta charset="GB2312" />
        <title>无序列表</title>
  </head>
  <body>
        <p>下面是无序列表</p>
      <ul>
```

```
            <li>三国演义</li>
            <li>西游记</li>
            <li>水浒传</li>
            <li>红楼梦</li>
        </ul>
    </body>
</html>
```

在浏览器中的显示效果如图 2-10 所示。

2. 有序列表

有序列表使用的是<ol>标签。在有序列表中，不是在每个项目前放置圆点，而是可以使用数字(1、2、3)、字母(A、B、C)或罗马数字(i、ii、iii)来前置标识它们。

有序列表默认使用从 1 开始的数字标识每个项目，可将前面的无序列表改为有序列表。

【例 2-9】 创建有序列表。

新建一个名为 2-9.html 的页面，输入如下代码：

```
<!DOCTYPE html>
<html>
  <head>
      <meta charset="GB2312" />
      <title>有序列表</title>
  </head>
  <body>
      <p>下面是有序列表</p>
       <ol>
           <li>三国演义</li>
           <li>西游记</li>
           <li>水浒传</li>
           <li>红楼梦</li>
       </ol>
  </body>
</html>
```

在浏览器中的显示效果如图 2-11 所示。

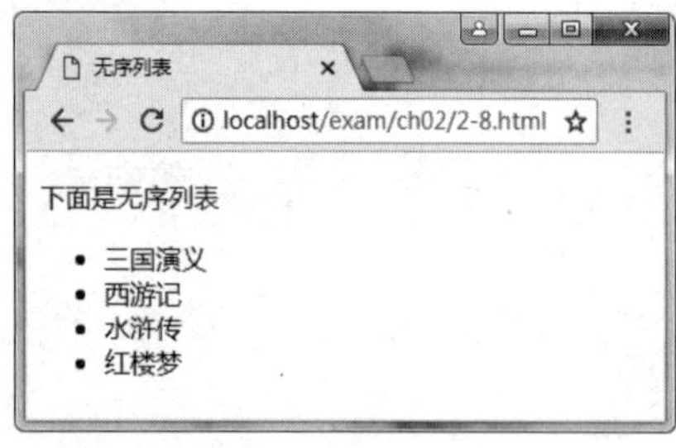

图 2-10　无序列表

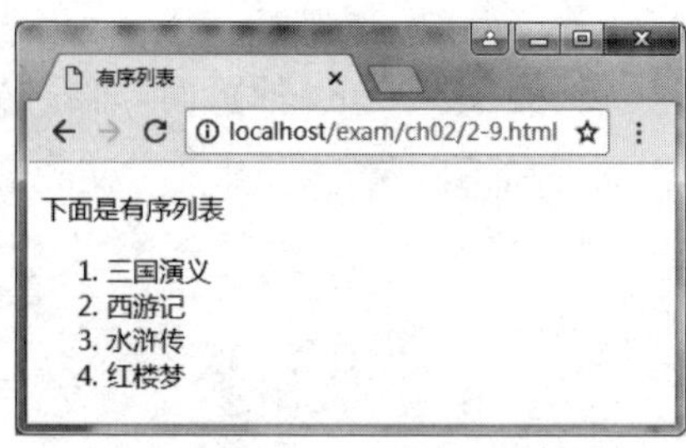

图 2-11　有序列表

如果要使用其他序列标识项目，可以使用 type 属性，该属性的可取值及描述如表 2-3 所示。

表 2-3　type 属性的可取值及描述

属 性 值	描　述
1	数字，默认选项
a	小写拉丁字母
A	大写拉丁字母
i	小写罗马数字
I	大写罗马数字

修改例 2-9 中的代码，如下所示。在浏览器中查看效果，可以看到列表项目变成了使用大写罗马数字排序标识，如图 2-12 所示。

```
<ol type="I">
        <li>三国演义</li>
        <li>西游记</li>
        <li>水浒传</li>
        <li>红楼梦</li>
</ol>
```

除了指定序列的类型以外，还可以使用 start 属性修改有序列表的起始数字，该属性的值是与起始项对应的序列值，按如下所示修改代码，运行效果如图 2-13 所示。

```
<ol type="a"    start="4">
         <li>三国演义</li>
         <li>西游记</li>
         <li>水浒传</li>
         <li>红楼梦</li>
</ol>
```

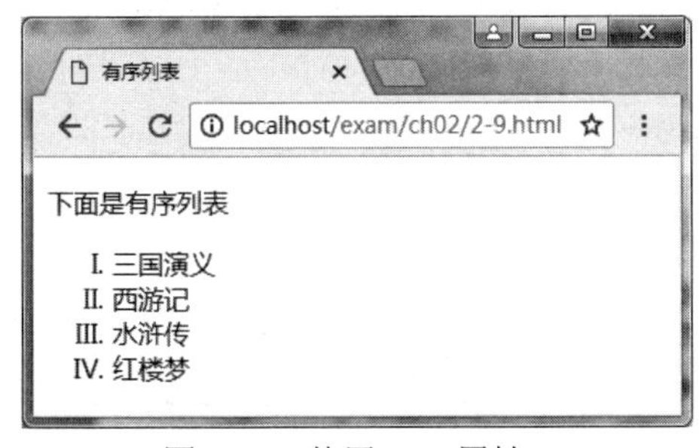

图 2-12　使用 type 属性

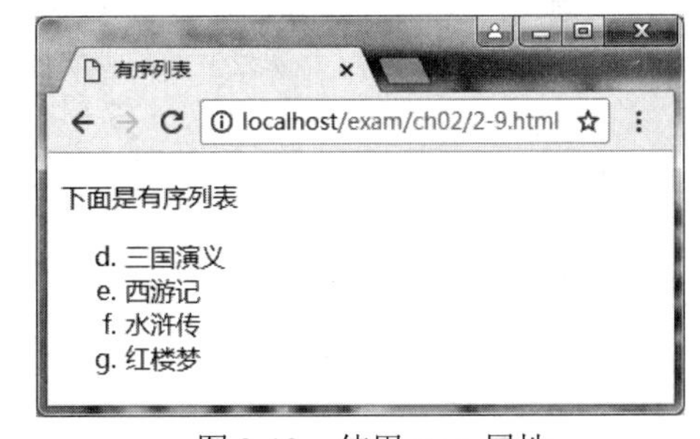

图 2-13　使用 start 属性

除了上面两个属性，HTML5 还新增了布尔属性 reversed，该属性可以使列表的序列反转，也就是从最大值开始向最小值倒数，演示代码如下，效果如图 2-14 所示。

```
<ol type="A"    start="7" reversed>
         <li>三国演义</li>
         <li>西游记</li>
         <li>水浒传</li>
         <li>红楼梦</li>
</ol>
```

3. 自定义列表

使用HTML的<dl>标签可以自定义列表，该标签用于结合<dt>(自定义列表中的项目)和<dd>(描述列表中的项目)。

HTML5 规范定义<dl>的含义是“描述列表”。<dl>元素代表一个描述列表，由 0 个或多个“术语-描述”(名称/值)组构成。每一组都与一个或多个“术语/名称”(<dt>元素的内容)以及一个或多个“描述/值”(<dd>元素的内容)相关联。

自定义列表是一种特殊类型的列表,它的列表项由术语和随后的简短文字定义或描述组成。自定义列表包含在<dl>元素内，之后在<dl>元素内部包含交替出现的<dt>和<dd>元素：<dt>元素的内容是所要定义的术语，<dd>元素中则包含之前<dt>中术语的定义。

【例 2-10】 创建自定义列表。

新建一个名为 2-10.html 的页面，输入如下代码：

```
<!DOCTYPE html>
<html>
  <head>
      <meta charset="GB2312" />
      <title>自定义列表</title>
  </head>
  <body>
      <p>下面是自定义列表</p>
        <dl>
            <dt>乔峰</dt>
                <dd>小说《天龙八部》中的男主角</dd>
                <dd>生于辽国，长于大宋，实为契丹人</dd>
           <dt>小昭</dt>
               <dd>金庸武侠小说《倚天屠龙记》女主角之一，本名“韩昭”，紫衫龙王黛绮丝和银叶先生韩千叶之女。奉母之命扮作丑陋容貌混入光明顶，盗取乾坤大挪移心法。</dd>
        </dl>
  </body>
</html>
```

在浏览器中的显示效果如图 2-15 所示。

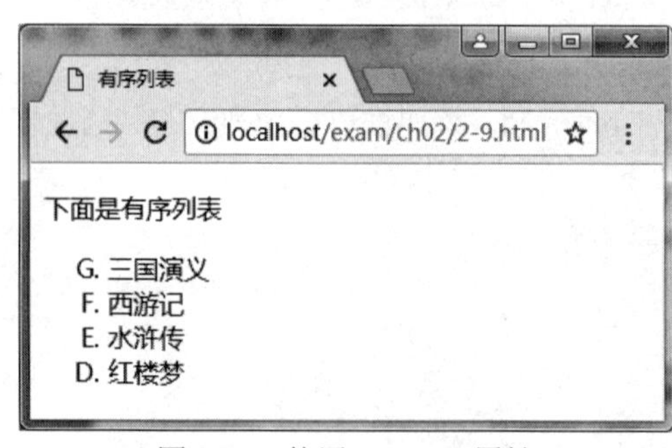

图 2-14　使用 reversed 属性

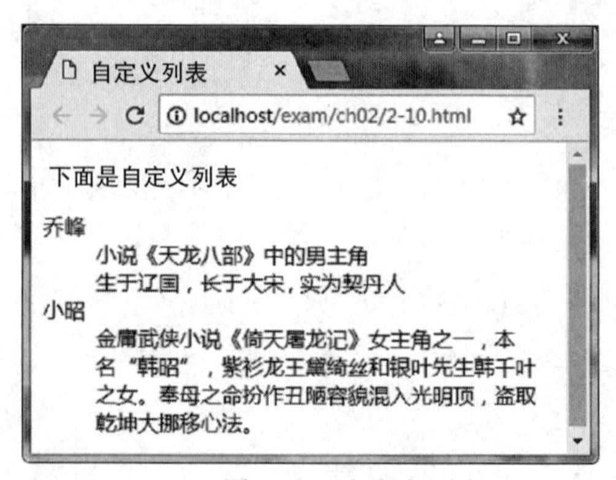

图 2-15　自定义列表

4. 列表的嵌套

可以在一个列表中嵌套另一列表。对于有序列表，除非使用 start 属性另行指定起始序列号，否则，每一个嵌套列表都将独立排序。

【例 2-11】 创建嵌套列表。

新建一个名为 2-11.html 的页面，输入如下代码：

```
<!DOCTYPE html>
<html>
  <head>
        <meta charset="GB2312" />
        <title>嵌套列表</title>
  </head>
  <body>
  <p>下面是列表嵌套</p>
  <ol type="I">
    <li>我喜欢的水果</li>
    <ol >
      <li>香蕉</li>
      <li>苹果</li>
    </ol>
    <li>我喜欢的人物</li>
    <ol >
      <li>乔峰</li>
      <li>小昭</li>
    </ol>
    <li>我喜欢的蔬菜
    <ul >
      <li>西兰花</li>
      <li>土豆</li>
    </ul>
    </li>
    <li>其他</li>
  </ol>
  </body>
</html>
```

在浏览器中的显示效果如图 2-16 所示。

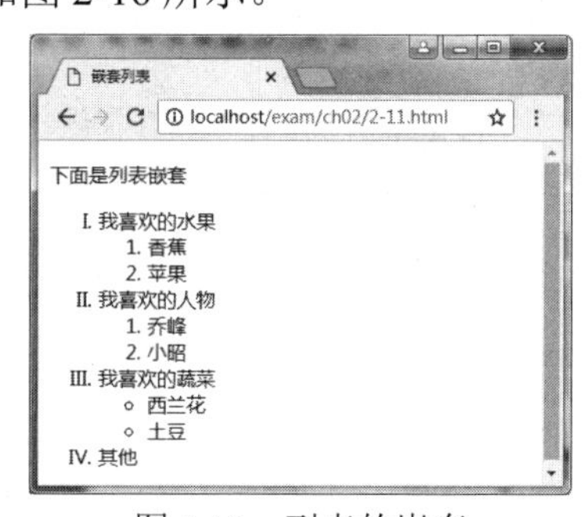

图 2-16　列表的嵌套

2.2.6 链接与导航

网络之所以有别于其他媒体，就是因为网页中可以包含链接(或者叫超链接)。通过链接，可以从一个页面跳转到另一个页面。链接的形式可以是单词、短语或一幅图片。

链接是网页中极重要的部分，单击文档中的链接，即可跳转至相应的位置。正是因为有了链接，用户才可以在不同的网页中来回跳转，从而方便地查阅各种各样的知识，享受网络带来的无穷乐趣。

1. 基本链接

创建超链接需要使用<a>元素。超链接包含两部分内容：一是链接地址，即链接的目标，可以是某个网址或文件的路径，对应为<a>元素的 href 属性；二是链接文本或图像，单击该文本或图像，将跳转到 href 属性指定的链接地址。超链接的基本语法如下：

```
<a href="链接地址" target="目标窗口位置">链接文本或图像</a>
```

其中，href 属性指定链接地址，target 属性指定链接在哪个窗口中打开，常用的取值是_self(自身窗口)和_blank(新建窗口)。

在<a>和</a>标签对之间，既可以是文本，也可以是图像，例如下面例子中的两个超链接都在新窗口中打开清华大学主页。

【例 2-12】 创建超链接。

新建一个名为 2-12.html 的页面，输入如下代码：

```
<!DOCTYPE html>
<html>
  <head>
      <meta charset="GB2312" />
      <title>超链接</title>
  </head>
  <body>
      <p>下面的超链接都将打开清华大学主页</p>
    <a href="http://www.tsinghua.edu.cn" target="_blank">清华大学</a><br/><hr>
    <a href="http://www.tsinghua.edu.cn"><img src="tsinghua.png"></img></a>
  </body>
</html>
```

在浏览器中的显示效果如图 2-17 所示，单击网页中的文本“清华大学”或者下方的图片都会打开清华大学主页，所不同的是，前者会在新窗口中打开，而后者是在当前窗口中打开。这是因为对于由<a>元素创建的链接，默认情况下，浏览器会在同一窗口内打开目标地址；而使用 target 属性可以改变这一行为，该属性的 4 个可取值及描述如表 2-4 所示。

图 2-17 创建超链接

表 2-4　target 属性的 4 个可取值及描述

属性值	描　述
_blank	浏览器总在一个新打开、未命名的窗口中载入目标地址
_self	这是默认目标，在当前窗口中加载目标地址
_parent	在父框架集中打开被链接文档
_top	在整个窗口中打开被链接文档

target 属性的这 4 个可取值都以下画线开始。任何其他使用一条下画线作为开头的窗口或目标都会被浏览器忽略，因此，不要将下画线作为文档中定义的任何框架名称或 id 的第一个字符。

本例中链接的目标地址是清华大学主页，这里给出的是 URL 地址，URL(Uniform Resource Locator，统一资源定位符) 是对可以从互联网上得到的资源的位置及访问方法的一种简洁表示，是互联网上资源的标准地址。互联网上的每个文件都有唯一的 URL，里面包含的信息指出了文件的位置以及浏览器应该怎么处理它。

URL 包含 3 个关键组成部分：协议(scheme)、主机地址(host address)以及文件路径(file path)。

- 协议：指明文件将以何种方式传输。大多数 Web 页面使用 HTTP(HyperText Transfer Protocol，超文本传输协议)传输信息，因此大多数网页的地址以“http://”开头。不过也有其他前缀，如使用电子银行时会看到“https://”(HTTP 的一种更安全形式)，以及下载大型文件时的“ftp://”。
- 主机地址：通常是网站的域名，如 baidu.com。我们经常会在域名前看到“www”前缀，但它实际上并非域名的一部分。主机地址还可以是数字形式的 IP 地址。
- 文件路径：以一个正斜线(/)开头，并可能包含一个或多个目录名称，然后以一个文件名结束，文件路径通常与网站的目录结构相对应。也可以没有文件名。

如果没有提供文件名，Web 服务器通常会做出以下三种反应之一：

(1) 寻找默认文件并返回。对于以 HTML 编写的网站，默认文件通常是 index.html。如果没有指定文件路径，服务器会在根目录下寻找 index.html 文件；如果指定了目录，服务器则会在该目录中寻找 index.html。

(2) 提供指定目录下的文件列表。

(3) 显示“无法找到页面”或“无法显示文件夹内文件”等提示信息。

2. 绝对地址和相对地址

根据链接地址是指向站外文件还是站内文件，链接地址可分为绝对地址和相对地址。

- 绝对地址：指向目标路径的完整描述，一般指向本站点外的文件或 URL，例如例 2-12 中<a>标签的 href 属性使用的就是绝对地址。
- 相当地址：相对于当前页面的路径，一般指向本站点内的文件，所以一般不需要完整的 URL 地址，例如例 2-12 中加载图片的<img>标签，通过 src 属性指向一个图片文件，用的就是相对地址。

使用相对地址的好处是，可以使代码看起来更简洁，而且当网站的整体域名发生变化时，链接中的相对地址无须修改。

根据目标地址与当前文件所在目录的关系，有如下几种类型的相对地址。

(1) 同一目录

当需要链接到或包含来自同一目录下的某一资源文件时，可以直接使用文件名进行引用，如例 2-12 中的图片文件就和 2-12.html 位于同一目录中。同一站点内多个页面的导航通常属于这一类型，例如，从首页(index.html)链接到登录页面(login.html)，因为这两个文件位于同一目录下，所以直接使用文件名即可。

(2) 子目录

如果网站的文件比较多，为了更好地管理和维护，通常会建立一些子目录，分类存放不同的文件，如图 2-18 所示，TV 和 Music 目录都是 Entertainment 目录的子目录。如果在 Entertainment 目录中建立一个页面，则可以在其中包含如下指向各子目录中 index.html 页面的链接：

```
TV/index.html
Music/index.html
```

图 2-18　网站内的子目录结构

必须包含子目录名，紧跟一个正斜线(/)，然后是需要链接到的页面的名称。每多一级子目录，就在 URL 中添加子目录名以及正斜线字符。所以，如果 Entertainment 是网站根目录中的一个子目录，则从网站根目录中的页面(如网站首页)创建指向相同页面的链接时，应使用如下相对 URL 地址：

```
Entertainment/TV/index.html
Entertainment/Music/index.html
```

(3) 父目录

如果需要从一个目录中创建指向其父目录(即该目录所在目录)的链接，则可以使用“../”符号(又称“上一级”符号)(两个句点加一个正斜线)。例如，要从 Music 目录中的页面指向 Entertainment 目录中的另一个页面，可以使用如下相对路径：

```
../index.html
```

而如果想从 Music 目录指向根目录，则可以重复该符号，例如：

```
../../index.html
```

每多一次“../”符号，就多向上返回一级目录。

(4) 从根目录出发

如果目录层次较多，为了避免使用过多的“上一级”符号，也可以指定文件相对于网站根目录的位置。所以，如果想从网站内任意位置链接到 Music 版块的索引页面(index.html)，则可以使用以正斜线开头的路径形式，如下所示：

```
/Entertainment/Music/index.html
```

起始位置的正斜线代表根目录，之后的路径是从根目录开始的相对位置。

3. <base>标签

如前所述，当浏览器遇到相对 URL 地址时，会将相对 URL 地址转换为完整的绝对 URL 地址。而<base>标签可以为页面指定基础地址，该标签没有关闭标签。通过这种设置，浏览器会以在相对地址前加上基础地址的方式得到完整的绝对地址。

基础地址的值在<base>标签的 href 属性中指定。例如，如果需要指定 http://www.example.com/ 作为基础地址，可添加如下<base>元素：

```
<base href="http://www.example.com/" />
```

这时，如果页面中有如下相对 URL 地址：

```
Entertainment/TV/index.html
```

则最终浏览器会请求如下绝对 URL 地址：

```
http://www.example.com/Entertainment/TV/index.html
```

4. 链接到电子邮件地址

链接到电子邮件地址的链接是一种特殊的超链接。单击该链接，会启动电子邮件程序并打开一个新邮件，在“收件人”栏中预先填入该电子邮件地址。

创建电子邮件地址链接的方法是在<a>元素中按如下形式设置 href 属性：

```
<a href="mailto:zhaoyanduo@tsinghua.org.cn">联系我们</a>
```

href 属性的值以关键字 mailto 开始，随后是冒号，然后是希望发送到的电子邮件地址。

除了指定电子邮件地址以外，链接到电子邮件时还可以指定邮件消息的一些其他部分，如主题、邮件主体以及需要抄送及秘密抄送的电子邮件地址。方法是在电子邮件地址后附加一个问号并在之后以“名称/值”对的形式指定相应的特性。名称与值之间使用等号分隔。可添加的电子邮件链接特性如表 2-5 所示。

表 2-5　可用的电子邮件链接特性

特　性	描　述
subject	为电子邮件添加主题行
body	向电子邮件主体中添加默认的消息内容。不过，用户可能会更改该消息内容
cc	向该地址抄送电子邮件。特性的值必须是有效的电子邮件地址。如果需要向多个电子邮件地址抄送，只需要简单重复该特性，特性间使用“&”符号分隔
bcc	指定秘密抄送的电子邮件地址，秘密抄送的收件人之间互不可见。特性的值必须是有效的电子邮件地址。如果需要向多个电子邮件地址秘密抄送，只需要简单重复该属性，特性间使用“&”符号分隔

如果需要指定的特性有多个，则多个特性之间用“与符号”(&)分隔。例如，对于下面的电子邮件链接创建的新邮件，默认主题为“读者来信”，抄送给t_mse@163.com和zhaozx@163.com：

```
<a href="mailto:zhaoyanduo@tsinghua.org.cn?subject=读者来信&cc=t_mse@163.com&cc=
zhaozx@163.com"></a>
```

如果需要在主题中使用空格，则应该使用转义字符%20而不能直接使用空格。同样，如果需要在邮件主体中使用换行，则应该使用%0D%0A(注意此处0是阿拉伯数字，而不是大写字母)。

5. 创建锚点链接

锚点链接(也叫书签链接)常用于那些内容庞大、烦琐的网页，通过单击命名锚点，可以跳转到页面中的特定段落。

网络中比较常见的锚点链接如下：

- 位于长页面底部的返回顶端链接
- 将用户跳转至页面中各相关章节的目录列表
- 行文中的脚注以及定义链接等

锚点链接的创建过程分为两步：创建命名锚点和链接到命名锚点。

(1) 创建命名锚点

锚点是指网页中的某个具有名称的位置。创建锚点同样要使用<a>标签，但需要使用的是id或name属性，而非href属性。

name和id属性是两个通用属性，绝大多数元素都可以包含二者。因为id属性是直到HTML 4.0才被引入的，所以在之前版本中主要是使用name属性。HTML5被推出以后，更建议使用id属性来创建锚点。

```
<a id="top"> </a>
```

上面的代码将创建一个id为top的锚点，前面在介绍核心属性时介绍过id属性。在同一个网页中，id属性的值必须唯一。

(2) 链接到命名锚点

定义了锚点后，就可以链接到命名锚点了。链接到锚点的<a>元素的href属性需要与对应的锚点的id属性值相同，并且在值的前面加上井号(#)。下面的链接将跳转到上面创建的锚点处：

```
<a href="#top">返回顶部</a>
```

除了可以链接到当前网页中的锚点，还可以链接到其他页面中的锚点。此时，href属性值的格式为：文件路径+文件名#锚点名称。锚点名称区分大小写。

【例2-13】 创建锚点链接。

新建一个名为2-13.html的页面，输入如下代码：

```
<!DOCTYPE html>
<html>
  <head>
    <meta charset="GB2312" />
    <title>锚点链接</title>
  </head>
```

```
<body>
    <p> <a id="top"></a><a href="#C4">查看  第 4 回  </a> </p>
    <h2>第 1 回</h2>
    <p>宴桃园豪杰三结义      斩黄巾英雄首立功</p>
    <h2>第 2 回</h2>
    <p>张益德怒鞭督邮      何国舅谋诛宦竖</p>
    <h2>第 3 回</h2>
    <p>议温明董卓叱丁原      馈金珠李肃说吕布</p>
    <a id="C4"></a><h2 >第 4 回</h2>
    <p >废汉帝陈留践位      谋董贼孟德献刀</p>
    <h2>第 5 回</h2>
    <p>发矫诏诸镇应曹公      破关兵三英战吕布</p>
    <h2>第 6 回</h2>
    <p>焚金阙董卓行凶      匿玉玺孙坚背约</p>
    <h2>第 7 回</h2>
    <p>袁绍磐河战公孙      孙坚跨江击刘表</p>
    <h2>第 8 回</h2>
    <p>王司徒巧使连环计      董太师大闹凤仪亭</p>
    <a href="#top">返回顶部</a>
  </body>
</html>
```

在浏览器中的显示效果如图 2-19 所示。单击顶部的“查看 第 4 回”链接，将跳转到本页面下方“第 4 回”的位置，如图 2-20 所示。在页面底部，还有“返回顶部”锚点链接，单击将返回页面顶部。

图 2-19　锚点链接

图 2-20　页内跳转

其实，像本例中这样有多个小节的长页面，也可以直接为各小节的标题添加 id 属性作为锚点，然后通过锚点链接跳转至相应位置。例如，对于例 2-13 中锚点 C4 的定义，可以修改为如下代码：

```
<h2 id="C4">第 4 回</h2>
```

2.3　使用表格

表格以行和列的形式显示信息，常用于显示网格结构的数据，如列车时刻表、电视节目表、财务报告以及体育赛事等。本节将学习在 HTML 中如何创建和使用表格。

2.3.1 创建表格

表格由行、列、单元格 3 部分组成。使用表格可以排列页面中的文本、图像等各类数据。表格的行贯穿表格的左右，从上到下为列，行和列交汇的部分为单元格。

1. 创建基本表格

HTML 的表格通过 4 个标签来创建，分别是表格标签<table>、行标签<tr>、表头标签<th>和表格数据标签<td>。

整个表格是一个<table>元素。在<table>元素内，表格是以行挨着行的形式书写的。每一行包含在一个<tr>元素内，“tr”代表“表格行”(table row)。第一行的单元格是表头，每个单元格使用<th>元素写在行元素内，“th”代表“表格头”(table header)；从第二行开始的每个单元格是表格数据，每个单元格使用<td>元素写在行元素内，“td”代表“表格数据”(table data)。

也可以没有表头，这样就没有<th>元素；也可以将第一列作为表头，这样，每行中的第一个单元格是<th>元素。<th>元素和<td>元素差不多，默认情况下，大多数浏览器会以粗体渲染<th>元素的内容。实际使用中，有的甚至直接使用<td>元素代替<th>元素。

下面来看一个简单的表格，例 2-14 中的两个表格都有表头，一个以第一行作为表头，另一个以第一列作为表头。

【例 2-14】 创建简单的表格。

新建一个名为 2-14.html 的页面，输入如下代码：

```
<!DOCTYPE html>
<html>
  <head>
    <meta charset="GB2312" />
    <title>基本表格</title>
  </head>
  <body>
    <h4>表头</h4>
    <table>
    <tr>
      <th>姓名</th>
      <th>性别</th>
      <th>电话</th>
    </tr>
    <tr>
      <td>赵艳铎</td>
      <td>男</td>
      <td>15910806516</td>
    </tr>
    <tr>
```

```
            <td>赵智暄</td>
            <td>女</td>
            <td>18031760170</td>
        </tr>
        </table>

        <h4>垂直的表头</h4>
        <table >
        <tr>
            <th>姓名</th>
            <td>赵艳铎</td>
            <td>赵智暄</td>
        </tr>
        <tr>
            <th>性别</th>
            <td>男</td>
            <td>女</td>
        </tr>
        <tr>
            <th>电话</th>
            <td>15910806516</td>
            <td>18031760170</td>
        </tr>
        </table>
    </body>
</html>
```

在浏览器中的显示效果如图 2-21 所示。

2. 表格边框

上面创建的表格没有边框，虽然是按行和列排列的，但因为每个单元格内数据的长度不一样，所以有的看起来并不是很清晰。为了让每个单元格中的数据更清晰，可以使用 border 属性，设置表格的边框宽度。默认情况下，不指定该属性，表格边框为 0，浏览器不显示表格边框，如图 2-21 所示。

border 属性的值表示边框的宽度，单位为像素，border 属性设置只影响表格四周的边框宽度，而不影响单元格之间的边框尺寸。

为例 2-14 中的两个表格分别设置边框宽度为 1 和 6，相应的代码如下：

```
        <table border="1">
        ...
        <table border="6">
```

此时页面的效果如图 2-22 所示。

图 2-21　创建简单的表格

图 2-22　为表格添加边框

2.3.2　为表格添加标题

表格常用来显示数据，为了更好地描述表格中数据的来源或用途，通常每个表格都应该拥有标题。这时可以使用<caption>元素，<caption>元素直接出现在开标签<table>之后，并且应该位于第一行之前。默认情况下，多数浏览器会在表格上方的中央位置显示该元素的内容。为例 2-14 中所示表格添加标题的代码如下：

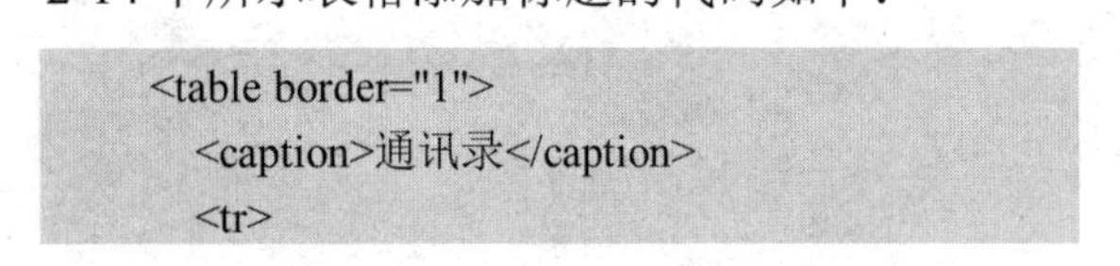

```
<table border="1">
  <caption>通讯录</caption>
  <tr>
```

此时，浏览该页面，效果如图 2-23 所示。

通过使用<caption>元素，相比于仅仅在表格之前或之后的段落中描述其目的，可以将表格内容与该描述相关联，而且这种关联还可以被屏幕阅读器以及其他处理 Web 页面的应用程序(如搜索引擎)所处理。

图 2-23　为表格添加标题

2.3.3　表格的跨行与跨列

上面的表格都比较简单，而现实中往往需要较复杂的表格。比如有时需要把多个单元格合并为一个，这就用到本节要学习的两个属性：colspan 和 rowspan。

1. 使用 colspan 属性实现跨列

跨列是指将同一行中的多个单元格合并为一个，这就用到<td>或<th>标签的 colspan 属性。col 是 column(列)的英文缩写，span 表示宽度，colspan 属性的值为当前单元格跨越的列数。

【例 2-15】 现在很多人都有不止一个手机号码，所以我们修改上面的通讯录表格，增加一列以存放备用电话，在表头中“电话”占两列。

新建一个名为 2-15.html 的页面，输入如下代码：

```
<!DOCTYPE html>
```

```
<html>
  <head>
    <meta charset="GB2312" />
    <title>跨列表格</title>
  </head>
  <body>
    <h4>电话 占两列</h4>
    <table border="1" width="500">
    <caption> 通讯录</caption>
    <tr>
      <th>姓名</th>
      <th>性别</th>
      <th colspan="2">电话</th>
    </tr>
    <tr>
      <td>赵艳铎</td>
      <td>男</td>
      <td>15910806516</td>
      <td>13910002312</td>
    </tr>
    <tr>
      <td>赵智暄</td>
      <td>女</td>
      <td>18031760170</td>
      <td></td>
    </tr>
    </table>
  </body>
</html>
```

在浏览器中的显示效果如图 2-24 所示，表格中的第一行有 3 个单元格，并且第 3 个单元格跨越两列的宽度。

2. 使用 rowspan 属性实现跨行

rowspan 属性的作用与 colspan 类似，只是在相反的方向上工作：rowspan 使单元格可以纵向跨越行。

【例 2-16】在成绩表中，对于相同的成绩，名次是并列的。这时，可以使用跨行表格让并列名次跨多行。

新建一个名为 2-16.html 的页面，输入如下代码：

```
<!DOCTYPE html>
<html>
  <head>
    <meta charset="GB2312" />
    <title>跨行表格</title>
  </head>
```

```
    <body>
      <h4>并列的名次  占多行</h4>
      <table border="1" width="300">
      <caption> 成绩表</caption>
      <tr>
        <th>名次</th>
        <th>姓名</th>
        <th>分数</th>
      </tr>
      <tr>
        <td>1</td>
        <td>赵艳铎</td>
        <td>100</td>
      </tr>
      <tr>
        <td rowspan="2">2</td>
        <td>赵智暄</td>
        <td>99</td>
      </tr>
      <tr>
        <td>贾梓怡</td>
        <td>99</td>
      </tr>
      <tr>
        <td >4</td>
        <td>邢欣蕊</td>
        <td>96</td>
      </tr>
      </table>
    </body>
</html>
```

在浏览器中的显示效果如图 2-25 所示，表格中的第 2 名有两位同学，所以相应的单元格跨越两行。

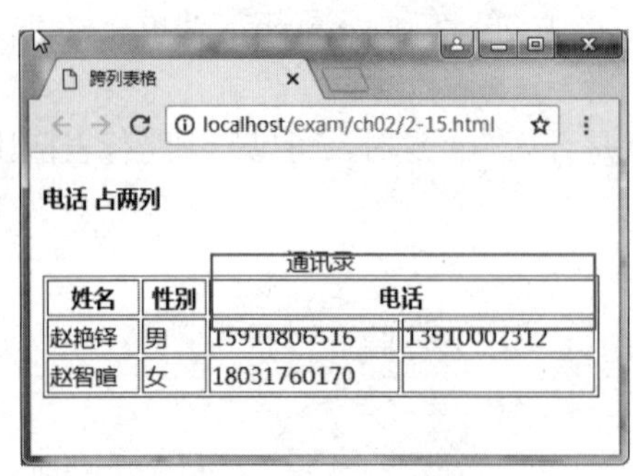

图 2-24　创建跨列表格

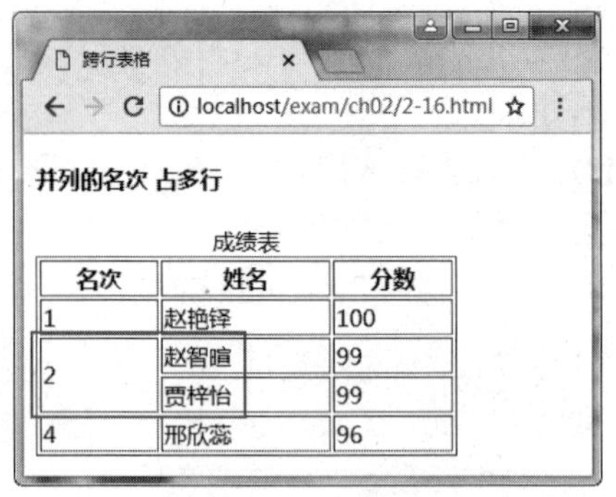

图 2-25　创建跨行表格

2.3.4　表格的结构标签

为在源代码中清楚地区分表格结构，HTML 提供了<thead>、<tbody>和<tfoot>三个标签，分别对应表格的表头、表体和表尾。

例如，对于银行的结算系统：可能有这样一个表格，其中表头包含每列的头部信息，表体包含存取交易事务的列表，而表尾则包含账户的结算余额。

如果表格太长以致在屏幕中显示不全，那么表头与表尾可以始终保持可见，而为表体设置滚动条。另外，还可使用 CSS 为<thead>、<tbody>以及<tfoot>中的内容添加不同的样式风格。

这三个标签的用法都比较简单，只需要将相应的<tr>元素放在相应的开闭标签对之间即可。例如，为前面的表格增加表头标签<thead>的代码如下：

```
<thead>
<tr>
  <th>名次</th>
  <th>姓名</th>
  <th>分数</th>
</tr>
</thead>
```

如果表体中的数据还有不同的分组，则可以使用多个<tbody>标签，以指明不同的页面或数据分组。

2.3.5　对表格的列进行分组

如果表格中的两列或更多列是相互关联的，则可以使用<colgroup>元素解释这些列应该被归到同一组中，以便通过 CSS 为不同组中的列应用不同的样式。

<colgroup>元素在使用时，应该直接出现在<table>开标签之后，并包含 span 属性，用来指定该组中包含多少列。例如，下面的表格一共有 6 列。前面的 4 列属于第 1 个列组，而后面的两列则属于第 2 个列组。

```
<table>
  <colgroup span="4" class="mainColumns" />
  <colgroup span="2" class="subColumns" />
  <tr>
    <td>1</td>
    <td>2</td>
    <td>3</td>
    <td>4</td>
    <td>5</td>
    <td>6</td>
  </tr>
</table>
```

在上面的代码中，使用<colgroup>的 class 属性为同一组中的列应用同一 CSS 规则(class 属性的值为 CSS 中定义的规则)，从而告知浏览器该分组中列的宽度以及每个单元格的背景颜色等。有关 CSS 的更多内容，将在后面的第 6 章中介绍。

如果同一分组中的列还需要进一步细分，以应用不同的样式，则可以在<colgroup>元素中使用<col>元素。

<col>元素用来为<colgroup>中的列指定样式规则(如列内单元格的宽度与对齐方式)。<col>元素永远是空元素，它没有任何内容，必须采用单标签的形式<col />，但可以包含属性。

例如，下面的表格有6列，前3列为一组，后3列为一组，在每一组中又使用<col>元素为该组中的列应用不同的样式，从而可以更灵活地设置任意列的样式。

```
<table>
  <colgroup span="3">
    <col span="1" class="mainColumns" />
    <col span="2" class="totalColumn" />
  </colgroup>
  <colgroup span="3">
    <col span="2" class="mainColumns" />
    <col span="1" class="totalColumn" />
  </colgroup>
  <tr>
    <td></td>
    ...
    <td></td>
  </tr>
</table>
```

2.3.6 嵌套表格

在表格的单元格中也可以包含其他HTML元素，只要它们全部包含于单元格内即可。当一个表格的单元格内是另一个表格时，就创建了“嵌套表格”。

【例2-17】 创建一个表格，用前面学过的一些标签填充单元格的内容。

新建一个名为2-17.html的页面，输入如下代码：

```
<!DOCTYPE html>
<html>
  <head>
    <meta charset="GB2312" />
    <title>嵌套表格</title>
  </head>
  <body>
    <h4>表格内的标签</h4>
    <table border="1">
      <tr>
        <td>  <p>这里包含一个段落</p> </td>
        <td>这里是一个嵌套表格
          <table border="4" >
            <tr>
              <td>东邪</td>
              <td>西毒</td>
```

```
            </tr>
            <tr>
              <td>南帝</td>
              <td>北丐</td>
            </tr>
          </table>
        </td>
      </tr>
      <tr>
        <td>这个单元包含一个列表
          <ol>
          <li>苹果</li>
          <li>香蕉</li>
          <li>菠萝</li>
          </ol>
        </td>
        <td>这里包含超链接<br>
          <a href="2-1.html">例 2-1</a><br>
          <a href="2-2.html">例 2-2</a>
        </td>
      </tr>
    </table>
  </body>
</html>
```

在浏览器中的显示效果如图 2-26 所示。

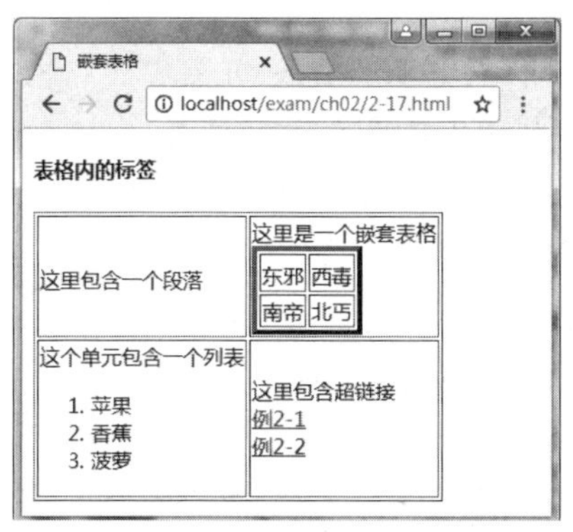

图 2-26　在表格内包含其他 HTML 元素

HTML 的表格功能非常强大，表格本身可以包含大量数据，并能对这些信息提供一种友好的视觉呈现形式。然而，为了使表格对所有人都容易理解，在制作表格时有如下几点建议：

- 使用<caption>元素为表格添加标题。标题能概括表格所描绘的内容，有了醒目的标题，理解表格信息就会容易得多。
- 尽量使用<th>元素指明表头，多数浏览器会默认以粗体渲染<th>元素，让读者一眼看清各列数据的含义。
- 始终将表头放在第一行与第一列。

- 避免使用嵌套表格。
- 少用 rowspan 与 colspan 属性。

2.4 本章小结

本章讲述了 HTML 的基本语法。首先，介绍了 HTML 的历史变迁、XHTML 与 HTML 的关系以及 HTML5 时代的到来。接下来，对 HTML 中的常用标签进行了详细介绍，包括标签和元素的基本概念、HTML 的属性、文本格式化标签、HTML 列表、链接的创建与使用等。最后，学习了 HTML 的表格，HTML 提供了强大的表格功能，合理地利用表格，对于展示页面内容有很大帮助。本章介绍的都是 HTML 中最基础也是最简单的内容，是网页设计的开始，后面会有更多高级技巧等着我们去尝试和挑战。

2.5 思考和练习

1. 在 HTML 4.01 之后，W3C 提出了_________的概念。
2. 在 HTML 的历史变迁中，___________是想作为 HTML 的替代者出现的，但在发展过程中失败了，而 HTML5 取得了成功。
3. XHTML 文档的第一行新增了___________元素，该元素用来定义文档类型。
4. DTD 是一套关于标签的________。DTD 文件是_______文件，后缀名为______。
5. 简述 HTML5 的构成。
6. 什么是 HTML 的标签，什么是 HTML 的元素？
7. 在<html>元素内部，存在页面的两个主要部分：__________和_________。
8. 所有 HTML5 页面的第一行代码都是一样的，这行代码是什么？
9. 如何在 HTML 页面中输入多个连续的空格？
10. <pre>标签是干什么用的？
11. 在 HTML 中，如何实现文本上标效果？
12. HTML 支持几种类型的列表？
13. <ol>标签的 type 属性值中的 i 表示什么含义？
14. 什么是绝对地址，什么是相对地址？
15. 如何创建链接到电子邮件的链接？
16. 创建表格要用到哪些标签？
17. 表格的<caption>元素应该被放置于文档内什么位置？默认情况下，它在哪里显示？

第 3 章 HTML5快速入门

为了增强 Web 的实用性，HTML5 引入了许多新技术，对传统 HTML 文档进行了大幅修改，使得文档结构更加清晰明了、易读，降低了学习难度，这样既方便浏览者访问，也提高了 Web 开发的速度。本章将从认识 HTML5 文档结构开始，详细介绍 HTML5 中新增和废除的元素、属性以及新增的事件等，重点讲述新增的结构元素的用法。

本章的学习目标：

- 了解 HTML5 文档结构
- 掌握 HTML5 新增的结构元素的用法
- 掌握 HTML5 新增的块级元素的用法
- 掌握 HTML5 新增的行内语义元素的用法
- 了解 HTML5 中废除的元素
- 了解 HTML5 中新增和废除的属性
- 了解 HTML5 中新增的事件

3.1 认识 HTML5 文档结构

为了使读者更好地理解与认识 HTML5 文档结构，下面给出 HTML5 文档的结构代码，并进行详细注释(<!--和-->为 HTML 中的注释标签)。

```
<!DOCTYPE html>
<!-- 声明文档结构类型 -->
<html lang="zh-cn">
<!-- 声明文档语言区域 -->
<head>
<!-- 文档头部区域 -->
<meta charset="UTF-8">
<!-- 文档头部区域中元数据区的字符集定义，UTF-8 表示国际通用的字符集编码格式 -->
<title>文档标题</title>
<!-- 文档头部的标题。标题内容对于 SEO 来说极为重要 -->
<meta name="description" content="文档描述信息">
```

```
<!-- 文档头部区域的元数据区关于文档描述的定义-->
<meta name="author" content="文档作者">
<!-- 文档头部区域的元数据区关于开发人员姓名的定义-->
<meta name="copyright" content="版权信息">
<!-- 文档头部区域的元数据区关于版权的定义-->
<link rel="shortcut icon" href="favicon.ico">
<!-- 文档头部区域的兼容性写法-->
<link rel="apple-touch-icon" href="custom_ico.png">
<!-- 文档头部区域的 Apple 设备图标的引用-->
<meta name="viewport" content="width=device-width,user-scalable=no">
<!-- 文档头部区域对于不同接口设备的特殊声明。宽度等于设备宽度，用户不能自行缩放-->
<link rel="stylesheet" href="main.css">
<!-- 文档头部区域的样式引用-->
<script src="script.js"></script>
<!-- 文档头部区域的 JavaScript 脚本文件调用-->
</head>
<body>
  <header>HTML5 文档的头部区域</header>
  <nav>HTML5 文档的导航区域</nav>
  <section>HTML5 文档的主要内容区域
    <aside>HTML5 文档的主要内容区域的侧边导航或菜单区</aside>
    <article>HTML5 文档的主要内容区域的内容区
      <section>以下是 section 和 article 嵌套
        <aside></aside>
        <article>
          <header>
           HTML5 文档的嵌套区域，可以对某个 article 区域的头部和脚部进行定义，这样做可以得到
非常清晰和严谨的文档目录结构关系
          </header>
          <footer></footer>
        </article>
      </section>
    </article>
  </section>
  <footer>HTML5 文档的脚部区域</footer>
</body>
</html>
```

事实上，对于最简单的 HTML5 文档结构，需要的内容只有一行代码，就是在上一章中创建的所有页面的第一行：

```
<!DOCTYPE html>
```

HTML5 文档以<!DOCTYPE>开头，这是文档类型声明，并且必须位于 HTML5 文档的第一行，用来告诉浏览器或任何其他分析程序所查看文档的类型。

<html>标签是 HTML5 文档的根标签，紧跟在<!DOCTYPE html>之后。<html>标签支持 HTML5 全局属性和 manifest 属性，manifest 属性主要在创建 HTML5 离线应用的时候用到。

<head>标签是所有头部元素的容器。位于<head>内部的元素可以包含脚本、样式表、元信息等。<head>标签支持 HTML5 全局属性。

<meta>标签位于文档的头部，不包含任何内容。<meta>标签的属性定义了与文档相关联的名称/值对。该标签提供页面的元信息，如针对搜索引擎和更新频度的描述和关键词。上述代码中的<meta charset="UTF-8">定义了文档的字符编码是 UTF-8。这里，charset 是<meta>标签的属性，而 UTF-8 是该属性的值。

<title>标签位于<head>标签内，定义了文档的标题。使用该标签可以定义浏览器工具栏中的标题、提供页面被添加到收藏夹时的标题以及显示在搜索引擎结果中的页面标题。<title>标签支持 HTML5 全局属性。

<body>标签定义文档的主题和所有内容，如文本、超链接、图像、表格和列表等都包含在该标签中。

3.2　HTML5 元素

HTML5 在 HTML 4.0 的基础上进行了大量修改，引入了很多新的元素，同时也废除了很多元素，改由其他属性或 CSS 样式替代。

3.2.1　新增的结构元素

你在上一章学习了 HTML 中的一些基本标签，但是使用这些标签构建的页面缺少结构。当网页内容较多时，为维护和推广网页，通常需要对所有经过良好描述的内容，以有意义的方式进行分组。

在 HTML5 对分组元素进行扩展之前，最常用的 HTML 元素的组容器就是 div 元素。它代表通用的内容块，用来结合 class 与 id 对文档赋予结构。

例如，如果想单独对题头进行某些设置，则可以使用下例中的方式进行标记。使用 div 元素，并将其设置为"header"类，这样就可以将网站标题和标语放入统一的结构中：

```
<div class="header">
  <h1>第 15 章 杏子林中 商略平生义</h1>
  <p>这人背上负着五只布袋，是丐帮的五袋弟子。</p>
</div>
```

尽管这对于设置样式和使用脚本很有帮助，但无论为它设置怎样的 class 或 id，其本身都没有任何语法含义。另外，针对文章的不同部分，需要很多这样的 div 元素，并且需要通过不同的 id 或 class 进行区分。这就导致很多页面中出现很多 div 元素，给维护和阅读带来很多困难。

HTML5 通过引入一些新元素改变了这种情况。这些元素可以对内容进行更精确的分组。新增的结构元素解决了这种 div 元素漫天飞舞的情况，增强了网页内容的语义性，这对搜索引擎而言，能够更好地识别和组织索引内容。合理地使用这些结构元素，将极大地提高搜索结果的准确度。

结构性元素主要负责 Web 上下文结构的定义，确保 HTML 文档的完整性，这类元素如表 3-1 所示。

表 3-1　结构性元素

元　素	描　　述
section	在 Web 应用中，section 元素也可以用于区域的章节表述
header	页面主体的头部，注意与 head 元素相区别。head 元素不可见，而 header 元素往往包含在 body 元素中
footer	页面的底部，即页脚。通常用于标出网站的一些相关信息，例如“关于我们”“法律声明”“邮件信息”“版权声明”等
nav	专门用于菜单导航、链接导航的元素，是 navigator 的缩写
article	用于表示一篇文章的主题内容，一般为文字集中显示的区域

1. section 元素

section 元素主要用来对网站或应用程序中页面上的内容进行分块。section 元素表示文档或应用的一部分。所谓“部分”，这里是指按照主题分组的内容区域。

section 元素通常由标题和内容组成。但 section 元素并不是容器元素，所以不能用 CSS 渲染。当一个容器需要直接定义样式或通过脚本控制行为时，应使用 div 元素。

以下是一段使用 section 元素的代码：

```
<section>
  <h2> HTML+CSS+JavaScript 网页设计</h2>
  <p>清华大学出版社 2019 年出版，作者：赵艳铎……</p>
</section>
```

这是典型的 section 元素的结构，由标题和内容组成。如果一段内容没有标题，不建议使用 section 元素来表示。

section 元素的作用就是对页面上的内容进行分块，或者说对文章进行分段；而 article 元素则表示“有着自己完整、独立的内容”，需要将这两个元素区分清楚。

下面来看一个结合使用 article 元素和 section 元素的示例，以便更加清晰地区分这两个元素的功能。

【例 3-1】一个 article 元素中包含多个 section 元素。

新建一个名为 3-1.html 的页面，保存在 Apache 的 htdocs/exam/ch03 目录下，输入如下代码：

```
<!DOCTYPE html>
<html>
  <head>
      <meta charset="GB2312" />
      <title>使用 section 元素</title>
  </head>
  <body>
    <article>
    <h1>计算机系专业分类</h1>
    <section>
      <h2>计算机科学与技术</h2>
```

```
            <p>本专业学生主要学习计算机科学与技术方面的基本理论和基本知识，接受从事研究与应用计算机的基础知识，具有研究和开发计算机硬软件的基本能力。
            </p>
        </section>
        <section>
            <h2>信息安全</h2>
            <p>本专业主要研究确保信息安全的科学与技术。培养能够从事计算机、通信、电子商务、电子政务、电子金融等领域的信息安全高级专门人才。
            </p>
        </section>
        <section>
            <h2>软件工程</h2>
            <p>软件工程专业是一门研究用工程化方法构建和维护有效的、实用的和高质量的软件的学科。
            </p>
        </section>
    </article>
    </body>
</html>
```

在浏览器中的显示效果如图 3-1 所示。从中可以看出，这些结构元素并没有对页面效果产生任何变化，它们只是增强了网页内容的语义性和结构性。

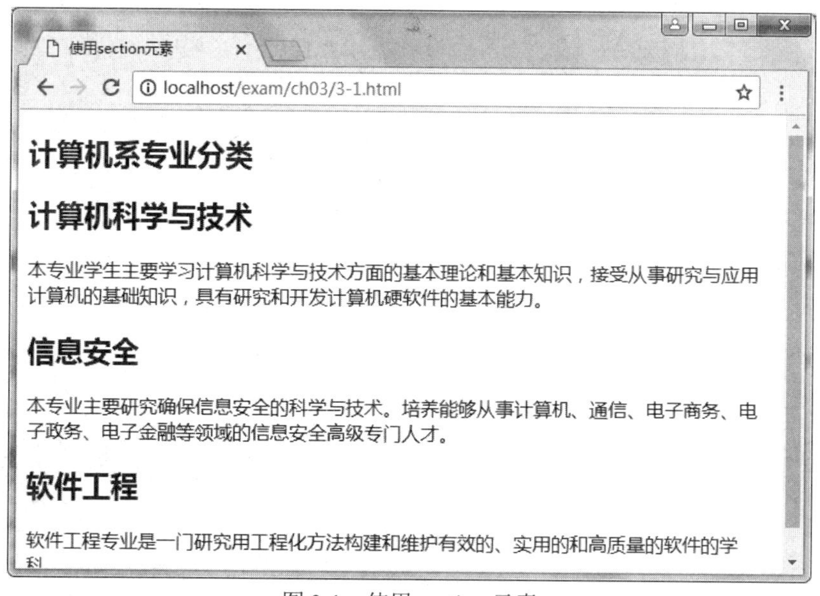

图 3-1 使用 section 元素

这个示例中的文章是独立、完整的内容，因此外层用 article 元素表示。article 元素中又包括 1 个 h1 标题和 3 个 section 元素，每一个 section 元素的内容都由标题和内容组成。从内容上来说，这是有关计算机系专业分类与介绍的一篇文章，文章中分别对每个专业进行了简要说明，逻辑清晰明确，因此用 article 元素表示整篇文章，而文章内使用 section 元素来按每个专业划分区块。

需要注意的是，section 元素并不一定位于 article 元素内。有时，也可以将多个独立的 article

元素放在一个 section 元素中。那么，这两个元素到底如何区分呢？二者有什么区别？事实上，article 元素可以看成一种特殊类型的 section 元素，它比 section 元素更强调独立性。section 元素强调分段或分块，而 article 元素强调独立性。具体来说，如果一块内容相对来说比较独立、完整，那么应使用 article 元素；但是如果要将一块内容分成几段，那么应使用 section 元素进行分段。

最后需要说明的是，在使用 section 元素时，需要注意以下几点：

- section 元素用于对网站或应用程序中页面上的内容进行分块，或者说对文章进行分段。
- section 元素通常由内容及标题组成。不推荐为那些没有标题的内容使用 section 元素。
- section 元素并非普通的容器元素；当内容需要被直接定义样式或通过脚本定义行为时，推荐使用 div 而非 section 元素；也就是说，不要将 section 元素用作设置样式的页面容器，那是 div 元素要做的工作。
- 如果 article、nav、aside 元素都符合条件，那么不要使用 section 元素。
- section 元素的内容可以单独存储到数据库中或输出到 Word 文档中。

2. header 元素

header 元素是一种具有引导和导航作用的结构元素，通常用来放置整个页面或页面内的内容区块的标题，也可以包含其他内容，如数据表格、搜索表单或相关的 logo 图片。因此，整个页面的标题都应该放在页面的开头。

header 元素定义文档或文档的一部分区域的页眉。在一个文档中，可以定义多个 header 元素。

需要注意 head 与 header 元素的不同，head 元素是 HTML 文档的所有头部元素的容器，而 header 元素是 body 元素的一个结构元素，也可以在 article 元素内使用 header 元素，但是不能在 footer、address 或另一个 header 元素内使用 header 元素。

【例 3-2】包含多个 header 元素的页面。

新建一个名为 3-2.html 的页面，输入如下代码：

```
<!DOCTYPE html>
<html>
  <head>
      <meta charset="GB2312" />
      <title>使用 header 元素</title>
  </head>
  <body>
    <header>
    <h1>财经新闻</h1>
    </header>
    <article>
      <header>
      <h1>中国对美约 160 亿美元商品加征 25%关税</h1>
      </header>
      <p>新华社北京 8 月 23 日电　根据《国务院关税税则委员会关于对原产于美国约 160 亿美元进口商品加征关税的公告》，中方对美约 160 亿美元商品加征 25%关税于 23 日 12:01 正式实施。
```

```
            </p>
        </article>
    </body>
</html>
```

在浏览器中的显示效果如图 3-2 所示。从中可以看出，尽管两个 header 元素中使用的都是<h1>元素，但第一个 header 元素可以理解为网页标题，而位于 article 元素内的 header 元素可理解为文章标题，所以浏览器在解析时会缩小字号并显示。

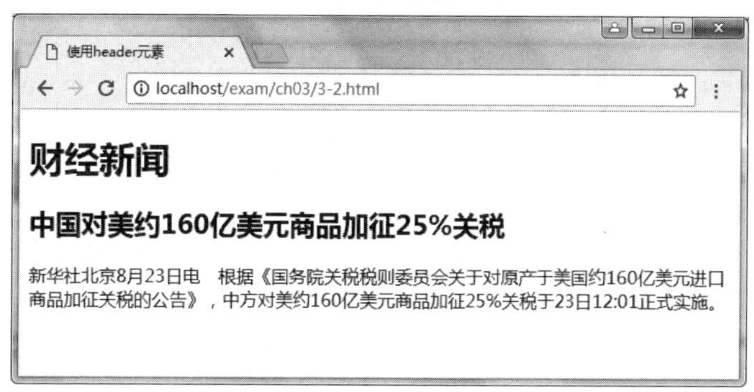

图 3-2　使用 header 元素

在 HTML5 中，一个 header 元素通常包括至少一个标题元素，即元素 h1~h6。也可以包括后面将要讨论的 hgroup 元素以及其他元素，如 nav 元素。

3. footer 元素

footer 元素可以作为内容块的脚注，比如在父级内容块中添加注释，或者在网页中添加版权信息等。脚注信息的形式有作者介绍、相关阅读链接及版权信息等。

footer 元素与 header 元素的用法基本相同，二者中一个位于区块的头部，另一个位于区块的尾部。与 header 元素一样，一个网页也可以重复使用 footer 元素，还可以为 article 元素和 section 元素添加 footer 元素。

【例 3-3】 footer 元素的使用。

新建一个名为 3-3.html 的页面，输入如下代码：

```
<!DOCTYPE html>
<html>
  <head>
        <meta charset="GB2312" />
        <title>使用 footer 元素</title>
  </head>
  <body>
    <article>
        <header>
        <h1>人物介绍</h1>
        </header>
        <p>萧峰(1060—1093)，原名乔峰，金庸武侠小说《天龙八部》的男主角[1]。</p>
      <p>耶律洪基(1032—1101)，字涅邻，小字查剌，辽兴宗耶律宗真长子，母为仁懿皇后萧挞里[2],
```

```
辽朝第八位皇帝。</p>
        <footer>
          <ol>
            <li>金庸·三联版·《天龙八部》·第十五回：杏子林中 商略平生义</li>
            <li>《辽史·卷十八·本纪第十八》：封皇子洪基为梁王。</li>
          </ol>
        </footer>
        </article>
      <hr>
      <footer>
        <ul>
          <li>友情链接</li>
          <li>版权信息</li>
        </ul>
      </footer>
      </body>
    </html>
```

本例中有两处使用了footer元素：一处作为文章的脚注，列出了参考资料信息；另一处是页面的脚注，显示链接和版权信息等。在浏览器中的显示效果如图 3-3 所示。

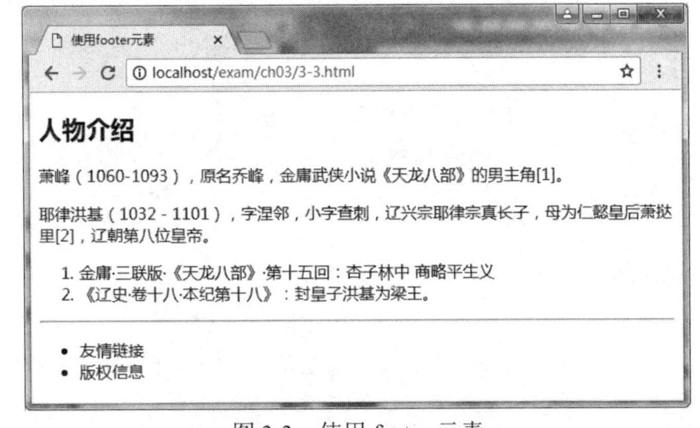

图 3-3　使用 footer 元素

4. nav 元素

nav 元素是可以用来作为页面导航的链接组，其中的导航元素链接到其他页面或当前页面的其他部分。

一般情况下，只需要将主要的、基本的链接组放进 nav 元素即可。例如，在页脚中通常会有一组链接，其中放着服务条款、首页和版权声明等，这时使用 nav 元素来组织并不适合，使用 footer 元素最为恰当。

一个页面可以拥有多个 nav 元素，作为页面整体或不同部分的导航。一般来说，nav 元素适用于以下场景：传统导航条、侧边栏导航条、页内导航、翻页操作。

nav 元素在 HTML 以前版本的布局中经常作为导航条使用。

【例 3-4】 使用 nav 元素做简单导航。

新建一个名为 3-4.html 的页面，输入如下代码：

```
<!DOCTYPE html>
<html>
  <head>
```

```
        <meta charset="GB2312" />
        <title>使用 nav 元素</title>
    </head>
    <body>
      <section>
      <nav>
        <a href="index.html">首页</a> |
        <a href="info.html">公司简介</a> |
        <a href="news.html">企业新闻</a> |
        <a href="product.html">产品推广</a>|
        <a href="zhaopin.html">最新招聘</a>
      </nav>
      </section>
    </body>
</html>
```

上述代码创建了一个导航条，其中包含 5 个用于导航的超链接。该导航可用于全局导航，也可以放在某个段落中作为区域导航。在浏览器中的显示效果如图 3-4 所示。

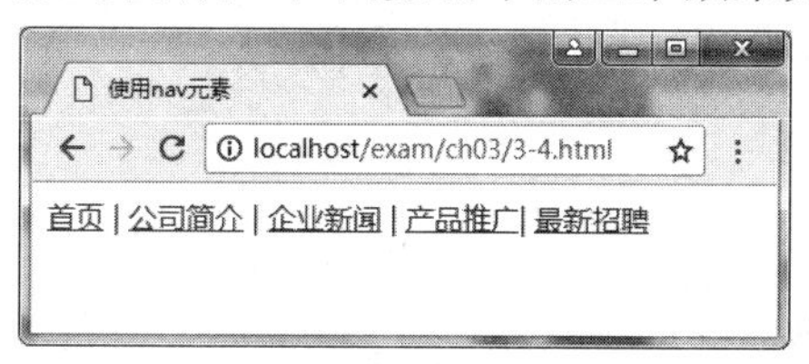

图 3-4　使用 nav 元素

由于 nav 元素是与导航相关的，因此一般用于网站导航布局。可以像使用<div>标签、<span>标签一样使用<nav>标签，可以添加 id 或 class 属性。

使用 nav 元素时需要注意如下几点：

- 并不是所有的链接都必须使用 nav 元素，它只用来将一些热门的链接放入导航条。例如，footer 元素就常用来在页面底部包含不常用到，且没必要加入 nav 元素的链接列表。
- 一个网页也可能含有多个 nav 元素。例如，一个是网站内的导航列表，另一个是本页面内的导航列表。
- 对于屏幕阅读有障碍的人，可以使用 nav 元素来确定是否忽略初始内容。

5. article 元素

在前几个示例中已经使用过 article 元素。article 元素代表文档、页面或应用程序中独立的、完整的、可以独自被外部引用的内容，可以是论坛帖子、报纸文章、博客条目、用户评论或独立的插件，或是其他任何独立的内容。

除了内容部分，article 元素通常有自己的标题(一般为 header 元素)，有时还有脚注(footer 元素)。

另外，article 元素也可以嵌套使用。在嵌套使用时，内层的内容原则上需要与外层的内容有关系，即联系比较紧密，嵌套的内外层描述的又都是独立的事物。例如，一篇博客文章的评论，就可以使用嵌套 article 元素的方式表示。

【例 3-5】 通过嵌套 article 元素来为博客添加评论内容。

新建一个名为 3-5.html 的页面，输入如下代码：

```
<!DOCTYPE html>
<html>
  <head>
      <meta charset="GB2312" />
      <title>使用 article 元素</title>
  </head>
  <body>
  <article>
    <header>
      <h1>欢迎新同学</h1>
      <p>发表日期：<time>2018/09/01</time></p>
    </header>
    <p>从今天开始我是一名小学生了，我要好好学习，做对祖国有用的人。</p>
    <section>
      <h2>评论</h2>
      <article>
        <header>
          <h3>发表者：一凡</h3>
          <p><time >1 小时前</time></p>
        </header>
        <p>这篇文章很不错啊，顶一下！</p>
      </article>
      <article>
        <header>
          <h3>发表者：时运</h3>
          <p><time>2 小时前</time></p>
        </header>
        <p>加油！</p>
      </article>
    </section>
  </article>
  </body>
</html>
```

这是模拟的微博及其评论页面，页面整体内容比较独立、完整，因此对其使用 article 元素。在 article 元素中，使用 header 元素放置文章标题，把文章正文放在 header 元素后面的 p 元素中，然后用 section 元素对正文与评论部分进行区分。在 section 元素中嵌入评论内容，评论中每个人的评论又是比较独立、完整的内容，因此每一条评论都使用一个 article 元素来组织。在评论的 article 元素中，又可以包括评论标题与评论内容，分别放在 header 元素和 p 元素中。在浏览器中的显示效果如图 3-5 所示。

图 3-5　使用 article 元素

3.2.2　新增的块级元素

块级元素主要用于 Web 页面区域的划分，确保内容得到有效分隔，这类元素如表 3-2 所示。

表 3-2　块级元素

元　素	描　　述
aside	用来表示注记、贴士、侧边栏、摘要、插入的引用等，作为补充主体的内容。从简单页面的显示上看，就是侧边栏，可以在左边，也可以在右边
figure	定义媒介内容的分组，是对多个元素进行组合并展示的元素，通常和 figcaption 元素配合使用
hgroup	用来对标题元素进行分组
dialog	用来表示人与人之间的对话。dialog 元素还包括 dt 和 dd 这两个组合元素，它们常常同时使用。dt 用来表示说话者，dd 表示说话内容

1. aside 元素

aside 元素表示跟这个页面的其他内容关联性不强或者没有关联的内容，一般是一些附属信息。aside 元素通常用来在侧边栏显示一些定义，比如目录、索引、术语表等；也可以用来显示相关的广告宣传、作者介绍、Web 应用、相关链接、当前页内容简介等。但不要使用 aside 元素标记括号中的文字，因为这种类型的文本被认为是主内容的一部分。

aside 元素有以下两种使用情景：

- aside 元素作为内容的附属信息部分呈现，这种情况下，aside 元素被放在 article 元素中，内容是和当前文章有关的参考资料和名词解释等。
- aside 元素作为页面或站点全局的附属信息部分呈现，在 article 元素之外使用。最典型的形式是侧边栏，其中的内容可以是友情链接、分享链接，以及博客中的其他文章列表、广告单元等。

【例 3-6】 aside 元素的两种用法。

新建一个名为 3-6.html 的页面，输入如下代码：

```
<!DOCTYPE html>
<html>
  <head>
      <meta charset="GB2312" />
      <title>使用 aside 元素</title>
  </head>
  <body>
  <header>
    <h1>HTML5 从入门到精通</h1>
  </header>
  <article>
    <h1>第一篇  入门篇</h1>
    <p>文章的正文……</p>
    <aside>
      <h1>参考资料</h1>
      <ol>
        <li>[美] David M.Kroenk，David J.Auer 著；赵艳铎，葛萌萌 译. 数据库原理[M]. 5 版. 北京：清
华大学出版社，2011.</li>
        <li>李东博  著. HTML5+CSS3 从入门到精通. 北京：清华大学出版社，2013.</li>
      </ol>
    </aside>
  </article>
  <aside>
    <nav>
      <h2>友情链接</h2>
      <ul>
        <li><a href="http://www.tsinghua.edu.cn">清华大学</a></li>
        <li><a href="www.baidu.com">百度</a></li>
      </ul>
    </nav>
  </aside>
  </body>
</html>
```

在本例中，第一个 aside 元素被放置在一个 article 元素内部，因此搜索引擎将该 aside 元素的内容理解成是和 article 元素的内容相关联的；而第二个 aside 元素是友情链接，是文章的附属信息，因此独立于 article 元素之外存在。在浏览器中的显示效果如图 3-6 所示。

2. figure 元素

figure 元素表示一段独立的流内容，一般表示文档主题流内容中的独立单元，可以使用 figcaption 元素为 figure 元素组添加标题。

figure 元素的内容应该与主内容相关，但如果被删除，则不应对文档流产生影响。

图 3-6　使用 aside 元素

【例 3-7】 aside 元素的两种用法。

新建一个名为 3-7.html 的页面，输入如下代码：

```
<!DOCTYPE html>
<html>
  <head>
        <meta charset="GB2312" />
        <title>使用 figure 元素</title>
  </head>
  <body>
    <figure>
        <img src="images/timg.jpg" width="400" >
        <figcaption>清华大学二校门</figcaption>
    </figure>
  </body>
</html>
```

在本例中，使用<img>标签加载图片，图片位于 images 子目录中。然后使用 figcaption 元素为图片添加标题，在浏览器中的显示效果如图 3-7 所示。

3. hgroup 元素

hgroup 元素用于对标题及其子标题进行分组。当标题有多个层级(副标题)时，hgroup 元素被用来对一系列<h1>~<h6>标题进行分组，将内容区块的标题及其子标题算成一组。

通常，如果文章只有一个标题，那么是不需要使用 hgroup 元素的。

【例 3-8】 使用 hgroup 元素。

新建一个名为 3-8.html 的页面，输入如下代码：

```
<!DOCTYPE html>
<html>
```

```
    <head>
        <meta charset="GB2312" />
        <title>使用 hgroup 元素</title>
    </head>
    <body>
    <article>
      <header>
        <hgroup>
          <h1>第 1 篇  入门篇</h1>
          <h2>第 1 章  HTML  基础</h2>
        </hgroup>
      </header>
      <p>文章内容</p>
    </article>
    </body>
</html>
```

在本例中，有两级标题，可以使用 hgroup 元素进行分组，在浏览器中的显示效果如图 3-8 所示。

图 3-7　使用 figure 元素

图 3-8　使用 hgroup 元素

4. dialog 元素

dialog 元素用于定义对话框、确认框或窗口，它的 open 属性用来规定 dialog 元素是有效的，用户可以与它进行交互。通常会在 JavaScript 脚本中处理对话框的交互。

【例 3-9】 使用 dialog 元素定义一个对话框。

新建一个名为 3-9.html 的页面，输入如下代码：

```
<!DOCTYPE html>
<html>
  <head>
        <meta charset="GB2312" />
        <title>使用 dialog 元素</title>
```

```
    </head>
    <body>
    <dialog open>
        <h1>对话框的标题</h1>
        <p>我是对话窗口，你已经打开了我！</p>
        <button id="close_dialog">关闭</button>
     </dialog>
    </body>
</html>
```

在本例中，定义了一个简单的对话框，该对话框有标题、对话框内容和“关闭”按钮。因为使用了 open 属性，所以在浏览器中可以看到对话框的显示效果，如图 3-9 所示。

图 3-9　使用 dialog 元素

3.2.3　新增的行内语义元素

行内语义元素主要完成对 Web 页面具体内容的引用和表述，是丰富内容展示的基础，这类元素如表 3-3 所示。

表 3-3　行内语义元素

元　素	描　　述
mark	定义有记号的文本
meter	表示特定范围内的数值，可用于工资、数量、百分比等
time	表示时间值
progress	用来表示进度条，可通过对其 max、min、step 等属性进行控制，完成对进度的表示和监视

1. mark 元素

mark 元素用来标记一些不是特别需要强调的文本。如果需要突出显示文本，则使用上一章学习的<em>或<strong>标签。

可以为了标记特定上下文中的文本而使用<mark>标签，例如，用来显示搜索引擎搜索后的关键词。

2. meter 元素

meter 元素用来定义已知范围或分数值内的标量测量，也被称为尺度。例如，用来表示磁盘的使用量、查询结果的相关性，等等。

除全局属性外，<meter>标签还支持如下几个属性。

- min：值域的最小边界值。默认为 0，如果设置了具体值，则必须比最大值小。
- max：值域的上限边界值。默认为 1，如果设置了具体值，则必须比最小值大。
- value：当前值。如果设置了最小值和最大值，则必须介于最小值和最大值之间。如果没有指定或者格式有误，值为 0；如果给定的值不在最小值和最大值之间，值就等于最接近一端的值。
- low：定义低值区间的上限值(如果 value 介于 min 和 low 之间，meter 元素就会表现出低值的视觉效果，value 落在[min,low]、[high,max]等不同的区间则会使浏览器渲染 meter 元素时出现不同的视觉效果)。如果设置了，就必须比最小值大，并且不能超过 high 值和最大值。未设置或者比最小值还要小时，low 值即为最小值。
- high：定义高值区间的下限值。如果设置了，就必须小于最大值，同时必须大于 low 值和最小值。如果没有设置，或者比最大值还大，high 值即为最大值。
- optimum：这个属性用来指示最优/最佳取值。它必须在正确的值域(由 min 属性和 max 属性定义)内。当使用了 low 和 high 属性时，它指明哪一个取值范围是更好的。例如，假设它介于最小值和 low 值之间，那么 lower 区间就被认为是更佳的取值范围。

3. time 元素

time 元素用于定义时间或日期，该元素代表 24 小时中的某个时刻或某个日期，表示时刻时允许带时差。该元素能够以机器可读的方式对日期和时间进行编码，这样，用户就能够把生日提醒或排定的事件添加到用户日程表中，搜索引擎也能够生成更智能的搜索结果。

除了全局属性，time 元素还有两个属性。

- datetime：指定日期/时间。如果不指定，则由元素的内容给定日期/时间。datetime 属性值中如果同时有日期和时间，则日期与时间之间要用 T 分隔；在时间后面加上 Z，表示给机器编码时使用 UTC 标准时间。
- pubdate：这是一个布尔属性，指示 time 元素中的日期/时间是文档(或 article 元素)的发布日期。

4. progress 元素

progress 元素用来显示一项任务的完成进度，为了使 progress 元素能够动态展示下载进度，通常需要使用 JavaScript 编写一个处理程序，根据实际任务进度，动态更新 progress 元素的 value 属性值。

除了全局属性，Progress 元素还有如下两个属性。

- max：该属性描述这个 progress 元素所表示的任务一共需要完成多少工作。
- value：该属性用来指定进度条已完成的工作量。如果没有设置 value 属性，则进度条的进度为“不确定”，在浏览器中会看到一个来回滚动的进度条。

【例 3-10】 行内语义元素应用示例。

新建一个名为 3-10.html 的页面，输入如下代码：

```
<!DOCTYPE html>
<html>
  <head>
      <meta charset="GB2312" />
      <title>使用行内语义元素</title>
  </head>
  <body>
      <p>使用 mark 标记的文本：<mark>国庆节</mark> 放假 7 天</p>
        <meter value="3" min="0" max="10">十分之三</meter>
        <meter value="0.77">77%</meter>
        <p>我们在每天早上 <time>9:00</time> 开始营业。</p>
        <p>我在 <time datetime="2019-02-14">情人节</time> 有个约会。</p>
        <time datetime="2018-09-10">日期：2018-09-10</time><br>
        <time datetime="2018-09-10T20:00">日期加时间 用 T 分隔,2018-09-10 晚上 8 点</time><br>
        <time datetime="2018-09-10T20:00z">在时间后面加上 Z，表示给机器编码时使用 UTC 标准时间
        </time><br>
        <time datetime="2018-09-10T20:00+08:00">加时区东八区即北京时间</time><br>
        <time datetime="2018-09-10T20:00" pubdate>表示文章发布时间</time><br>
        <p>没有 value 值的进度条<progress></progress> </p>
        <p>带 value 值的进度条<progress value="22" max="100"></progress></p>
  </body>
</html>
```

本例演示了你在本节学习的 4 个元素的基本用法，在浏览器中的显示效果如图 3-10 所示。

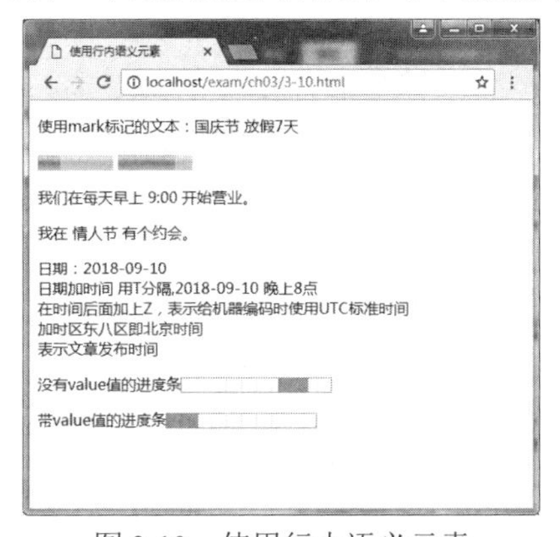

图 3-10　使用行内语义元素

3.2.4　新增的其他功能元素

除了前面介绍的一些元素，HTML5 还新增了一些功能元素和 input 元素的类型。新增的 input 元素的类型将在下一章学习表单时详细介绍，这里简单介绍一下新增的功能元素。所谓功能元素，是指可以用在页面中以完成某种页面显示行为的元素。HTML5 中新增的功能元素及描述如表 3-4 所示。

表 3-4　HTML5 新增的功能元素及描述

元　素	描　　述
video	定义视频，比如电影片段或其他视频流
audio	定义音频，比如音乐或其他音频流
embed	用来插入各种多媒体，格式可以是 MIDI、WAV、AIFF、AU、MP3 等
canvas	表示图形，如图表、图像等。元素本身没有行为，仅提供一块画布，把一个绘图 API 呈现给 JavaScript，以使用脚本把内容绘制到画布上
output	表示不同类型的输出
source	为媒介元素(如 video、audio 等)定义资源
menu	菜单列表，使用 li 元素列举每一个菜单项
ruby	ruby 注释
rt	表示字符的解释或发音
rp	在 ruby 注释中使用，以定义不支持 ruby 元素的浏览器所显示的内容
wbr	软换行。在浏览器窗口或父级元素的宽度足够时不换行，而在宽度不够时主动换行
command	命令按钮，如单选按钮、复选框或按钮
details	表示细节信息，可以和 summary 元素配合使用
datalist	表示可选数据列表，和 input 元素配合使用，可以制作输入值的下拉列表
datagrid	表示可选数据列表，以树型列表的形式显示
keygen	表示生成密钥

这些元素中的大部分本书不会用到，读者可参考相关资料自行学习；少数几个会用到的将在具体应用时详细介绍。

3.2.5　废除的元素

除了新增元素以外，HTML5 还废除了 HTML 4.0 中的一些元素，主要包括：能用 CSS 替代的元素、不再使用 frame 框架、只有部分浏览器支持的元素。

1. 能用 CSS 替代的元素

HTML 4.0 中的一些表现文本效果的元素，如 basefont、big、center、font、s、strike、tt 和 u 这些元素，HTML5 将它们放在了 CSS 样式表中，因此将这些元素废除了。其中，font 元素允许由“所见即所得”的编辑器插入，s、strike 元素可以由 del 元素替代，tt 元素可以由 CSS 的 font-family 属性替代。

2. 不再使用 frame 框架

由于 frame 框架对网页的可用性存在负面影响，因此 HTML5 不再支持 frame，只支持 iframe。与 frame 框架相关的 frameset、frame、noframes 元素被废除。

3. 只有部分浏览器支持的元素

对于只有部分浏览器支持的元素，如 applet、bgsound、blink 和 marquee 等元素，由于只被少数浏览器支持，因此 HTML5 将它们废除。其中 applet 元素可由 embed 或 object 元素替代，

bgsound 元素可由 audio 元素替代，marquee 元素可由 JavaScript 编程方式替代。

4. 其他被废除的元素

除了以上 3 类，其他被废除的元素如下：

- 使用 ruby 元素替代 rb 元素。
- 使用 abbr 元素替代 acronym 元素。
- 使用 ul 元素替代 dir 元素。
- 使用 form 元素与 input 元素相结合的方式替代 isindex 元素。
- 使用 pre 元素替代 listing 元素。
- 使用 code 元素替代 xmp 元素。
- 使用 GUIDS 替代 nextid 元素。
- 使用 text/plain 的 MIME 类型替代 plaintext 元素。

3.3 新增和废除的属性

HTML5 除了新增和废除一些元素标记外，还新增和废除了 HTML 4.0 中的一些属性。

3.3.1 新增的属性

HTML5 新增的属性主要体现为表单属性、链接属性以及其他属性。

1. 增加的表单属性

HTML5 新增的表单属性如表 3-5 所示。

表 3-5　HTML5 新增的表单属性

属性名称	描　　述
autofocus	input、select、textarea 和 button 元素拥有，以指定属性的方式让元素在画面打开时自动获得焦点
placeholder	input(type=text)、textarea 元素拥有，提示用户可以输入的内容
form	input、output、select、textarea、button 与 fieldset 元素拥有，声明这些控件属于哪个表单，然后放置在页面上的任何位置而不是表单之内
required	指示输入字段的值是必需的
autocomplete、min、max、multiple、pattern、step	为input 元素新增的属性。datalist 元素可以和 autocomplete 属性配合使用。multiple 允许在上传文件时一次上传多个文件
formaction、formenctype、formmethod、formnovalidate、formtarget	input 和 button 元素拥有，重载 form 元素的 action、enctype、method、novalidate、target 属性
novalidate	取消提交时进行的有关检查，表单可以被无条件提交

2. 增加的链接属性

HTML5 新增的链接属性如表 3-6 所示。

表 3-6　HTML5 新增的链接属性

属性名称	描　述
media	规定目标 URL 是为哪种类型的媒介和设备进行优化的，只能在 href 属性存在时使用
hreflang 和 rel	为 area 元素增加的属性，以便和 a、link 元素保持一致
sizes	为 link 元素增加的属性，可以和 icon 元素结合使用，指定关联图标的大小
target	为 base 元素增加的属性，目的是和 a 元素保持一致

3. 增加的其他属性

除了以上介绍的属性外，HTML5 还增加了一些其他属性，如表 3-7 所示。

表 3-7　HTML5 新增的其他属性

属性名称	描　述
reversed	为 ol 元素增加的属性，用于指定列表倒序显示
charset	为 meta 元素增加的属性
type 和 label	为 menu 元素增加的属性，label 属性为菜单定义可见的标注，type 属性让菜单能以上下文菜单、工具条和列表菜单的形式出现
scoped	为 style 元素增加的属性，规定样式的作用范围
async	为 script 元素增加的属性，定义脚本是否异步执行
manifest	为 html 元素增加的属性，开发离线 Web 应用程序时，与 API 结合使用。定义一个 URL，在这个 URL 上描述文档的缓存信息
sandbox seamless srcdoc	为 iframe 元素增加的属性，用来提高页面的安全性，以防止不信任的 Web 页面执行某些操作

3.3.2　废除的属性

HTML5 废除了 HTML 4.0 中过时的属性，其中很多表示显示效果的，改为通过 CSS 样式来实现，也有一些是直接被废除的多余属性。

1. 使用 CSS 样式替代的属性

前面废除的元素中就有一些是用 CSS 样式替代的，同样，对于一些表现页面效果的属性，如 align、bgcolor、background、border、cellpadding、cellspacing、frame、rules、width、alink、link、text、vlink、char、charoff、height、nowrap、vaign、hspace、vspace、nowrap、compact、type、frameborder、scrolling、marginheight、marginwidth 等属性，都被废除了，改由 CSS 样式实现。

2. 其他废除的属性

除了上面使用 CSS 样式替代的属性，其他被废除的属性如表 3-8 所示。

表 3-8　HTML5 中废除的属性

HTML 4.0 属性	适应元素	HTML5 替代方案
rev	link、a	rel
charset	link、a	在被链接的资源中使用 HTTP content-type 头元素
shape、coords	a	使用 area 元素代替 a 元素
longdesc	img、iframe	使用 a 元素链接到较长描述
target	link	多余属性，被省略
nohref	area	多余属性，被省略
profile	head	多余属性，被省略
version	html	多余属性，被省略
name	img	id
scheme	meta	只为某个表单域使用 scheme
archive、classid、codebase、codetype、declare、standby	object	使用 data 与 type 属性类调用插件。需要使用这些属性来设置参数时，使用 param 属性
valuetype、type	param	使用 name 和 value 属性，不声明值的 MIME 类型
axis、abbr	td、th	使用以明确、简洁的文字开头，后跟详述文字的形式。可以对更详细的内容使用 title 属性，以使单元格的内容变得简短
scope	td	在被链接的资源中使用 HTTP content-type 头元素

3.4 新增的事件

HTML5 中对页面、表单、键盘元素新增了许多事件，如表 3-9 所示。

表 3-9　HTML5 新增的事件

元素对象	事　件	触发时机
window 对象 body 对象	beforeprint	即将开始打印之前触发
	afterprint	打印结束后触发
	resize	浏览器窗口大小发生改变时触发
	error	页面加载出错时触发
	offline	页面变为离线状态时触发
	online	页面变为在线状态时触发
	pageshow	页面加载时触发，类似于 load 事件，区别在于 load 事件在页面第一次加载时触发，而 pageshow 事件在每一次加载时触发，即从网页缓存中读取页面时只触发 pageshow 事件，不触发 load 事件
	beforeunload	当前页面被关闭时触发，该事件通知浏览器显示一个用于询问用户是否确实离开本页面的确认窗口，可以设置确认窗口中的提示文字
	hashchange	页面 URL 地址字符串中的哈希部分发生改变时触发

(续表)

元素对象	事　件	触发时机
任何元素	mousewheel	当鼠标指针悬停在元素上并滚动鼠标滚轮时触发
任何容器元素	scroll	当元素的滚动条被滚动时触发
input 元素 textarea 元素	input	当用户修改文本框中的内容时触发，该事件与change事件的区别：input事件在元素尚未失去焦点时已触发，change 事件只在元素失去焦点时触发
表单元素	reset	当用户按下表单元素中type类型为reset的input元素，或者在JavaScript脚本代码中执行表单对象的 reset 方法时触发

3.5 本章小结

HTML5引入了许多新技术，对传统HTML元素进行了分类，并根据开发人员的习惯和实践中常用的功能，以及Web应用跨平台的发展需求，增加了大量新元素、新功能。本章详细介绍了HTML5中新增的元素、属性和事件。首先介绍了HTML5文档结构；接着重点学习了HTML5中新增和废除的元素，把这些新增的元素分为几类并分别举例说明用法；然后阐述了HTML5中新增和废除的属性，这些属性会在以后学习时详细介绍，后面在学习CSS时会讲解如何使用CSS替代废除的属性；最后简要介绍了HTML5中新增的事件。

3.6 思考和练习

1. 简单描述 HTML5 文档结构，并指出每个部分的含义。
2. HTML5 新增了哪些结构元素？简单描述这些元素的使用场景。
3. nav 元素在 HTML5 中用于包裹导航链接组，用于显式地说明这是导航链接组，在同一个页面中可以同时存在_______个 nav 元素。
4. _______元素用于定义对话框、确认框或窗口，它的______属性用来规定该元素是有效的，用户可以与它进行交互。
5. HTML5 新增了哪些语义元素？简单描述这些元素的使用场景。
6. 使用本章介绍的 HTML5 文档结构知识及新增元素构建一个简单的网页。

第 4 章 HTML表单

表单是实现用户与网页之间数据交互的必要元素，通过在网页中添加表单可以实现诸如会员注册、用户登录、提交资料等交互功能。本章将主要讲解如何在网页中制作表单，并使用<form>元素创建表单。

本章的学习目标：

- 了解表单的基本组成部分
- 掌握<form>元素的常用属性及其用法
- 掌握 HTML 中的常用表单输入类型
- 了解<input>元素的常用属性及其用法
- 掌握下列列表的创建与使用
- 掌握多行文本控件的用法
- 了解<button>元素的基本用法
- 掌握<fieldset>和<legend>元素的用法

4.1 表单概述

表单是可以把浏览者输入的数据传送到服务器端的 HTML 元素，服务器端程序可以处理表单传过来的数据，从而完成与用户的各种交互动作。

网页上由可输入表项及项目选择等控件组成的栏目称为表单，其中包括各种对象，如文字输入框、单选按钮、复选框和“提交”按钮等。通俗地讲，表单就是一种将用户信息组织起来的容器。将需要用户填写的内容放置在表单容器中，当用户单击“提交”按钮时，表单会将数据统一发送给服务器。图 4-1 所示的网易邮箱注册页面就是一个典型的表单。

表单在网页中主要负责数据采集。通常，表单有 3 个基本组成部分。

- 表单标签：也就是<form>标签，里面包含了处理表单数据所用 CGI 程序的 URL 以及将数据提交到服务器的方法。
- 表单域：包含了文本框、密码框、隐藏域、多行文本框、复选框、单选框、下拉选择框和文件上传框等各类输入控件。

- 表单按钮：包括“提交”按钮、“重置”按钮和一般按钮；用于将数据传送到服务器上的 CGI 脚本或者取消输入，还可以用表单按钮控制其他定义了处理脚本的处理工作。

图 4-1　注册表单

几乎每当需要从网站访问者那里收集信息时，都需要使用表单。典型的表单应用场景如下。

- 登录、注册：登录时输入用户名和密码，单击“登录”按钮；注册时填写个人信息，提交到服务器。
- 网上订单：在网上购买商品时，提交订单，输入个人信息和付款方式等。
- 调查问卷：通常是一些选择题形式的问卷，回答这些问题，以便形成统计数据，进一步分析。
- 网上搜索：输入关键字，搜索想要的信息或资源。

将表单数据发送给服务器时，会将其转换成“名称/值”对的形式。名称对应于表单控件的名称，而值则是用户输入的内容或被选定选项的值。服务器接收到数据后，会处理数据并返回相应的结果。

4.2 创建表单

HTML 中用于创建表单的标签是<form>，然后在<form>元素中，可以放置各种类型的表单控件。本节就详细介绍如何创建表单并添加表单控件。

4.2.1　使用<form>元素创建表单

在网页中，<form>和</form>这对标签用来创建表单，这对标签之间的一切都属于表单的内容。

<form>元素通常是一些用来采集用户输入信息的表单控件，也可以包含其他元素，如段落、标题等。但是，不能包含另外一个<form>元素，即<form>元素不能嵌套。

在<form>标记中，可以设置表单的基本属性。一般情况下，<form>标签应该至少带有action和method两个属性。除此之外，还可以包含所有通用通性及以下属性：enctype、novalidate、target、autocomplete和accept-charset。

1. action属性

action属性指明表单提交后对数据的处理。通常，action属性的值是一个地址，也就是表单收集到的信息将要被传递到的地址，这个地址可以是绝对地址，也可以是相对地址，还可以是其他形式的处理程序。

例如，对于登录表单，用户输入的登录名和密码信息可能被传送到Web服务器上一个以ASP.NET编写的页面，叫作login.aspx。如果该页面与当前页面在同一目录下，则可以使用相对地址，action属性如下所示：

```
<form action=" login.aspx">
```

2. method属性

浏览器向服务器发送表单数据时可以使用两种方法：HTTP get和HTTP post。使用<form>标签的method属性指定应该使用哪一种方法。该属性有如下两个取值，分别对应两种方法。

- get：使用HTTP get方法向服务器发送表单数据，表单数据被附加在<form>元素中由action属性指定的URL尾部。表单数据与URL之间使用问号分隔。在问号之后是各表单控件的“名称/值”对。“名称/值”对之间使用与符号&分隔。
- post：使用HTTP post方法向服务器发送来自表单的数据，表单数据将在HTTP头部中透明地传送。

如果<form>元素未带有method属性，默认将会使用HTTP get方法。如果使用文件上传控件，则必须使用HTTP post方法，而且还应该将enctype属性设置为multipart/form-data。

【例4-1】一个简单的登录表单。

新建一个名为4-1.html的页面，保存在Apache的htdocs/exam/ch04目录下，输入如下代码：

```
<!DOCTYPE html>
<html>
  <head>
      <meta charset="GB2312" />
      <title>登录表单</title>
  </head>
  <body>
  <form action="login.aspx" method="get">
    <table>
```

```
            <tr>
              <td>登录名:</td>
              <td><input type="text" name="login" value="" size="20" maxlength="20"></td>
            </tr>
            <tr>
              <td>密 码:</td>
              <td><input type="password" name="pwd" value="" size="20" maxlength="20"></td>
            </tr>
            <tr>
              <td><input type="submit"></td>
              <td><input type="button" value="取消"></td>
            </tr>
          </table>
        </form>
      </body>
    </html>
```

本例创建了一个简单的登录表单，在<form>标签中使用了 action 和 method 属性，指定表单数据会使用 HTTP get 方法发送至与 4-1.html 处于相同目录的 login.aspx 页面(这个页面实际不存在，这里只是举例说明)。在<form>元素内是一个<table>元素，这里使用表格来布局表单内的控件，表单中包括一个文本框、一个密码框以及两个按钮(表单控件到后面会介绍)，在浏览器中的显示效果如图 4-2 所示。

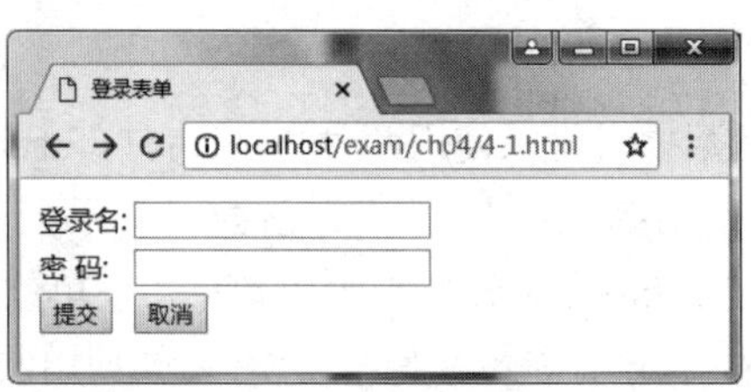

图 4-2　登录表单

为了演示以 HTTP get 方法发送表单数据，我们可以在“登录名”和“密码”文本框中输入任意字符，然后单击“提交”按钮，因为 login.aspx 页面不存在，所以会出现 404 错误，但是这并不重要，我们要看的是此时的地址栏，如图 4-3 所示。地址栏中的地址如下：

```
http://localhost/exam/ch04/login.aspx?login=yifan&pwd=zhao
```

其中，问号(?)前面是 action 属性所指向页面的 URL，后面是表单数据，这是一个由&分隔的“名称=值”字符串，其中的“名称”就是表单中控件的 name 属性值，“值”就是我们在页面中输入的具体信息。

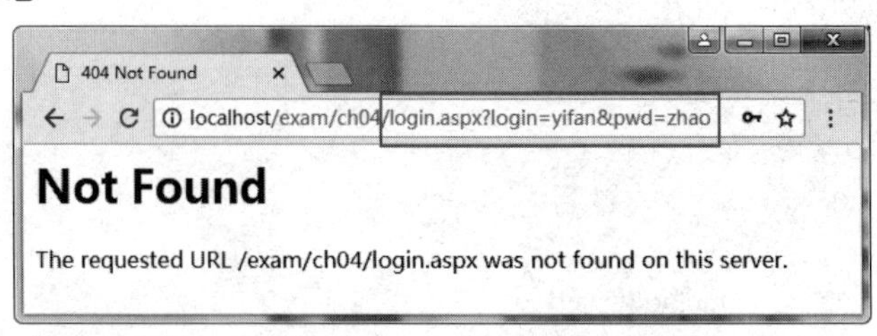

图 4-3　以 HTTP get 方法传送表单数据

以 HTTP get 方法传递表单数据的一个好处是可以收藏地址。如使用搜索引擎搜索某信息时，搜索关键字会出现在 URL 中，这样，结果页面就可以被收藏，下次搜索相同的关键字时就无须再次输入了。

但是，HTTP get 方法也存在不足。实际上，在发送诸如本例中的密码或信用卡细节等敏感信息时，不应该使用 HTTP get 方法。因为这些敏感信息会成为 URL 的一部分，并且对所有人可见。因此，在以下情景中，不应该使用 HTTP get 方法，而应该使用 HTTP post 方法：

- 处理敏感信息，如密码或银行账号等信息。
- 更新数据源，如数据库或电子表格，因为有人可能伪造能够修改数据源的 URL，从而可以恶意攻击数据库。
- 表单中包含文件上传控件，因为文件无法在 URL 中传递。

在使用 HTTP post 方法向服务器发送来自表单的数据时，表单数据将在 HTTP 头部中透明地传送。例如，前面的登录表单如果用 HTTP post 方法发送，则可能在 HTTP 头部中有如下形式：

```
Request URL:http://localhost/exam/ch04/login.aspx
Request Method:POST
Status Code:404 Not Found
Remote Address:[::1]:80
...
Content-Type:text/html; charset=iso-8859-1
POST /exam/ch04/login.aspx HTTP/1.1
Host: localhost
Connection: keep-alive
Content-Length: 20
Cache-Control: max-age=0
Origin: http://localhost
Upgrade-Insecure-Requests: 1
......
login=yifan&pwd=zhao
```

最后一行即表单数据，格式与使用 HTTP get 方法时问号之后的数据完全相同。

3. id 和 name 属性

id 属性可以唯一标识页面中的<form>元素。就如同可以使用它唯一标识页面中的任何其他 HTML 元素一样。id 属性的值在文档中应该是唯一的。

name 属性是 id 属性的前任，而且与 id 属性一样，取值在文档内应该保持唯一。

一种好的命名习惯是以字符 frm 作为表单的 id 和 name 属性值的前缀，并使用值的剩余部分描述表单所收集数据的类型——例如，frmLogin 或 frmSearch。

4. enctype 属性

如果使用 HTTP post 方法向服务器发送数据，则可以使用 enctype 属性指定浏览器在将数据发送到服务器之前对其进行编码。浏览器通常支持如下 3 种类型的编码方式。

- application/x-www-form-urlencoded：这是大多数表单使用的标准方式。浏览器使用该方式是因为一些字符(如空格、加号以及一些非字母数字字符)不能直接发送到 Web 服务器。这些字符会被其他字符替代。
- multipart/form-data：允许把数据分成部分再传送，每一个连续部分以其在表单中出现的顺序对应于一个表单控件。通常用于访问者需要向服务器上传文件(如照片)时。
- text/plain：以纯文本形式不加修改地将数据发送至服务器。

如果没有使用 enctype 属性，则浏览器会使用第一个值。一般情况下，只有在表单允许用户向服务器上传文件(如图片)，或在用户有可能使用非 ASCII 字符时，才需要使用该属性。

5. accept-charset 属性

不同语言通过不同的“字符集”(character set)或字符组书写。然而，在创建网站时，开发人员不会将网站设计成能够理解所有语言。accept-charset 属性背后的思想是，使用该属性可以指定一系列用户能够输入，并且之后服务器可以处理的字符编码。该属性的值应该是一个由空格或逗号分隔的字符集列表。

例如，下面的代码指明服务器可以接受 UTF-8 编码：

```
accept-charset="utf-8"
```

如果没有设置 accept-charset 属性，那么任何字符集都是有效的。

6. novalidate 属性

novalidate 属性是 HTML5 新增的一个布尔属性，用以指定表单在提交时是否应该进行校验。如果使用了该属性，则关闭对表单内所有元素的有效性检查。如果希望只取消对表单中少部分内容的验证，可以在这些不需要验证的表单控件上使用 novalidate 属性。

目前支持该属性的浏览器有 Chrome 6+、Firefox 4+、Opera 10.6+以及 IE10+。

7. target 属性

target 属性指定一个命名窗口或关键字，用于处理表单提交。该属性的取值与上一章中介绍的<a>标签的 target 属性一样。

例如，在新窗口中处理表单，可以将<form>元素的 target 属性设置为"_blank"。

8. autocomplete 属性

autocomplete 属性也是 HTML5 中新增的属性，用来指明浏览器是否应该自动填写表单值。默认值为 on，如果将之设置为 off，则指明浏览器不应该自动填写任何内容。

目前支持该属性的浏览器有 Chrome 17+、Firefox 4+、Safari 5.2+以及 Opera 10.6+。

4.2.2 表单输入元素<input>

在表单中，用户输入数据时使用的文本框、复选框、单选按钮等都是通过<input>元素创建的，<input>元素必须在<form>元素中使用，用来创建表单中的输入元素。如果<input>元素不在<form>元素内，那么输入元素不会被<form>元素收集并传送给服务器，只具有页面显示功能。

<input>标签的 type 属性用来指定输入控件的类型，type 属性的值有很多，如表 4-1 所示，本节将介绍这些值的具体用法。

表 4-1　HTML 中的表单输入类型

输入类型	type 属性值	功能说明
文本框	text	定义单行输入字段，用于在表单中输入字母、数字等内容。默认宽度为 20 个字符
单选按钮	radio	定义单选按钮，用于从若干给定选项中选取其一，常和其他类型的输入框构成一组使用
复选框	checkbox	定义复选框，用于从若干给定选项中选取一项或若干选项
密码框	password	定义密码字段，用于输入密码，输入的内容会以“*”或点的形式出现，即被“掩码”
提交按钮	submit	定义“提交”按钮，用于将表单数据发送到服务器
可单击按钮	button	定义普通可单击按钮，多数情况下，用于通过 JavaScript 启动脚本
图像按钮	image	定义图像形式的提交按钮。用户可以通过选择不同的图像来自定义这种按钮的样式
隐藏字段	hidden	定义隐藏的输入字段
重置按钮	reset	定义“重置”按钮。用户可以通过单击重置按钮以清除表单中的所有数据
文件域	file	定义输入字段和“浏览”按钮，用于上传文件
e-mail 地址	email	用于输入单个电子邮件地址或电子邮件地址列表。多个电子邮件地址可以使用逗号分隔的列表形式输入
颜色选择框	color	用于使用色盘选择颜色
日期	date	用于输入日历日期
日期和时间	datetime	用于输入时区为“格林尼治/国际标准时间”(Greenwich/Universal Time)的日期和时间
日期和时间	datetime-local	用于输入本地日期和时间
年和月	month	用于输入年份与月份
时间	time	用于输入由时、分、秒以及小数秒组成的时间
星期	week	用于输入由年份与周数构成的日期，比如 2013-W01，表示 2013 年的第一周
数字输入框	number	用于输入数字
数字滑块	range	与其他各种文本输入控件不同，该控件类型通常会以拖动条的形式呈现，使用户可以从一个数字范围内选择取值
搜索文本框	search	用于输入搜索关键词
文本框	tel	用于输入电话号码
网站地址	url	用于输入网站 URL

<input>元素是空的，所以一般不需要闭标签，通常直接在开标签的后面加一个斜线。

1. 文本框与密码框

文本框与密码框是用得最多的表单控件，这两个控件非常类似，所不同的是密码框在输入内容时，输入的信息不可见，通常使用星号(*)或圆点替代用户输入的每个字符。

当 type 属性值为 text 或 password 时，通常还会用到<input>元素的如下几个属性以进一步设置文本框或密码框的大小。

- name：该属性也是一个必要属性，几乎所有的<input>元素都要设置该属性，该属性的值就是向服务器发送的“名称/值”对中的“名称”部分。
- value：该属性用来为文本框提供初始值，用户会在表单加载后看到该值。
- size：设置文本框的宽度，以字符为单位。需要注意的是，size 属性不影响用户可以输入的字符数量，例如，size 属性的值为 20，用户依然可以输入 40 个字符。如果用户输入的字符数大于 size 属性值，可以使用方向键向左及向右滚动查看输入的内容。
- maxlength：该属性用来指定用户在文本框内可以输入的最大字符数。在输入达到最大字符数之后，即使用户继续输入，也不会再有新字符添加进去。
- placeholder：这是 HTML5 新增的一个属性，用来为文本框设置输入提示信息。当文本框处于未输入状态且未获取光标焦点时，模糊显示输入提示文字。
- required：这也是 HTML5 新增的一个属性，该属性是布尔属性，可以应用到大多数输入元素上。在提交时，如果元素是空的，则不允许提交，同时在浏览器中显示提示信息，提示用户必须输入内容。
- autocomplete：这也是 HTML5 新增的一个属性，该属性可以取两个不同的值：on 和 off。on 表示表单值可以安全地保存及预填写。off 则表示不应该保存表单值。

前面例 4-1 中创建的表单就包含一个文本框和一个密码框，如果在“登录名”文本框中使用 placeholder 属性，则页面的显示效果如图 4-4 所示。

```
<input type="text" name="login" value="" size="20" maxlength="20" placeholder="请输入登录名">
```

如果继续增加 required 属性，则表示该字段是必填项。如果未输入就单击“提交”按钮，则会出现如图 4-5 所示的提示信息。

```
<input type="text" name="login" value="" size="20" maxlength="20" placeholder="请输入登录名" required />
```

由此也可以看出，placeholder 属性值只是提示信息，而不是真正输入文本框中的内容。

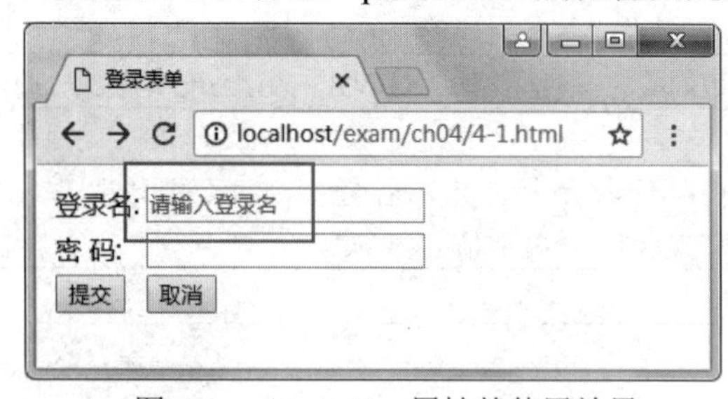

图 4-4　placeholder 属性的使用效果

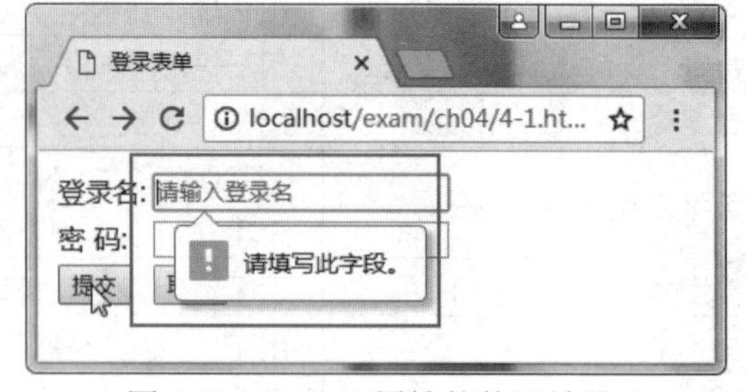

图 4-5　required 属性的使用效果

2. autocomplete 属性与 datalist 元素

前面提到 autocomplete 属性是 HTML5 新增的一个属性。下面重点介绍一下这个属性，该属性可以确保用户隐私与安全。

保存表单条目以节省填写具有类似信息表单的时间，这是 Web 浏览器提供的一种典型功能。例如上面的登录表单，如果通过浏览器访问该页面，并输入几次不同的登录名，那么在下一次输入该信息时，就会出现一个下拉列表，该下拉列表中的值就是我们前几次输入过的登录名，如图 4-6 所示。这样，如果要输入之前输入过的登录名，就可以从该下拉列表中选择，以提高输入效率。在 HTML5 之前，因为谁都可以看见这些输入的值，所以在安全方面存在缺陷。如果用来表示银行卡号的字段也保留这些信息，结果将可能是灾难性的。

使用 autocomplete 属性，就可以在安全性方面实现很好的控制。该属性可以允许网页作者控制是否缓存表单条目。将 autocomplete 属性设置为 off，则表示不应该保存表单值。

```
<input type="text" name="login" value="" size="20" maxlength="20" placeholder="请输入登录名" required autocomplete="off">
```

现在，当聚焦到该文本框并输入时，下拉列表就不存在了，如图 4-7 所示。

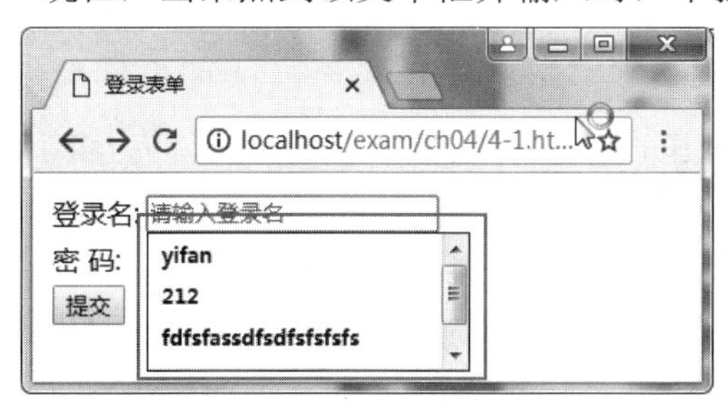

图 4-6　保存表单条目以方便快捷输入

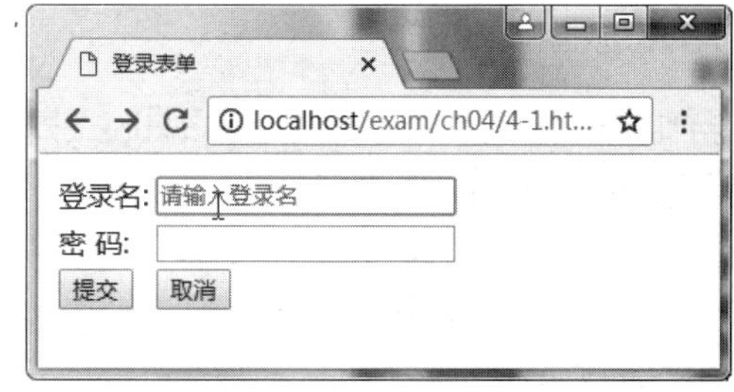

图 4-7　使用 autocomplete 属性，不保存表单值

如果设置 autocomplete 属性为 on，则可以显式地指定候补输入的数据列表。这就需要用到 datalist 元素和 list 属性。

datalist 元素也是 HTML5 新增的一个表单元素，用于为输入框提供一个可选列表，用户可以直接选择列表中的某个预设的项，从而免去输入的麻烦。这个可选列表由 datalist 元素中的 option 元素创建。如果用户不希望从列表中选择某项，也可以自行输入其他内容。

为了把datalist元素提供的列表绑定到某个输入框，需要使用输入框的list属性来引用datalist元素的 id。

【例 4-2】使用 datalist 元素为文本框提供可选列表。

新建一个名为 4-2.html 的页面，输入如下代码：

```
<!DOCTYPE html>
<html>
  <head>
      <meta charset="GB2312" />
      <title>使用 datalist</title>
  </head>
  <body>
  <form action="go.aspx" method="post">
    <table>
      <tr>
        <td>主角名称:</td>
        <td><input type="text" name="login" size="20" maxlength="20" placeholder="输入或选择一个主角名称" autocomplete="on"list="roles" ></td>
        <datalist id="roles">
          <option value="张无忌">
```

```
                <option value="郭靖">
                <option value="乔峰">
            </datalist>
        </tr>
    </table>
  </form>
  </body>
</html>
```

本例中，文本框控件的autocomplete属性为on，然后使用list属性为其指定可选列表roles，这是一个datalist元素，在浏览器中的显示效果如图4-8所示。

3. 复选框和单选按钮

当<input>标签的type属性为checkbox时，创建的是复选框控件；当type属性为radio时，创建的是单选按钮控件。

这两个控件都有开和关两种状态，用户可以通过单击控件使其在开与关两种状态之间切换。复选框控件通常用在允许用户从候选项目中选择多个条目的场景，而单向按钮则适用于从多个选项中只选择一项的情况。

复选框和单选按钮的关键区别如下：

- 当一组单选按钮共享同一名称时，只有其中之一可以被选定。一个单选按钮被选定后，如果用户又单击了另一个单选按钮，则新的单选按钮被选定，而原来选定的那个单选按钮便失去选定。
- 不应将单选按钮作为指定开或关的单一表单控件使用，因为当单一单选按钮被选定后，就无法通过界面操作再次失去选定。而复选框可以单独出现，此时每一个复选框都有自己的名称。
- 复选框也可以共享同一名称，作为复选框组出现，同一组中可以有多个复选框同时被选定。

复选框控件和单选按钮控件可以通过设置checked属性，以指明页面加载后控件的初始状态(是否被选定)。

4. 按钮

表单中的按钮通常用于提交表单。不过，有时也被用于清除或重置表单，或是触发客户端脚本(例如，在页面上的基础贷款计算器表单中，可以用按钮触发计算还款的脚本，而不必将数据发送至服务器)。

使用<input>元素可以创建多种类型的按钮，如表4-1所示。当type属性值为submit、reset、button或image时，就可以创建按钮控件。

- submit：创建单击时提交表单的按钮。
- reset：创建自动重置表单控件，将它们设置为页面载入时初始值的按钮。
- button：创建用于在用户单击时触发客户端脚本的按钮。
- image：创建带图片的提交按钮，单击后也会提交表单数据。通常需要把src属性和alt属性一起配合使用，还可以使用height和width属性指定图片的高度和宽度。

【例 4-3】创建按钮控件。

新建一个名为 4-3.html 的页面，输入如下代码：

```
<!DOCTYPE html>
<html>
  <head>
      <meta charset="GB2312" />
      <title>创建表单按钮</title>
  </head>
  <body>
  <form action="go.aspx" method="post">
    <table>
      <tr>
        <td>提交按钮(2 个)</td>
        <td><input type="submit" > <input type="submit" value="提交按钮"/></td>
      </tr>
      <tr>
        <td>重置按钮</td>
        <td><input type="reset" /></td>
      </tr>
      <tr>
        <td>普通按钮</td>
        <td><input type="button" name="btn" value="我的按钮" /></td>
      </tr>
      <tr>
        <td>图片按钮</td>
        <td><input type="image" src="btn.jpg" alt="Submit" height="40" /></td>
      </tr>
    </table>
  </form>
  </body>
</html>
```

本例中创建了各种不同的按钮，在浏览器中的显示效果如图 4-9 所示。

图 4-8　使用 datalist 元素

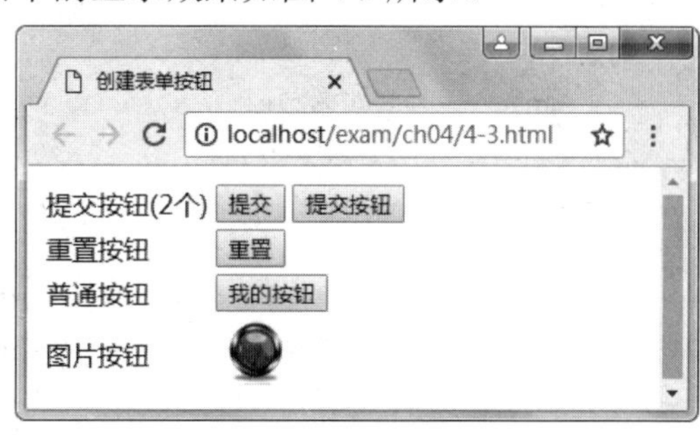

图 4-9　创建按钮

对于按钮控件需要注意以下几点：

(1) 提交按钮和重置按钮都有默认的显示文本，也可以通过value属性设置新的显示文本；而type="button"创建的按钮没有默认的显示文本，必须使用value属性指定。

(2) 如果提供了name属性，那么value属性的值会作为表单控件的“名称/值”对的一部分发送至服务器。如果没有提供值，则按钮控件的“名称/值”对不会被发送到服务器。

(3) 对于图片按钮，如果提供了name属性，那么在单击之后，发送的“名称/值”对中的“值”是用户单击图片按钮时的x及y坐标值对。

(4) 图片按钮的alt属性为图片提供替换文本。在图片无法找到时将显示该信息。

5. 隐藏字段

有些时候需要在页面间传递信息而不希望被用户看到。这就用到了隐藏字段，尽管用户无法在页面中看到它们，但如果用户查看页面的源文件，还是可以从代码中看到它们的值。因此，隐藏字段不应被用于任何不希望用户看到的敏感信息。

隐藏字段的创建和使用比较简单，只需要将type属性值设置为hidden，然后指定name和value属性即可。提交表单时，name和value属性将与表单其他元素的“名称/值”对一同被发送至服务器。

6. 文件上传控件

文件上传控件用于需要用户上传文件到服务器的情况。使用<input>元素，设置type属性为file，即可创建文件上传控件，在页面显示效果中会出现“浏览”按钮或“选择文件”按钮，具体由不同的浏览器确定。

使用文件上传控件时，<form>元素的method属性值必须是post，另外还需要增加属性enctype，值为“multipart/form-data”，否则无法实现文件上传功能。

对于<input>元素，还可以使用multiple属性设置允许一次性上传多个文件，使用accept属性指定可被选择上传的文件的MIME类型。

【例4-4】 使用文件上传控件。

新建一个名为4-4.html的页面，输入如下代码：

```
<!DOCTYPE html>
<html>
  <head>
       <meta charset="GB2312" />
       <title>上传文件</title>
  </head>
  <body>
  <form action="upload.aspx" method="post" enctype="multipart/form-data">
     <input type="file" name="fileUpload1" accept="image/*" >
     <br><input type="file" name="fileUpload2"    multiple>
  <p><input type="submit" ></p>
  </form>
  </body>
</html>
```

本例中创建了两个文件上传控件，<form>元素的 method 和 enctype 属性都必须设置为指定的值。第 1 个文件上传控件限制了可被上传的文件为所有的图片文件，单击“选择文件”按钮，打开“打开”对话框，可以看到，文件类型被限定为“图片文件”，而且每次只能选择一个图片文件，如图 4-10 所示。

图 4-10　上传单个文件

第 2 个文件上传控件没有限定要上传文件的类型，而且允许一次上传多个文件。所以，单击第 2 个“选择文件”按钮时，在“打开”对话框中限定的文件类型是“所有文件”，而且可以同时选择多个文件，如图 4-11 所示。

图 4-11　一次上传多个文件

选择要上传的文件后，上传单个文件的控件后面显示的是要上传文件的名称，而上传多个文件的控件后面显示的是文件个数，如图 4-12 所示。

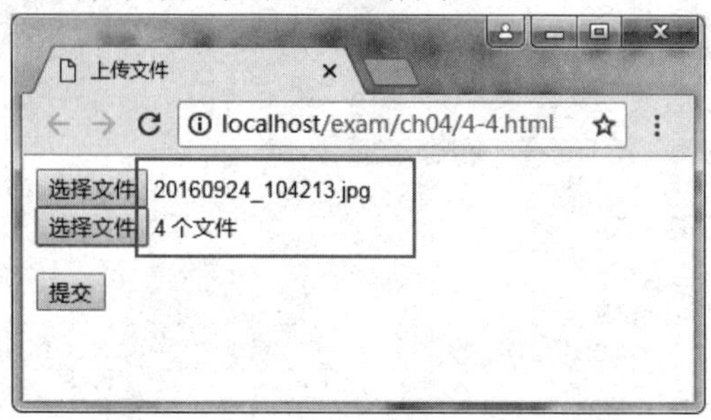

图 4-12　选择文件后的文件上传控件

7. 日期与时间

日期检出器(Date Picker)是网页中经常要用到的一种控件，在 HTML5 之前的版本中，并没有提供任何形式的日期检出器控件。在网页前端设计中，多采用一些 JavaScript 框架来实现日期检出器控件的功能，如 jQuery UI、YUI 等，在具体使用时会比较麻烦。

HTML5 新增了 6 个可用于选取日期和时间的输入类型：date、datetime、datetime-local、month、time 和 week。它们分别用于选择以下日期格式：日期、日期+时间、日期+时间+时区、月、时间和星期。

- date 类型

在进行信息采集时，经常要求用户输入日期，例如生日、购买日期、订票日期等。date 类型的日期检出器以日历的形式方便用户输入。

使用方法如下，value 属性为初始值：

```
<input type="date" name="date1"   value="2015-09-01" />
```

【例 4-5】 使用日期检出器。

新建一个名为 4-5.html 的页面，输入如下代码：

```
<!DOCTYPE html>
<html>
  <head>
      <meta charset="GB2312" />
      <title>日期与时间</title>
  </head>
  <body>
  <form action="go.aspx" method="post">
    <table>
      <tr>
        <td>date 类型</td>
        <td><input type="date" name="date1" value="2015-09-01"/></td>
      </tr>
    </table>
  </form>
```

```
    </body>
</html>
```

date 类型的日期检出器的外观如图 4-13 所示。当用户将鼠标指针移动到 date 类型的日期检出器上时，浏览器中显示用于清除内容的叉号按钮、用于向上或向下调整日期的按钮以及用于设置日期的向下箭头按钮，运行效果如图 4-14 所示。

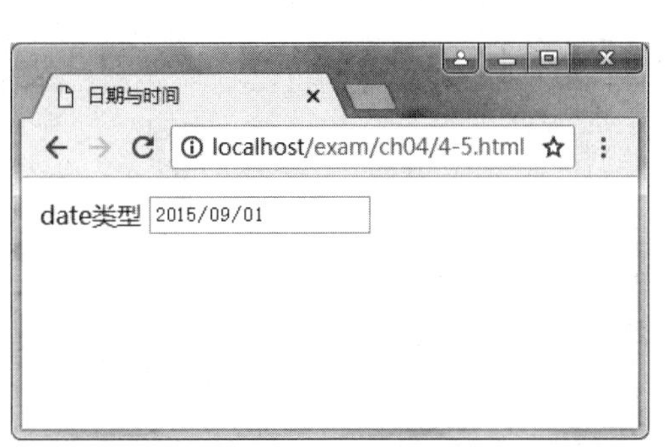

图 4-13 date 类型的日期检出器的外观

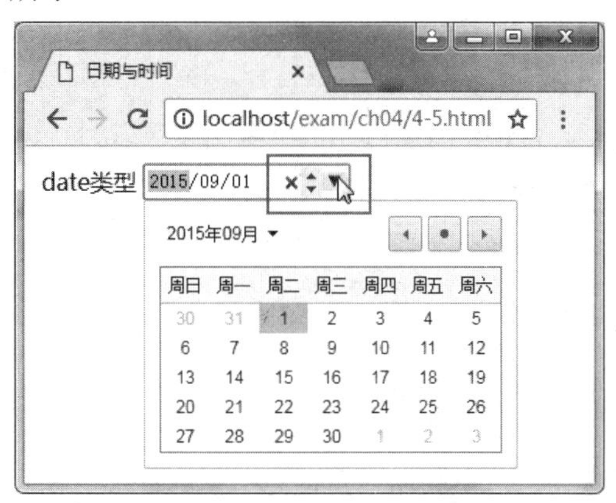

图 4-14 将鼠标指针移动到 date 类型的日期检出器上

- datetime 类型

datetme 类型的日期检出器用于选取时间、日、月、年，其中时间为 UTC 时间。

在例 4-5 所示的表单中添加一个 datetime 类型的日期检出器，代码如下：

```
<tr>
    <td>datetime 类型</td>
    <td><input type="datetime" name="date2" value="2015-09-01:20:22:12"/></td>
</tr>
```

运行以上代码，效果如图 4-15 所示。从效果上看，Chrome 不支持 datetime 类型的日期检出器，因此以普通的文本框替代显示。改用 Opera 12 浏览器，可以看到效果如图 4-16 所示。目前，Internet Explorer、Firefox 和 Chrome 均不支持 datetime 类型的日期检出器。

图 4-15 Chrome 不支持 datetime 日期检出器

图 4-16 Opera 支持 datetime 日期检出器

- datetime-local 类型

datetime-local 类型的日期检出器用于选取时间、日、月、年，其中时间为本地时间。

在例 4-5 所示的表单中继续添加一个 datetime-local 类型的日期检出器，代码如下：

```
<tr>
   <td>datetime-local 类型</td>
   <td><input type="datetime-local" name="date3" value="2018-09-03T21:59"/></td>
</tr>
```

运行以上代码，效果如图 4-17 所示。

● month 类型

month 类型的日期检出器用于选取月、年，即选择具体的月份，如 2018 年 7 月，选择后会以“2018 年 07 月”的形式显示。

在例 4-5 所示的表单中继续添加一个 month 类型的日期检出器，代码如下：

```
<tr>
   <td>month 类型</td>
   <td><input type="month" name="date4" value="2018-12"/></td>
</tr>
```

运行以上代码，日期检出器控件的右侧有微调按钮形式的数字输入框，输入或微调时只显示到月份，而不会显示日期。输入年份和月份之后，点开下拉按钮，面板将显示所选月份的日期，并呈选中状态，效果如图 4-18 所示。

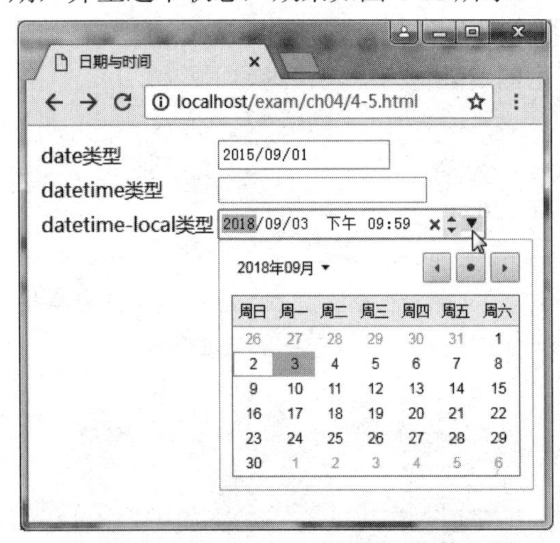

图 4-17　datetime-local 类型的日期检出器

图 4-18　month 类型的日期检出器

● time 类型

time 类型的日期检出器用于选取时间，默认情况下，具体到小时和分钟，如 22 时 45 分，在 Chrome 浏览器中会以“下午 10:45”的形式显示。

在例 4-5 所示的表单中继续添加一个 time 类型的日期检出器，代码如下：

```
<tr>
   <td>time</td>
   <td><input type="time" name="date5" /></td>
</tr>
```

这是一种最简单的 time 类型的日期检出器，显示效果如图 4-19 所示。

也可以使用 value 属性为控件指定初始值，即使在初始值中指定了秒，在调整时间时，秒值也不能修改。例如，修改上面的代码，为 time 控件指定初始值为 21:32:11：

```
<tr>
  <td>time</td>
  <td><input type="time" name="date5"   value="21:32:11" /></td>
</tr>
```

加载页面后，可以看到，time 控件有初始值，但是当试图修改秒值时，发现秒值是只读的，不能编辑，如图 4-20 所示。那么，是不是 time 控件就不支持编辑秒值呢？答案是否定的。要想在表单中调整 time 控件中的秒值，需要使用一个新的属性：step。该属性用来设置当使用微调按钮调整时间时，调整的时间间隔。例如，为上面的 time 控件添加 step 属性：

```
<tr>
  <td>time</td>
  <td><input type="time" name="date5"   value="21:32:11" step="3" /></td>
</tr>
```

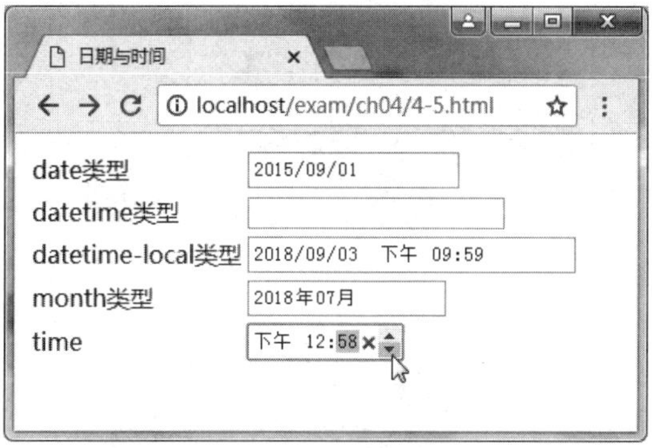

图 4-19　time 类型的日期检出器

图 4-20　秒值是只读的

这里设置 step 属性为 3，秒值变成可编辑状态。当单击微调按钮时，会发现时间以 3 秒为单位递增和递减，如图 4-21 所示。当微调小时或分钟时，还是以 1 为单位递增或递减，如图 4-22 所示。

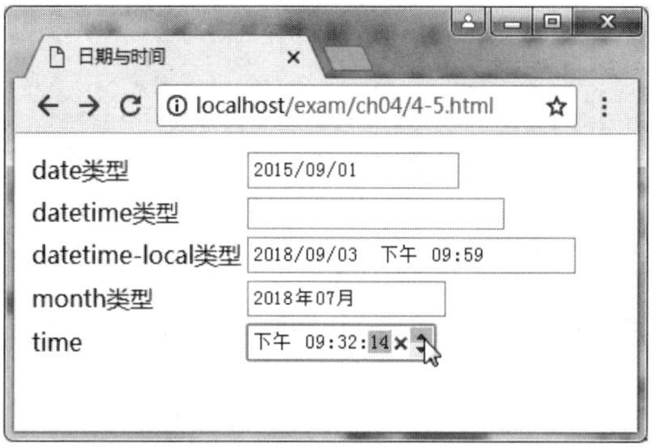

图 4-21　以 3 秒为单位调整秒值

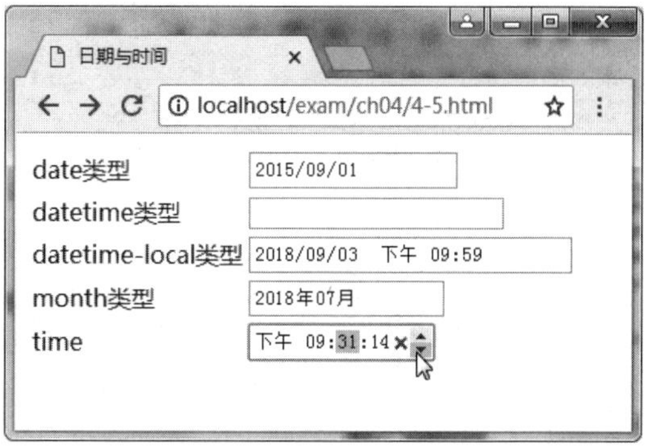

图 4-22　以 1 为单位调整小时或分钟

- week 类型

week 类型的日期检出器用于选取年份和这一年的第几周，如 2018 年第 2 周，表示从 2018 年第 2 个星期一到星期日。该控件既支持微调，也可以打开日历面板进行选择。

在例 4-5 所示的表单中继续添加一个 week 类型的日期检出器，代码如下：

```
<tr>
  <td>week</td>
  <td><input type="week" name="date6"   value="2018-W02" /></td>
</tr>
```

本例中，指定初始值为 2018 年第 2 周，在浏览器中的效果如图 4-23 所示。

除了以上介绍的内容，这 6 种类型的日期检出器还都可以使用 max 和 min 属性设置允许的最大值和最小值。如果输入或选择的日期和时间不在 max 或 min 限定的范围内，那么在提交表单时，会提示输入的值不在规定范围内。

在前面的例 4-5 中，为 date 类型的日期检出器设置 max 属性为 2018-12-31，当通过微调按钮调整年份时，会发现 2018 继续增加会变成 0001；而如果手动输入 2019，虽然可以输入，但是当提交表单时，就会给出提示信息，如图 4-24 所示。

```
<tr>
  <td>date 类型</td>
  <td><input type="date" name="date1" value="2015-09-01" max="2018-12-31"/></td>
</tr>
```

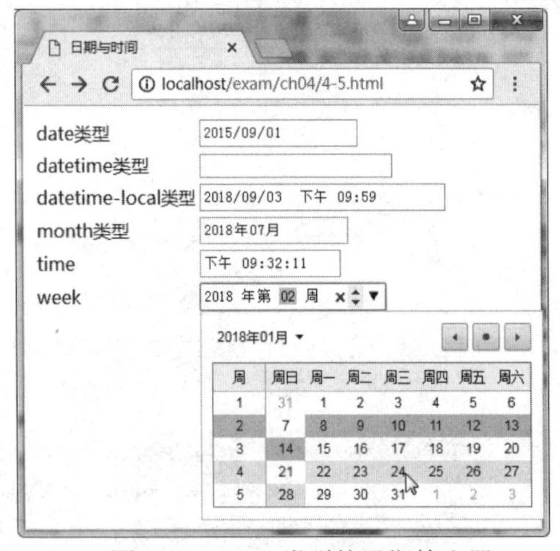

图 4-23　week 类型的日期检出器

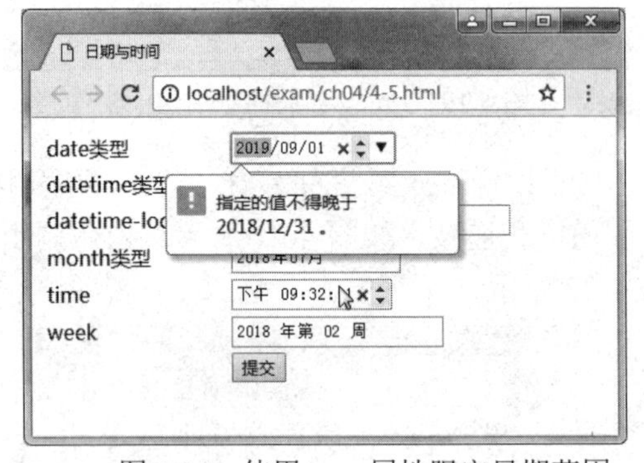

图 4-24　使用 max 属性限定日期范围

8. 颜色选择框

color 类型的输入元素提供专门用于设置颜色的文本框。通过单击文本框，可以快速打开颜色面板，方便用户可视化地选择一种颜色。

【例 4-6】 使用颜色选择框。

新建一个名为 4-6.html 的页面，输入如下代码：

```
<!DOCTYPE html>
```

```
<html>
  <head>
      <meta charset="GB2312" />
      <title>颜色选择</title>
  </head>
  <body>
  <form action="test.aspx">
    颜色：<input type="color" name="COLOR1" value="#CC2200" />
  </form>
  </body>
</html>
```

运行以上代码，效果如图 4-25 所示。初始颜色值为“#CC2200”，这是以十六进制形式表示的颜色值。单击色块按钮，可以打开“颜色”面板，选择其他颜色。

9. 数字滑块类型 range

range 类型用于设置要包含指定范围内数字值的输入，页面显示形式为滑块，可通过鼠标拖动滑块来改变值的大小。

因为 range 类型表示的是数字，所以可以使用 min 和 max 属性来限制值的范围，通过 step 属性设置步长大小。

在例 4-6 所示的表单中，添加数字滑块类型 range，代码如下：

```
<br><input type="range" name="score" min="10" max="100" step="2" />
```

页面效果如图 4-26 所示。

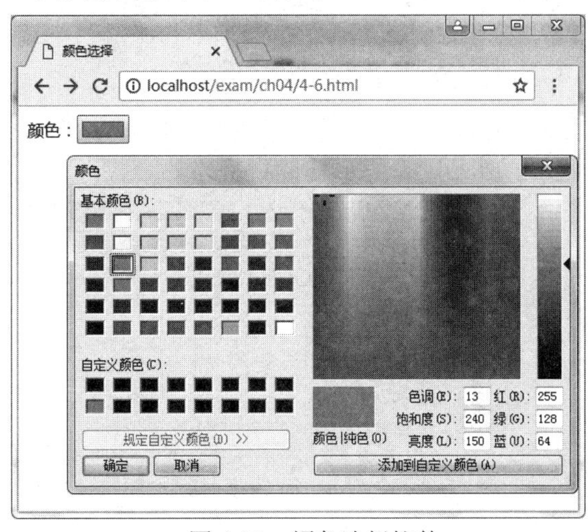

图 4-25　颜色选择控件

图 4-26　数字滑块控件

10. 其他几个特殊的文本框

表 4-1 列出的输入类型中，除了前面介绍的那些，还有几个都是特殊文本框。在 HTML5 之前，这些功能都直接使用文本框和 JavaScript 代码来实现，HTML5 增加了这些类型，使用方法都比较简单，下面分别简要介绍一下。

● email 类型

email 类型的输入元素是一种专门用于输入 e-mail 地址的文本输入框，在提交表单的时候，会自动验证输入的值是否为有效的 e-mail 地址。如果不是，则不允许提交表单。

【例 4-7】 使用特殊的文本框类型。

新建一个名为 4-7.html 的页面，输入如下代码：

```
<!DOCTYPE html>
<html>
  <head>
      <meta charset="GB2312" />
      <title>特殊的文本框</title>
  </head>
  <body>
  <form action="go.aspx">
    <table>
      <tr>
        <td>电子邮箱</td>
        <td><input type="email" name="e-mail" /></td>
      </tr>
      <tr>
        <td></td>
        <td><input type="submit" /></td>
      </tr>
    </table>
  </form>
  </body>
</html>
```

运行以上代码，效果如图 4-27 所示，从外观上看就是一个普通的文本框。如果输入错误的 e-mail 地址格式，单击“提交”按钮，就会出现如图 4-28 所示的错误提示。

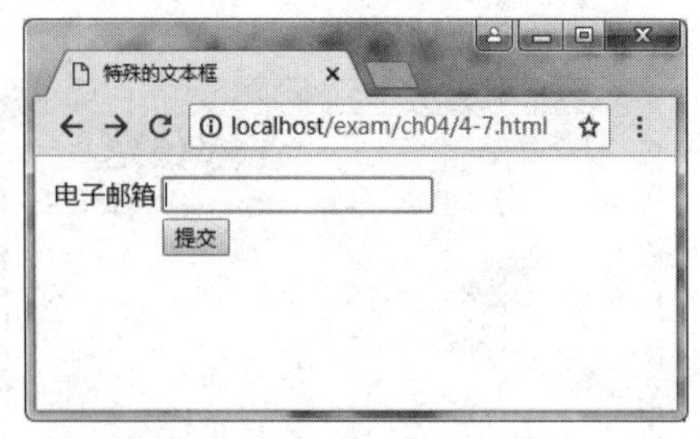

图 4-27 程序运行效果

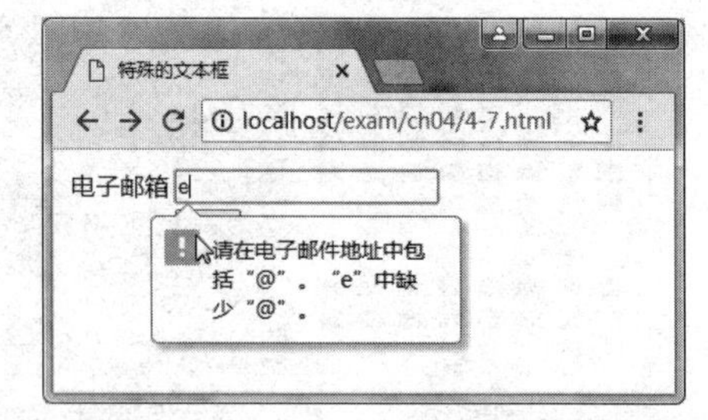

图 4-28 输入 e-mail 错误时弹出的错误提示

● number 类型

number 类型的输入元素提供用于输入数值的文本框。使用该类型时，可以使用 min 和 max 属性设定所接收数字的范围，还可以使用 step 属性设置合法的数字间隔。如果输入的数字不符合限制要求，则会出现错误提示。

在例 4-7 所示的表单中继续添加一个 number 类型的输入元素，代码如下：

```
<tr>
```

```
    <td>一个数</td>
  <td><input type="number" min="1" max="100" step="3" /></td>
</tr>
```

看上去也是一个普通的文本框，当把鼠标移动到该控件上时，右侧出现微调按钮，如图 4-29 所示。单击微调按钮，可按设定的步长递增或递减输入的值，也可以直接在文本框中输入限定范围内的数字。如果数字超出范围，或者不是有效的数字间隔值，单击“提交”按钮将给出相应的提示，如图 4-30 所示。

图 4-29　右侧出现微调按钮

图 4-30　数字超出限定范围

因为最小值是 1、数字间隔为 3，所以有效的数字序列为 1、4、7……如果输入 12，虽然在 1~100 之间，但不是合法的数字，所以单击“提交”按钮时会出现值无效的提示，如图 4-31 所示。

- url 类型

url 类型的输入元素提供用于输入 URL 地址这类特殊文本的文本框。当提交表单时，如果输入的内容是 URL 地址格式的文本，则会提交到服务器；否则给出错误提示。

在例 4-7 所示的表单中继续添加一个 url 类型的输入元素，代码如下：

```
<tr>
  <td>URL 地址</td>
  <td><input type="url" name="muUrl" /></td>
</tr>
```

看上去也是一个普通的文本框，如果输入错误的 URL 地址格式，单击“提交”按钮时会出现如图 4-32 所示的提示。

正确的 URL 地址总是以 http://或 https://开头。

图 4-31　出现值无效的提示

图 4-32　URL 输入错误时的提示

● search 类型

search 类型在 HTML5 中专门用于搜索。search 类型的输入元素提供用于输入搜索关键词的文本框。

在例 4-7 所示的表单中继续添加一个 search 类型的输入元素，代码如下：

```
<tr>
  <td>搜索关键字</td>
  <td><input type="search" name="keyword" /></td>
  </tr>
```

看上去也是一个普通的文本框，但是，当在搜索框中输入要搜索的关键字以后，搜索框的右侧就会出现一个叉号，单击它可以清空已经输入的内容，如图 4-33 所示。

● tel 类型

tel 类型的输入元素提供专门用于输入电话号码的文本框，它并不限定只输入数字，因为很多的电话号码还包括其他字符，如“+”“-”“(”“)”等，如 086-0317-62349797。

在例 4-7 所示的表单中继续添加一个 search 类型的输入元素，代码如下：

```
<tr>
  <td>联系电话</td>
  <td><input type="tel" name="telephone" /></td>
</tr>
```

运行以上代码，效果如图 4-34 所示。所有浏览器都支持 tel 类型的输入元素，因为它们都会将其作为普通的文本框显示。HTML5 并不需要浏览器执行任何特定的电话号码语法或以任何特别的方式显示电话号码。

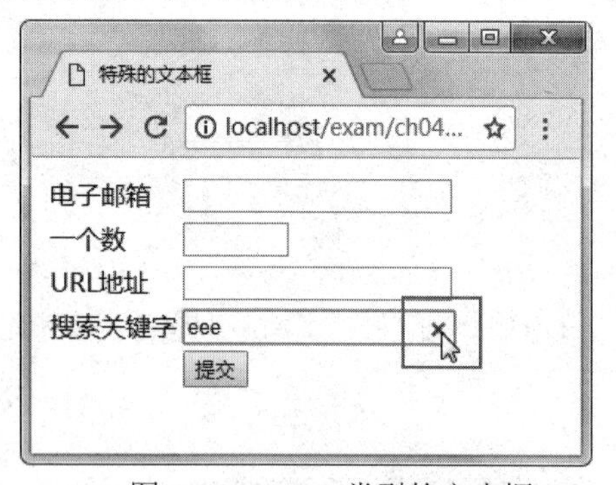

图 4-33　search 类型的文本框

图 4-34　tel 类型的文本框

4.2.3　<input>元素的其他属性

HTML5 除了增加新的输入类型外，还为<input>元素增加了新的属性，用于指定输入类型的行为或者限制输入。前面已经介绍了 placeholder、list、required、min 和 max 等属性，还有一些新增属性有时也会用到，下面简要介绍几个常用的。更多的功能可在使用中参考相关资料自行学习。

1. form 属性

在 HTML5 之前，表单内的元素一定要放在表单中，也就是把表单内的元素嵌入<form>和</form>标签对中，而有了 form 属性后，从属于表单的元素可以放在页面的任何地方，只需要在该元素内指定 form 属性的值为表单的名称即可。

例如，下面这段代码：

```
<form id="f1">
    <input type="text" />
</form>
<input type="submit" form="f1" />
```

第一个<input>元素写在 f1 表单内部，无需 form 属性，它属于 f1 表单；而第二个<input>元素写在 f1 表单之外，但是使用了 form 属性，使其指向 f1 表单，所以它也从属于 f1 表单。

这样做的好处是，在需要的时候，可以更方便地向页面中的元素添加样式，因为它们不是分散在各表单之内。

2. formaction 属性

在 HTML5 之前，表单内的所有元素只能通过表单的 action 属性统一提交到另一个页面，而在 HTML5 中，可以为诸如<input type="image">、<input type="button">、<input type="submit">等提交按钮添加 formaction 属性，该属性指定了单击提交按钮时要将表单数据发送到的地址。

例如，下面的表单中定义了 3 个不同的提交按钮。前两个都使用了 formaction 属性，并指向不同的页面，最后一个没有使用 formaction 属性，所以会提交到 action 属性指定的地方。

```
<form action=" go.aspx">
    <input type="submit" name="a1" value="提交到 a1" formaction="a1.aspx" />
    <input type="submit" name="a2" value="提交到 a2" formaction="a2.aspx" />
    <input type="submit" />
</form>
```

单击上述表单中的不同按钮，将把表单数据提交到不同的页面。

3. formmethod 属性

与 formaction 属性类似，对于提交按钮，还可以使用 formmethod 属性为每个提交按钮指定不同的提交方法，而不是只能使用表单的 method 属性统一指定提交方法。

例如，下面的表单中，两个提交按钮中一个以 HTTP post 方法提交，另一个以 HTTP get 方法提交：

```
<form action=" go.aspx">
    姓名：<input type="text" name="name" /><br/>
    <input type="submit" value="post 提交" formmethod="post"/>
    <input type="submit" value="get 提交" formmethod="get" />
  </form>
```

4. formenctype 属性

formenctype 属性也是在提交按钮上使用的属性，它的作用与表单的 enctype 属性一样，用于指定表单在发送到服务器之前应该如何对表单内容进行编码。将它应用在提交按钮上，从而可以指定不同的编码方式。

例如下面的代码，单击不同的提交按钮，使用的编码方式也不同。

```
<form action="go.aspx" method="post">
    作者：<input type="text" name="author" value="testvalue"/><br/>
    文件：<input type="file" name="files"/>
    <input type="submit" formaction="upload.aspx" formenctype= "multipart/form-data" />
    <input type="submit" value="上传" />
</form>
```

5. formtarget 属性

与前面几个属性一样，formtarget 属性也适用于提交按钮，可以对多个提交按钮分别使用 formtarget 属性来指定提交后在何处打开需要加载的页面。属性值和用法与表单元素的 target 属性一样。

formtarget 属性的使用方法如下：

```
</form id="testform" action="go.aspx">
    <input type="submit" value="提交到 a1" formaction="a1.aspx" formtarget="_self"/>
    <input type="submit" value="提交到 a2" formaction="a2.aspx" formtarget="_blank"/>
<form>
```

6. autofocus 属性

这是一个布尔属性，为<input>元素加上 autofocus 属性后，当页面打开时，这些控件将自动获得光标焦点。autofocus 属性的使用方法如下：

```
<input type="text" autofocus>
```

一个页面上只能有一个控件具有 autofocus 属性。从实用角度看，建议当一个页面以使用某个控件为主要目的时，才对该控件使用这个属性，如搜索页面中的搜索文本框或者登录页面中的用户名文本框。

4.2.4 下拉列表

下拉列表使用户可以从下拉菜单中选择一个选项。下拉列表可以占用比单选按钮组小得多的空间。该控件还可以作为使用单行文本框但又希望限制用户输入选项时的替代方案。例如，在需要用户填写省份的表单中，如果使用文本框，那么来自河北省的访问者可能会输入不同的内容，例如河北或河北省；而使用下拉列表则可以控制用户只能从列表中选择一个选项。

1. 创建下拉列表

下拉列表包含于<select>元素内，下拉列表中的每一个选项是一个<option>元素，位于

<option>开标签与</option>闭标签之间的文本会作为选项的标签显示给用户。提交表单时，所选选项的 value 属性值将作为<select>元素的值被传送到服务器。

【例 4-8】 创建下拉列表。

新建一个名为 4-8.html 的页面，输入如下代码：

```
<!DOCTYPE html>
<html>
  <head>
      <meta charset="GB2312" />
      <title>使用下拉列表</title>
  </head>
  <body>
  <form action="go.aspx" method="get">
    <table>
      <tr>
        <td>手机品牌</td>
        <td>
          <select name="brand">
          <option selected value="">请选择手机的品牌</option>
          <option value="Huawei">华为</option>
          <option value="Mi">小米</option>
          <option value="Oppo">OPPO</option>
          <option value="Vivo">VIVO</option>
          <option value="Other">其他</option>
          </select>
        </td>
      </tr>
      <tr>
        <td></td>
        <td><input type="submit" /></td>
      </tr>
    </table>
  </form>
  </body>
</html>
```

运行以上代码，效果如图 4-35 所示。从运行效果可以看出，位于<option>开标签与</option>闭标签之间的文本正是我们看到的选项内容，而选定某个选项后将发送到服务器的值则是 value 属性值。在本例中，第一个选项没有值，而且内容为“请选择手机的品牌”。该选项用于告知用户必须从下拉列表中选择一种品牌。

下拉列表的宽度是向用户显示的选项中，最长选项的宽度。在本例中，应该是文本“请选择手机的品牌”的宽度。此外，在学习 CSS 后，还可以使用 CSS 更改下拉列表的宽度。

根据 HTML 规范，一个<select>元素必须包含至少一个<option>元素。不过在实际应用中，一般都包含多于一个<option>元素。毕竟只有一个选项的下拉列表意义不大。

2. 创建滚动选择框

<select>元素有一个 size 属性，使用该属性可以创建一种滚动选择框，size 属性的值是希望在同一时间可见的选项数量。

在例 4-8 所示的表单中可以添加一个滚动选择框，代码如下：

```
<tr>
  <td>选择一天</td>
  <td>
    <select name="selDay" size="4">
    <option value="Mon">星期一</option>
    <option value="Tue">星期二</option>
    <option value="Wed">星期三</option>
    <option value="Thu">星期四</option>
    <option value="Fri">星期五</option>
    <option value="Sat">星期六</option>
    <option value="Sun">星期日</option>
    </select>
  </td>
</tr>
```

这是一个允许用户选择一周中某一天的滚动选择框，效果如图 4-36 所示。

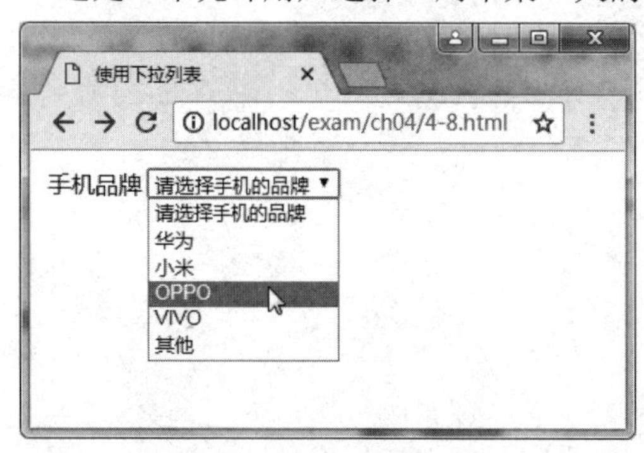

图 4-35　下列列表框

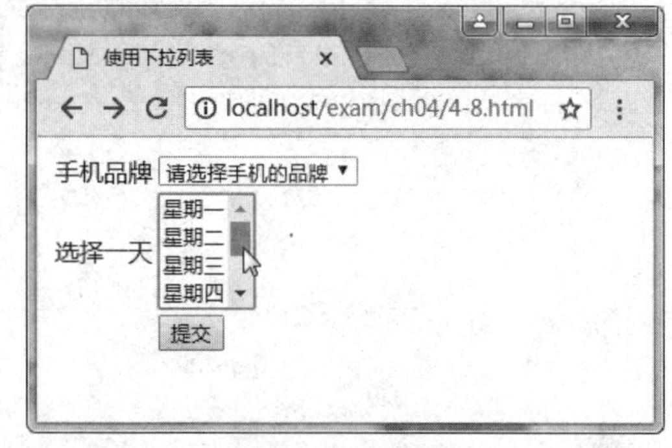

图 4-36　滚动选择框

3. 可以选择多个选项的选择框

有时候，可能希望从选择框中选择多个选项，就像使用复选框组那样，这时可以使用 multiple 属性。这是一个布尔属性，使用该属性后，选择框会自动以滚动选择框的形式出现。

在例 4-8 所示的表单中添加一个可以选择多个选项的选择框，代码如下：

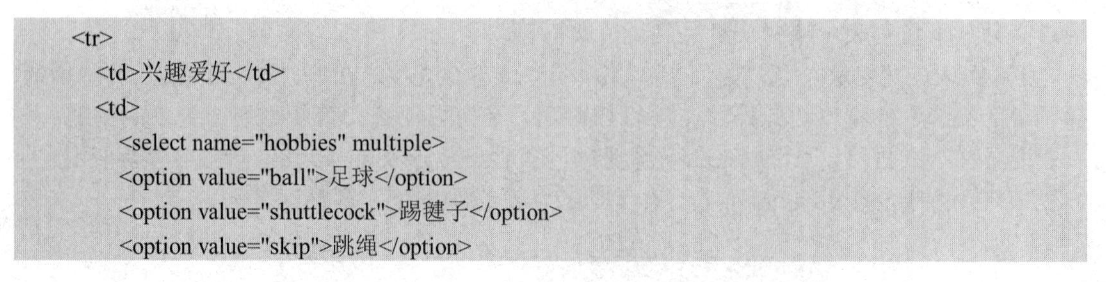

```
<tr>
  <td>兴趣爱好</td>
  <td>
    <select name="hobbies" multiple>
    <option value="ball">足球</option>
    <option value="shuttlecock">踢毽子</option>
    <option value="skip">跳绳</option>
```

```
        <option value="game">做游戏</option>
        <option value="reading">阅读</option>
        <option value="taiji">太极拳</option>
        <option value="play">旅游</option>
        </select>
    </td>
</tr>
```

这个选择框允许用户选择多个选项，按住 Ctrl 键，然后单击要选择的选项即可选中多个，再次单击可取消选中，效果如图 4-37 所示。

4. 使用<optgroup>元素分组选项

如果一个下拉列表的选项非常多，则可以使用<optgroup>元素对它们进行分组。<optgroup>的作用就像容器，包含需要归入同一组中的元素。

<optgroup>元素必须带有 label 属性，它的值就是选项分组的标签。

【例 4-9】 使用<optgroup>元素。

新建一个名为 4-9.html 的页面，输入如下代码：

```
<!DOCTYPE html>
<html>
  <head>
      <meta charset="GB2312" />
      <title>使用 optgroup</title>
  </head>
  <body>
  <form action="go.aspx" method="get" >
    请选择你喜欢的三国人物:<br>
    <select name="selRole">
    <optgroup label="魏">
      <option value="caocao">曹操</option>
      <option value="dianwei">典韦</option>
      <option value="xuchu">许褚</option>
      <option value="xiahoudun">夏侯敦</option>
      <option value="zhangliao">张辽</option>
    </optgroup>
    <optgroup label="蜀">
      <option value="liubei">刘备</option>
      <option value="guanyu">关羽</option>
      <option value="zhangfei">张飞</option>
      <option value="zhugeliang">诸葛亮</option>
      <option value="zhaoyun">赵云</option>
      <option value="weiyan">魏延</option>
    </optgroup>
    <optgroup label="吴">
      <option value="sunquan">孙权</option>
      <option value="zhouyu">周瑜</option>
```

```
            <option value="lusu">鲁肃</option>
            <option value="ganning">甘宁</option>
            <option value="huanggai">黄盖</option>
            <option value="chengpu">程普</option>
          </optgroup>
      </select>
      </form>
      </body>
</html>
```

不同的浏览器显示<optgroup>元素的方式也不尽相同。如图 4-38 所示是 Chrome 中的显示效果。

图 4-37 可以选择多个选项的选择框

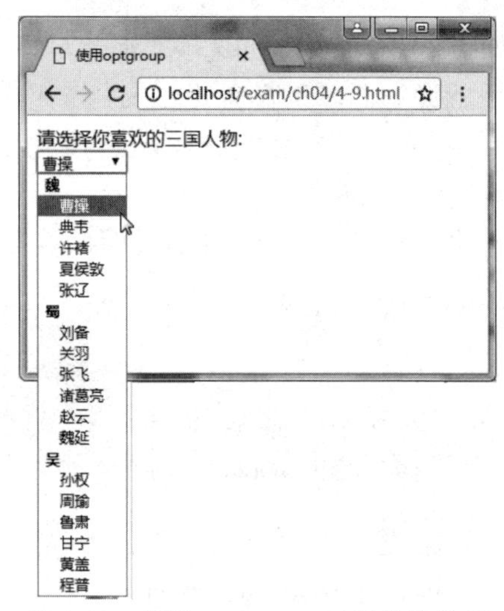

图 4-38 使用<optgroup>元素分组选项

4.2.5 多行文本输入控件

有时候，需要访问者输入的信息较长，如调查问卷中的“意见反馈”或是留言板中的“留言内容”，这些信息通常都多于一行。

在 HTML 表单中，创建多行文本使用的是<textarea>元素，<textarea>元素常用的属性主要有 3 个。

- name：控件的名称。在发送至服务器的“名称/值”对中使用。
- rows：用于指定<textarea>元素应该具有的文本行数，对应于文本区域的高度。
- cols：用于指定<textarea>元素具有的列数，对应于输入框的宽度。

【例 4-10】 创建多行文本域。

新建一个名为 4-10.html 的页面，输入如下代码：

```
<!DOCTYPE html>
<html>
   <head>
         <meta charset="GB2312" />
```

```
        <title>多行文本域</title>
    </head>
    <body>
    <form action="go.aspx" method="get" >
      <p>您对本网站有什么建议:</p>
      <textarea name="txtFeedback" rows="10" cols="50">
      在此写下你的宝贵意见
      </textarea>
      <p><input type="submit" ></p>
    </form>
    </body>
</html>
```

本例创建了一个 10 行 50 列的多行文本域，在浏览器中的显示效果如图 4-39 所示。从中可以看出，<textarea>开标签与</textarea>闭标签之间的文字是文本域的初始值，这一点与前面学习的<input>元素通过 value 属性指定初始值是不一样的。

另外，从图 4-39 中可以看出，文本域的初始值缩进了很多，这是因为在源代码中，这行代码有缩进，而任何写在<textarea>开闭标签之间的内容都会像写在<pre>元素中的一样，源文档中的格式将予以保留。

在实际应用中，用户可以在添加自己的文本前删除初始值，但如果不从文本框中删除，它会在提交表单时一同被发送至服务器。这里，可以删除初始值，输入新的内容，当文本写满一行时，会自动换行，也可以手动按回车键换行，如图 4-40 所示。

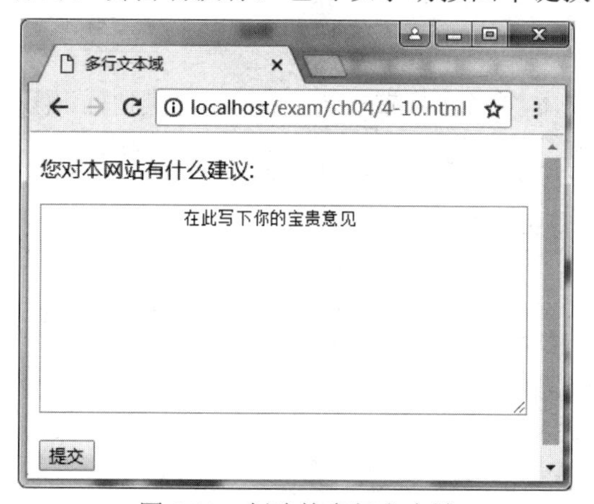

图 4-39　创建的多行文本域

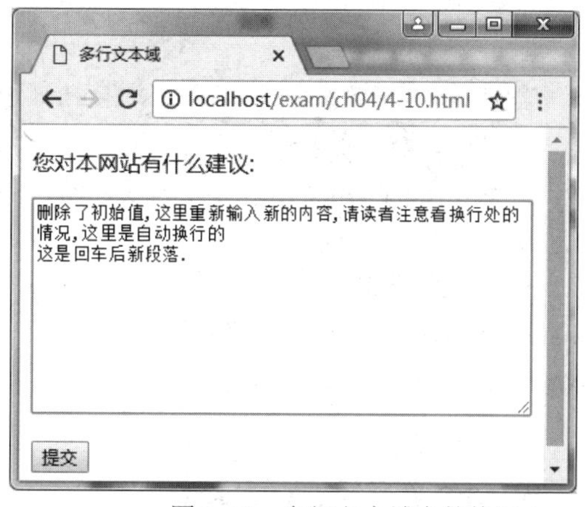

图 4-40　多行文本域内的换行

默认情况下，当文本写满一行时会自动换到下一行，但是当这样的数据提交到服务器后，服务器会以单行文本的形式接收到全部数据。有时候，用户希望提交到服务器后如他们在屏幕上看到的一样进行换行，这时可以使用<textarea>的 wrap 属性，该属性有如下两个取值。

- soft：这是该属性的默认值，当文本自动换行时，数据以单行文本的形式传送给服务器。通过回车键换行的，会以换行符的形式传送给服务器。
- hard：无论文本在何处换行，都将以新行的形式传送给服务器。当 wrap 属性为 hard 时，必须设置 cols 属性。

4.2.6 使用<button>元素创建按钮

使用<button>元素也可以创建按钮，在<button>元素内部，可以放置文本或图像。这是<button>元素与使用<input>元素创建的按钮之间的不同之处。

使用<button>元素也可以创建3类按钮：提交按钮、重置按钮和普通按钮，通过type属性指定。不同的浏览器对<button>元素的type属性使用不同的默认值，所以使用<button>元素创建按钮时，必须明确指定type属性。

【例 4-11】 创建<button>元素创建按钮。

新建一个名为 4-11.html 的页面，输入如下代码：

```
<!DOCTYPE html>
<html>
  <head>
      <meta charset="GB2312" />
      <title>使用<button>元素</title>
  </head>
  <body>
  <form action="go.aspx" method="get" >
    <p>   <button type="button">普通按钮</button>   </p>
    <p>   <button type="reset"><b>清空表单</b> 点我重置</button>   </p>
    <p>   <button type="submit">提交<img src="submit.jpg" alt="submit" height="16"></button> </p>
  </form>
  </body>
</html>
```

本例创建了3个按钮，第一个普通按钮只包含文本，第二个重置按钮包含文本及其他标记(以<b>元素的形式)，而第三个提交按钮同时包含文本和图片(<img>元素)。显示效果如图 4-41 所示。

除上面介绍的属性以及全局属性外，<button>元素还支持如下属性：disabled、name、autofocus 以及 value。

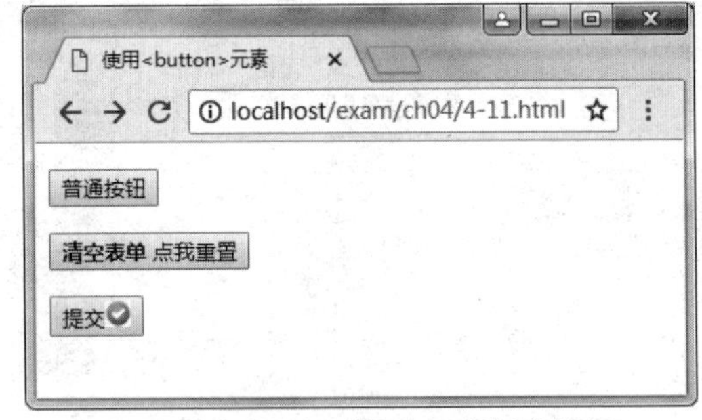

图 4-41 使用<button>元素创建按钮

4.3 组织表单结构

如果表单过于庞大，可能会使用户感到困惑，HTML为此提供了组织表单结构的元素：<fieldset>和<legend>。使用这两个元素可以将相关表单控件组织到一起，使得表单结构更清晰。

- <fieldset>元素在表单控件组的四周添加边框，以表示它们是相关联的一组元素。
- <legend>元素用来为<fieldset>元素指定标题，作为表单控件组的标题显示。在使用时，<legend>元素应总是<fieldset>元素的第一个子元素。

【例 4-12】 组织表单结构。

新建一个名为 4-12.html 的页面，输入如下代码：

```
<!DOCTYPE html>
<html>
  <head>
      <meta charset="GB2312" />
      <title>组织表单结构</title>
  </head>
  <body>
  <form action="go.aspx" method="get" >
   <fieldset>
    <legend><em>个人信息</em></legend>
     <label>姓名: <input type="text" name="txtFName" size="20"></label><br>
     <label>电话: <input type="tel" name="txtLName" size="20"></label>
     <br>
     <label>E-mail<input type="email" name="txtEmail" size="20"></label>
     <br>
   </fieldset>
   <fieldset>
    <legend><em>选择题</em></legend>
     9 月 10 日是什么节? <br>
     <label><input type="radio" name="radAnswer" value="teacher">
      教师节</label><br>
     <label><input type="radio" name="radAnswer" value="99">
      重阳节</label><br>
     <label><input type="radio" name="radAnswer" value="815">
      中秋节</label><br>
     <label><input type="radio" name="radAnswer" value="nurse">
       护士节</label><br>
    </fieldset>
    <fieldset>
    <legend><em>简单题</em></legend>
      <label>请简述 fieldset 元素的用法:
      <textarea name="answer" rows="6" cols="40"></textarea>
      </label>
    </fieldset>
    <fieldset>
    <legend><em>提交问卷</em></legend>
       <input type="submit" > <input type="reset" >
    </fieldset>
  </form>
  </body>
</html>
```

页面的显示效果如图 4-42 所示。

从图 4-42 中可以看到，表单被分为 4 组，每一组是一个<fieldset>元素，<fieldset>元素内使用<legend>元素为该组添加标题。

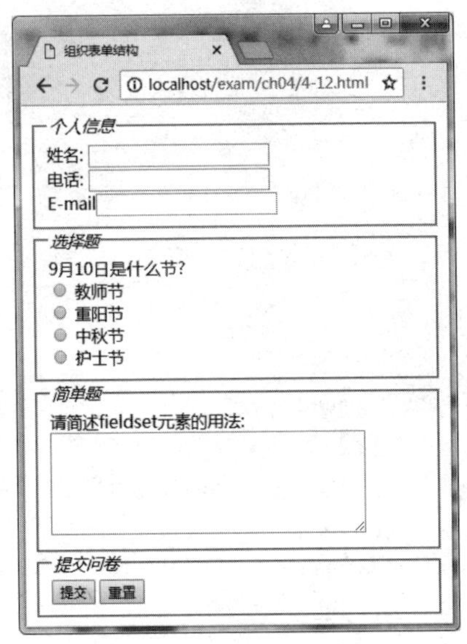

图 4-42 组织表单结构

另外，本例中还使用<label>元素为控件创建标签，一些表单控件，如按钮，本身已经具有标签。但对于大多数表单控件而言，必须为其提供标签。前面的例子中我们大多使用表格布局表单，直接输入文本来描述控件的具体含义。更规范的做法应该是使用<label>元素。

本例中的<label>元素在内部包含表单元素，因此标签就会自动应用于被包含的表单元素，这类标签有时被称为“隐式标签”。这种方式的缺点是，无法控制标签相对于表单控件的出现位置。

4.4 disabled 与 readonly 控件

本章最后介绍两个比较特殊的属性：disabled 和 readonly。

- readonly 属性用来防止用户更改表单控件的值，但仍然可以通过脚本进行修改。任何 readonly 控件的名称与值仍将被发送至服务器。
- disabled 属性会禁用表单控件或<fieldset>元素中的表单控件组，从而使用户无法更改。可以使用脚本重新激活控件，但除非控件被重新激活，否则其名称与值不会被发送至服务器。

readonly 属性在需要阻止访问者修改表单的某些数据时非常有用，disabled 属性在用户完成某些操作前阻止用户与特定控件交互时非常有用。例如，可以使用脚本在表单输入完整之前禁用提交按钮。

需要说明的是，前面介绍的所有控件都支持 disabled 属性，但并不是所有的控件都支持 readonly 属性，表 4-2 给出了不支持 readonly 属性的表单控件。

表 4-2 不支持 readonly 属性的表单元素

元　素	元　素	元　素
<input type="checkbox">	<input type="button">	<keygen>
<input type="radio">	<input type="color">	<option>
<input type="submit">	<input type="range">	<optgroup>
<input type="reset">	<button>	<fieldset>
<input type="file">	<select>	

4.5 本章小结

本章主要介绍 HTML 中的表单。首先介绍了表单的基本概念和用途，表单在网页设计中起到数据收集的作用，这也是客户端向服务器提供数据的唯一方法；接着重点介绍了表单的创建，包括<form>元素及其属性，以及表单中各类控件元素的创建与使用；最后介绍了如何使用<fieldset>与<legend>元素组织大型表单的结构。表单是网页与访问者交互的主要途径，几乎所有网站在开发中都要用到表单，所以，学会创建和使用表单是网页设计的必备技能。通过本章的学习，读者应该掌握如何创建和组织表单结构，掌握<form>和<input>元素的常用属性。

4.6 思考和练习

1. 在网页中，________和_______这对标签用来创建表单，这对标签之间的一切都属于表单的内容。

2. _________属性指明表单提交后对数据的处理。

3. <form>标签的 method 属性有两个取值：________和_______。

4. <input>标签的________属性用来指定输入控件的类型。

5. ________元素是 HTML5 新增的表单元素，用于为输入框提供一个可选列表，用户可以直接选择列表中的某个预设的项，从而免去输入的麻烦。

6. 简述复选框和单选按钮的主要区别。

7. 使用文件上传控件时，<form>元素的 method 属性值必须是_______，另外还需要增加属性_______。

8. HTML5 新增了 6 个可用于选取日期和时间的输入类型：________、________、________、_________、_________和 ________。

9. 下拉列表包含于_________元素内，下拉列表中的每一个选项是一个_______元素。

10. <select>元素的_______属性可以创建一种滚动选择框。

11. <optgroup>元素必须带有_______属性，它的值就是选项分组的标签。

12. ________元素在表单控件组的四周添加边框，以表示它们是相关联的一组元素。

13. 创建一个注册表单，里面包含用户名、密码、电子邮件、联系电话等输入框。

第 5 章
网页中的多媒体

“超文本”就是指页面内可以包含图片、声音、动画等非文字元素。网页中的多媒体有多种不同的格式。本章将学习如何在网页中添加图片、动画、音频、视频等元素，以及如何使用<canvas>元素在网页中绘制各种图形、图像等。

本章的学习目标：

- 了解常见的图片格式
- 掌握<img>元素的使用方法
- 了解图像映射的创建和使用
- 掌握<audio>元素的使用方法
- 掌握<video>元素的使用方法
- 掌握<embed>元素的使用方法
- 了解在网页中嵌入腾讯视频的方法
- 理解<canvas>元素的工作原理
- 掌握使用<canvas>元素绘制图形/图像的方法

5.1 向网页中添加图片

“一图胜千言”，图片是网页中不可缺少的元素。在网页中巧妙地使用图片，可以使网页图文并茂，大大增强网页的视觉效果，令网页更加生动多彩。

5.1.1 选择正确的图片格式

图片的格式有很多种，Web 上大多数的静态图片都是“点阵图像”。点阵图像将图片分解到由像素组成的网格中，并分别为每个像素指定色彩。

图片中每平方英寸的像素数称为图片的“分辨率”。Web 上的图片，正常情况下会以每英寸 72 像素的分辨率保存，因为这与电脑屏幕上每平方英寸的像素数相当。

一幅图片每英寸包含的像素或色点越多，其文件占用的存储空间就越大(以 KB 计)。而文件越大，其用于 Web 传输的时间就越长。因此，选择正确的图片格式有助于减少访问者的等待时间。

浏览器通常支持3种常见的点阵图像格式，而且大多数图像处理软件也以这些格式保存图片：GIF、JPEG和PNG。

1. GIF图片

GIF(Graphics Interchange Format)图片使用拥有最多256色的调色板创建，图片中的每一个像素都是这256种颜色之一。每一幅不同的GIF图片可以包含不同的256色调色板，这些颜色从16 000 000种颜色中选出。图片的保存程序会为图片选出最能表现图片效果的调色板。

GIF文件将调色板保存为“查询表”，而每一个像素会从查询表中引用颜色信息，而不是在每个像素自身内保存。这种技术的优点是，如果很多像素使用同样的颜色，图片不必重复同样的颜色信息，从而得到更小的文件大小。这使得GIF图片更适于制图，而不适于照片。

这样保存的图片使用的是“索引色彩格式”。如果一幅GIF图片包含的颜色少于16色(这种情况下可被称作4位GIF图片)，图片将小于使用256色的(8位GIF)图片文件大小的一半。因此，如果创建使用小于16种色彩的图片，应该检查一下程序是否自动将图片保存为4位GIF图片，因为这将产生更小的文件，下载速度将快于8位GIF图片。

为使GIF文件更小，可以使用一种名为“LZW压缩”的技术进行压缩。该技术逐行扫描图片以寻找使用同一颜色的连续像素。当遇到相同颜色的像素时，会标明从该像素起××个相同颜色记录的像素。

LZW压缩是一种所谓的“无损压缩”技术，因为压缩过程不会损失数据。因此，也就不会损失图片质量。这是与“有损压缩”技术相对的概念。在有损压缩过程中，一部分数据会被丢弃，因此这些数据将无法从压缩文件中恢复。

2. 动态GIF

GIF图片可以在一个文件中存储多于一帧的图片，从而允许GIF图片在各“帧”之间循环显示并产生简单的动画效果。工作原理与手翻书动画类似。对于后者，书中每一页的画面都与前一页有稍许变化，因此当使用者翻动页面时看起来就像图像在动。

如果动画图像包含很大的扁平色彩区域，它会工作得很好。因为当压缩图片时，在记录第一帧之后，只有产生变化的像素需要被存储于后续帧中。然而，这种方式非常不适用于照片，因为如此多的像素出现变化会导致图片文件变得巨大。

3. JPEG图片

JPEG(Joint Photographic Experts Group，联合图像专家组格式)图片格式是被作为存储与压缩图片的标准开发出来的，用于诸如照片等使用广色域的图片。在保存JPEG文件时，如果程序带有该功能的话，通常可以指定图片的压缩程度，而这又取决于希望保留的图片质量。压缩JPEG图片的过程包括抛弃人类通常不会察觉的颜色数据，如小的颜色变化等。然而，因为JPEG图片格式在图片压缩过程中会抛弃数据，造成数据的损失，导致原始图像无法从压缩文件中重新获得，因此这种方式被称为“有损压缩”。

使用的压缩量会因图片而异，通常只能通过观察来判断应对JPEG图片进行多大程度的压缩。因此，文件大小的变化会依赖于对图片的压缩量。在保存图片时，会被要求提供所用质量的百分比。100%完全不会压缩图片，而对于照片可以使用低至60%~70%的百分比。

因为JPEG格式被设计用于逼真图像，所以它对于具有大量扁平色或高对比硬边缘(如字符或线条)的图片效果不是很好。在提高一幅JPEG图片的压缩率之后，可能还会看到相似颜色中开始出现色带。

4. PNG图片

PNG(Portable Network Graphics，便携式网络图像)格式是目前可用格式中最新的格式，于20世纪90年代晚期开发。起因是拥有GIF格式专利权的公司(Unisys)决定向开发用于创建和浏览GIF软件的公司收取使用该技术的许可证费用。尽管网页设计者和网上冲浪者并没有受到这项收费的直接影响，但开发他们所用软件的公司却因此成本加大。

PNG本来被设计用于与GIF图片同样的用途，但在创建过程中设计者决定顺便解决他们认为GIF格式带有的一些缺点。结果导致两种类型的PNG。8位版PNG拥有和8位GIF同样的限制，只有256色，并且当使用透明色时，每个像素只有开和关两种状态。除此之外还有一种增强版的PNG-24，这是一个24位的版本，具有如下两个优点：

- 可用于图片的颜色数量不受限制，因此可以包含任何颜色而不会损失数据。
- 由一张表(类似 GIF 中指定每个像素所用颜色的查询表)为每个像素提供不同级别的透明度，从而允许更柔和的抗锯齿边缘。

所有PNG图片的压缩都好于同等的GIF图片。采用PNG格式的过程很缓慢，因为一些旧浏览器不完全支持这种格式。尽管早期版本的浏览器提供基本支持，但对一些更高级特性的支持却用了很长时间才得以实施。所有主流浏览器都对PNG格式提供极好的支持。

在实际应用中，如果需要在网站中包含很多巨大且复杂的高分辨率图片，一种推荐做法是在页面初次加载时向用户提供图片的缩小版本，并添加指向大图的链接。这些缩小版本的图片被称作“缩略图”。一般在相册或包含总结信息的页面中使用这种做法。

5.1.2 使用<img>元素添加图片

在前面的章节中，曾经使用过图片，使用的是<img>元素。<img>是一个独立标签，因此没有闭标签</img>。该元素必须包含两个属性：src和alt。src属性用来指明图片来源，其值是一个URL，可以是绝对URL，也可以是相对URL；alt属性是一段对图片进行描述的文本，如果浏览器无法显示图片，就使用这些文本代替显示。

除此之外，还经常用到height与width属性，用来指定图片的高度与宽度。这两个属性的值通常以像素为单位，也可以是百分比。指定图片的显示高度和宽度有利于使页面更快、更平滑地得到加载，因为浏览器知道应该为图片分配多大的空间，因此可以在图片载入的同时准确地渲染页面的其他部分。

一般情况下，应尽量按图片的元素尺寸进行显示，或按比例进行缩小，以免使图片扭曲失真。

【例5-1】 使用<img>元素向网页中添加图片。

新建一个名为5-1.html的页面，保存在Apache的htdocs/exam/ch05目录下，输入如下代码：

```
<!DOCTYPE html>
```

```
<html>
  <head>
      <meta charset="GB2312" />
      <title>在网页中添加图片</title>
  </head>
  <body>
    <table>
        <tr>
      <td><img src="images/logo.png" alt="一凡科技" height="41" width="120" ></td>
      <td width="20%"></td>
      <td><a href="index.html">首页</a>|</td>
      <td><a href="map.html">站点地图</a>|</td>
      <td><a href="newbook.html">最新图书</a>|</td>
      <td><a href="contact.html">联系我们</a></td>
        </tr>
      </table>
        <h1>图书信息</h1>
      <table>
        <tr>
      <td><img src="images/book_s.jpg" alt="网页制作三剑客" height="180" ></td>
      <td><h3>网页制作三剑客（MX2004 版）精彩实例详解（附光盘）</h3>
        <p>作者:赵艳铎</p>
        <p>出版社:上海科学普及出版社</p>
        <p>出版时间:2004 年 11 月</p></td>
        </tr>
    </table>
  </body>
</html>
```

本例中共有两张图片，图片源文件都放在 images 目录中，第一个是网站 Logo，第二个是图书的缩略图。为了使页面更完整，在网站 Logo 后面放置了几个导航链接，页面的运行效果如图 5-1 所示。

图 5-1　在网页中添加图片

5.1.3 使用图片作为链接

将图片转换为链接很简单。相比于将文本置于开标签<a>和闭标签</a>之间，图片链接只需要将<img>元素放置于这些标签内即可。例如，要将例 5-1 中的 Logo 图片链接到企业网站，可以这样修改代码：

```
<a href="http://www.queeng.com">
  <img src="images/logo.png" alt="一凡科技" height ="41" width="120" >
</a>
```

这样，图片就变成了超链接，单击图片将跳转到指定的 URL。

5.1.4 使用图像映射

除了将一幅图像整体作为超链接之外，还可以将一幅图像分为几个部分，分别链接到不同的页面，此时可以使用图像映射来实现。例如，在全国地图中，单击不同的城市，可链接到城市的详细地图。

创建图像映射要用到<map>和<area>两个元素：

- <map>元素用于定义客户端图像映射。图像映射是指带有可单击区域的一幅图像，<img>中的 usemap 属性可引用<map>中的 id 或 name 属性(取决于浏览器)，所以，创建图像映射时，应同时向<map>添加 id 和 name 属性。
- <area>元素用于定义图像映射中的区域，当用户单击这个区域时即可链接到指定的页面。<area>元素永远嵌套在<map>元素内部，通过 shape 属性指定所选区域的形状，然后使用 coords 属性指定区域的坐标。

【例 5-2】假设有某别墅的平面户型图和各部分装修设计效果图，使用图像映射，在户型图中创建映射，单击图中各部分链接到相应的装修效果图。

新建一个名为 5-2.html 的页面，输入如下代码：

```
<!DOCTYPE html>
<html>
  <head>
      <meta charset="GB2312" />
      <title>一凡个人别墅户型图</title>
  </head>
  <body>
  <map id="hbmap" name="hbmap">
     <area shape="poly" coords="110,190,50,340,120,390,120,190" href="images/huayuan.jpg" alt="入户花园">
     <area shape="circ" coords="180,230,45" href="images/canting.jpg" alt="餐厅">
     <area shape="polygon" coords="330,160,390,160,390,230,330,230" href="images/weishengjian.jpg" alt="卫
生间">
     <area shape="circle" coords="280,200,40" href="images/shufang.jpg" alt="书房">
     <area shape="circle" coords="380,360,40" href="images/ertongfang.jpg" alt="儿童房">
     <area shape="rectangle" coords="205,270,300,387" href="images/keting.jpg" alt="客厅">
     <area shape="rect" coords="130,310,175,395" href="images/chufang.jpg" alt="厨房">
     <area shape="circ" coords="440,200,40" href="images/ciwo.jpg" alt="次卧">
     <area shape="circ" coords="530,200,30" href="images/yangtai.jpg" alt="阳台">
```

```
        <area shape="rectangle" coords="340,267,430,300" href="images/zoulang.jpg" alt="走廊">
        <area shape="circ" coords="180,160,30" href="images/yangtai2.jpg" alt="阳台">
    </map>
        <img src ="images/huxing.jpg" width="600" alt="个人别墅户型图" ismap usemap="#hbmap">
    </body>
</html>
```

本例中所有的图片都位于 images 目录，在 map 元素内使用了多个 area 元素指定各个区域及链接的图片。

area 元素的 shape 属性可取值有如下几个：

- rect 或 rectangle：创建的图像区域为矩形。
- circ 或 circle：创建的图像区域为圆形。
- poly 或 polygon：创建的图像区域为多边形。

相应的 coords 属性为图像区域的坐标(像素)，图像左上角坐标为(0,0)，横向向右增加坐标值，纵向向下增加坐标值，多余不同形状的区域，该属性的格式说明如下：

- 矩形："x1,y1,x2,y2"，分别为矩形左上角坐标(x1,y1)和右下角坐标(x2,y2)。
- 圆形："x,y,r"，分别为圆心坐标(x.y)和半径 r。
- 多边形："x1,y1,x2,y2,x3,y3..."，分别是多边形的顺序顶点坐标。

另外，本例中的<img>标记使用了 ismap 属性，这是一个布尔属性。ismap 属性将图像定义为服务器端图像映射。当单击一个服务器端图像映射时，单击处的坐标会以 URL 查询字符串的形式发送到服务器。在本例中，使用了该属性，当鼠标单击<map>定义的某个映射区域时，会出现一个区域框，如图 5-2 所示。

单击某个映射后，会链接到该部分的装修效果图，如图 5-3 所示。

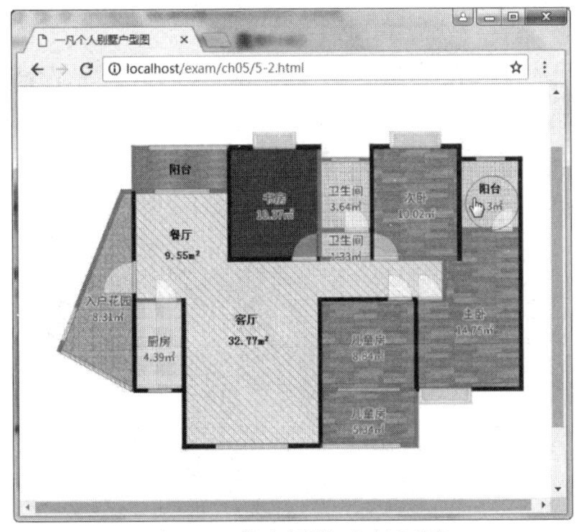

图 5-2　单击图像映射区域

图 5-3　链接到装修效果图

5.2 为网页添加音频及视频

Web上的多媒体应用经历了重大改进，从最初简单的MIDI和GIF动画，发展到现在随处可见的MP3音乐、Flash动画和各种在线视频，同时也产生了用于播放多媒体内容的各种工具和插件，如Windows Media Player、Flash Player、Real Player等。HTML5为多媒体播放新增了两个重要元素——<audio>和<video>，本节就来学习一下这两个新元素的具体用法。

5.2.1 使用<audio>元素

在HTML5之前，大多数音频是通过插件(如Flash)来播放的。然而，并非所有浏览器都拥有同样的插件。因此，HTML5规定了在网页上嵌入音频元素的标准，即使用<audio>元素。

<audio>标签用于定义声音，比如音乐或其他音频流。目前，<audio>元素支持3种文件格式：MP3、WAV、Ogg。可以在<audio>和</audio>之间放置文本，当浏览器不支持<audio>标签时将显示这些文本信息。

<audio>元素的常用属性如表5-1所示。

表5-1 <audio>元素的常用属性

属　性	描　述
autoplay	布尔属性，在就绪(加载完成)后马上播放音频
controls	布尔属性，控制是否显示音频控件(比如播放/暂停等)
loop	布尔属性，循环播放音频
muted	布尔属性，将音频输出为静音
preload	规定是否在页面加载后载入音频，可能的值有如下3个。 Auto：当页面加载后载入整个音频 meta：当页面加载后只载入元数据 none：当页面加载后不载入音频 如果设置了autoplay 属性，则忽略preload属性
src	指定音频文件的URL

如果不确定浏览器支持的音频格式，则可以不使用src属性，而使用多个<source>元素链接不同的音频文件，浏览器将使用第一个支持的音频文件。

<source>元素用来为媒体元素(如<video>和<audio>)定义媒体资源，通过src属性指定媒体文件的URL，通过type属性指定媒体资源的MIME类型。

【例5-3】 使用<autio>元素播放音频文件。

新建一个名为5-3.html的页面，输入如下代码：

```
<!DOCTYPE html>
<html>
  <head>
      <meta charset="GB2312" />
      <title>播放音频</title>
  </head>
```

```
    <body>
    <audio controls>
      <source src="sound.ogg" type="audio/ogg">
      <source src="sound.mp3" type="audio/mpeg">
      您的浏览器不支持<audio>元素。
    </audio>
    </body>
</html>
```

在浏览器中的显示效果如图 5-4 所示。

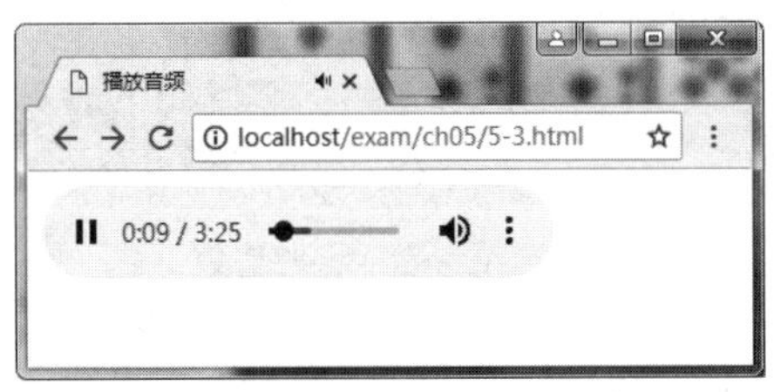

图 5-4　使用<audio>元素播放音频

本例中使用了 controls 属性，所以可以看到播放控件，可以通过单击鼠标来控制播放、暂停、静音等。

5.2.2　使用<video>元素

直到现在，也不存在用于在网页上显示视频的标准。过去大多数视频是通过插件(比如 Flash)来显示的，并非所有浏览器都拥有同样的插件。HTML5 规定了一种通过<video>元素来包含视频的标准方法。

<video>元素的使用格式和<audio>元素的使用格式非常相似，也是通过<source>元素来组织视频文件资源。<video>元素提供播放、暂停和音量控件来控制视频，同时提供 width 和 height 属性来控制视频的尺寸。如果设置了高度和宽度，那么所需的视频空间会在页面加载时保留。如果没有设置这些属性，浏览器不知道视频的大小，浏览器就不会在加载时保留特定的空间，页面会根据原始视频的大小而改变。另外，在<video>与</video>标签对之间插入的内容被提供给不支持<video>元素的浏览器显示。

<video>元素拥有和<audio>元素类似的方法、属性和事件。<video>元素的方法、属性和事件也可以使用 JavaScript 进行控制。其中，<video>元素的方法用于播放、暂停以及加载等控制；属性用于读取或设置视频的时长、音量等。可以通过 DOM 事件通知<video>元素开始播放、已暂停、已停止等。

【例 5-4】 使用<video>元素播放视频文件。

新建一个名为 5-4.html 的页面，输入如下代码：

```
<!DOCTYPE html>
<html>
  <head>
      <meta charset="GB2312" />
      <title>播放视频</title>
```

```
  </head>
  <body>
  <video   width="360" height="400" controls>
    <source src="movie.ogg" type="video/ogg">
    <source src="movie.mp4" type="video/mpeg">
    您的浏览器不支持<video>元素。
  </video>
  </body>
</html>
```

在浏览器中的显示效果如图 5-5 所示。

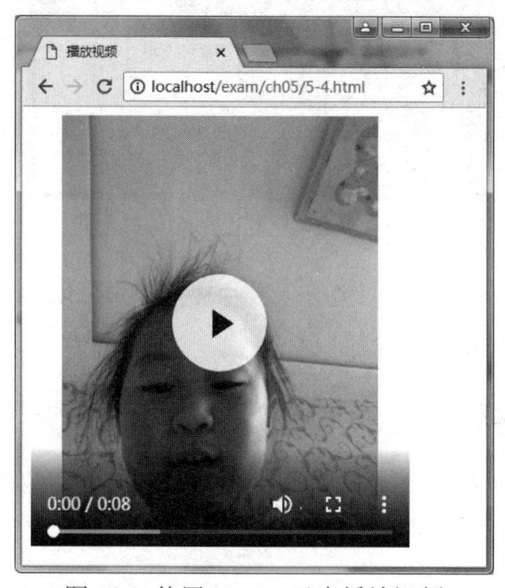

图 5-5　使用<video>元素播放视频

5.2.3　使用<embed>元素

<embed>也是 HTML5 中新增的元素，是行内标记，可以播放音频、视频和 Flash 动画等多媒体文件，用法与前面介绍的<audio>和<video>元素类似。

<embed>标签定义了一个容器，用来嵌入外部应用或互动程序(插件)。前面播放音频和视频的例子也可以使用<embed>来完成，相应的代码如下：

```
<embed src="sound.mp3" >
```

如果播放的是视频文件，还可以使用 width 和 height 属性指定视频窗口的大小。

【例 5-5】 使用<embed>元素播放 Flash 动画。

新建一个名为 5-5.html 的页面，输入如下代码：

```
<!DOCTYPE html>
<html>
  <head>
      <meta charset="GB2312" />
      <title>播放 Flash 动画</title>
  </head>
```

```
        <body>
        <embed width="440" height="360" src="flash.swf" type="application/x-shockwave-flash">
        </body>
    </html>
```

需要说明的是，<embed>标签只在 IE 浏览器中得到很好的支持，其他的浏览器可能不支持或不全部支持，在 Chrome 浏览器中播放 Flash 动画能正常显示，如图 5-6 所示。

图 5-6　使用<embed>元素播放 Flash 动画

5.2.4　在页面中嵌入腾讯视频

前面介绍的几个元素用来在网页中插入音频或视频文件，但是有时候我们从其他视频网站看到了好看的视频，想分享给其他朋友，我们并没有视频文件，只能通过其他方式在页面中嵌入视频。

下面以将腾讯视频嵌入网页为例介绍如何在页面中嵌入其他网站的视频。

【例 5-6】 在网页中嵌入腾讯视频《如懿传》的第 1 集。

首先，打开腾讯视频网站的首页，选择“电视剧”，在“热剧精选”中就有《如懿传》。如果没有，可以通过搜索找到。然后进入该剧的首页，在剧集列表中单击“01”即可开始在线观看。此时，浏览器的地址栏中即为该集的播放地址：https://v.qq.com/x/cover/1wbx6hb4d3icse8/z0027hcc6iu.html 在这个地址中我们需要的是文件名“z0027hcc6iu.html”，其中 z0027hcc6iu 是视频的 vid，稍候会用到。

在 Dreamweaver CC 中新建一个名为 5-6.html 的页面，输入如下代码：

```
<!DOCTYPE html>
<html>
    <head>
        <meta charset="GB2312" />
        <title>嵌入腾讯视频</title>
    </head>
    <body>
```

```
        <h1>如懿传  第 1 集</h1>
      <iframe src="http://v.qq.com/iframe/player.html?vid=z0027hcc6iu" allowfullscreen="" frameborder="0"
height="375" width="500"></iframe>
      </body>
    </html>
```

本例引入了新元素<iframe>。<iframe>元素自身与视频没有任何关系。<iframe>元素也叫"内联框架"，是一种特殊的元素，可以使用 src 属性在一个网页中嵌入另一个网页。这里嵌入的是腾讯视频播放页面，通过在地址栏中传入参数的方式传入要播放视频的 vid。在浏览器中的显示效果如图 5-7 所示。

图 5-7　在网页中嵌入腾讯视频

通过这种方式，只需要修改 vid 参数的值即可在页面中嵌入其他腾讯视频。

要嵌入其他网站中的视频，如优酷网或爱奇艺等，都可以使用<iframe>元素来完成，这些网站大都提供了分享视频的代码。

5.3 绘制图形

HTML5 新增了一个绘图接口——<canvas>元素，通过这个接口，用户可以在网页中绘制图形。绘制图形时，首先在页面上放置一个<canvas>元素，就相当于在页面上放置了一块画布，可以在这块画布中进行图形绘制，但并不是用鼠标画图。本节就来介绍如何使用<canvas>元素绘制各种图形。

实际上，<canvas>元素只是一块无色透明的区域，只是一个 JavaScript API，需要通过 JavaScript 编写绘制图形的脚本。JavaScript 将在本书第 10 章详细介绍，本节用到的 JavaScript 脚本比较简单，读者只需要理解功能、会仿照使用即可。

5.3.1 使用<canvas>元素

<canvas>元素能够在网页中创建一块矩形区域，这块矩形区域称为画布，在其中可以绘制各种图形。本书在例 1-1 中就使用了<canvas>元素。

在 HTML 页面中添加<canvas>元素的方法和添加其他元素一样，例如下面的代码创建了一块宽 400 像素、高 300 像素的画布：

```
<canvas id="canvas1" width="400" height="300">该浏览器不支持 HTML5 的画布标记！</canvas>
```

运行代码，在页面上什么都看不到。如果浏览器不支持<canvas>元素，则会显示<canvas>元素中的替代内容。

<canvas>元素本身并不能实现图形绘制功能，绘制图形的工作需要由 JavaScript 来完成。使用 JavaScript 可以在<canvas>元素内部添加线条、图片和文字，也可以在其中绘画，还能够加入高级动画。

使用<canvas>元素绘制图形的具体步骤如下：

(1) 在页面中添加<canvas>元素，必须定义<canvas>元素的 id 属性值，以便在 JavaScript 脚本中调用：

```
<canvas id="canvas1" width="400" height="300">
浏览器不支持 HTML5 的<canvas>标签。
</canvas>
```

(2) 在 JavaScript 脚本中通过 id 找到<canvas>元素：

```
var c = document.getElementById("canvas1");
```

(3) 通过<canvas>元素的 getContext 方法获取其上下文，即创建 Context 对象，获取可绘制图形的 2D 环境：

```
var context = c.getContext('2d');
```

这里的 getContext('2d')返回一个内建的 HTML5 对象，使用该对象即可在<canvas>元素中绘制图形。目前在 2D 画布上可以使用大多数绘制方法，例如绘制路径、矩形、圆形、字符和图像等。

(4) 使用 Context 对象的方法进行图形绘制，例如下面的代码将绘制一个绿色的矩形：

```
context.fillStyle="#00FF00";
context.fillRect(50,50,100,120);
```

fillStyle方法将要绘制的矩形的填充颜色定义为绿色，而fillRect方法用来绘制矩形，参数值为要绘制的矩形的位置和大小。前两个参数为矩形的左上角坐标(50,50)，后两个参数为矩形的宽度和高度。这个坐标值与数学意义上平面直角坐标系中的坐标类似，所不同的是，在canvas坐标系中，坐标原点(0,0)位于<canvas>元素的左上角，x轴水平向右延伸，y轴向下延伸，如图 5-8 所示。

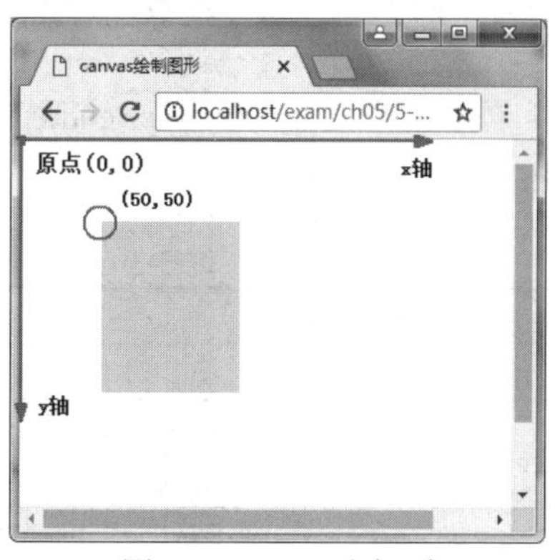

图 5-8 canvas 坐标系

5.3.2 CanvasRenderingContext2D 对象

通过getContext("2d")方法返回的是一个CanvasRenderingContext2D对象。CanvasRenderingContext2D对象提供了一组用来在画布上绘制图形的方法。使用这些方法可以绘制各种图形、图像等，如表 5-2 所示。

表 5-2 CanvasRenderingContext2D 对象的常用方法

方　　法	描　　述
arc	使用中心点和半径，为画布的当前子路径添加一条弧线
arcTo	使用目标点和半径，为当前子路径添加一条弧线
beginPath	开始画布中的一条新路径
bezierCurveTo	为当前子路径添加一条三次贝塞尔曲线
clearRect	在画布的矩形区域中清除像素
clip	使用当前路径作为连续绘制操作的剪切区域
closePath	如果当前子路径是打开的，就关闭
createLinearGradient	返回代表线性颜色渐变的一个 CanvasGradient 对象
createPattern	返回代表贴图图像的一个 CanvasPattern 对象
createRadialGradient	返回代表放射性颜色渐变的一个 CanvasGradient 对象
drawImage	绘制一幅图像
fill	使用指定的颜色、渐变或模式来绘制或填充当前路径的内部
fillRect	绘制或填充矩形
lineTo	为当前子路径添加一条线段
moveTo	设置当前位置并开始一条新的子路径
quadraticCurveTo	为当前路径添加一条贝塞尔曲线
rect	为当前路径添加一条矩形子路径
restore	为画布重置最近保存的图像状态
rotate	旋转画布
save	保存 CanvasRenderingContext2D 对象的属性、剪切区域和变换矩阵
scale	标注画布的用户坐标系统
stroke	沿着当前路径绘制一条直线
strokeRect	绘制(但不填充)矩形
translate	转换画布的用户坐标系统

除以上方法外，CanvasRenderingContext2D 对象还有一些属性用来辅助设置绘图效果，常用的属性如表 5-3 所示。

表 5-3 CanvasRenderingContext2D 对象的常用属性

属　　性	描　　述
fillStyle	用来填充路径当前的颜色、模式或渐变
globalAlpha	指定在画布上绘制的内容的不透明度。取值在 0.0(完全透明)和 1.0(完全不透明)之间。默认值为 1.0
globalCompositeOperation	指定颜色如何与画布上已有的颜色组合

(续表)

属　　性	描　　述
lineCap	指定线条的末端如何绘制。可取值"butt" "round"和"square"。默认值是"butt"
lineJoin	指定两条线条如何连接。可取值 "round" "bevel"和"miter"。默认值是"miter"
lineWidth	指定用于画笔操作(绘制线条)的线条宽度。默认值是 1.0，并且这个属性必须大于 0.0。较宽的线条在路径上居中，每边有线条宽的一半
miterLimit	当 lineJoin 属性为"miter"时，这个属性指定斜连接长度和线条宽度的最大比率
shadowBlur	指定羽化阴影的程度。默认值是 0
shadowColor	把阴影的颜色指定为 CSS 字符串或 Web 样式字符串，并且可以包含 alpha 部分来表示透明度。默认值是 black
shadowOffsetX shadowOffsetY	指定阴影的水平偏移和垂直偏移。较大的值使得阴影化的对象似乎漂浮在背景的较高位置。默认值是 0
strokeStyle	指定用于画笔(绘制)路径的颜色、模式和渐变

5.3.3　绘制简单图形

本节将使用<canvas>元素和 CanvasRenderingContext2D 对象的方法绘制简单的图形。

【例 5-7】 使用<canvas>元素绘制简单图形。

新建一个名为 5-7.html 的页面，输入如下代码：

```
<!DOCTYPE html>
<html>
  <head>
        <meta charset="GB2312" />
        <title>canvas 绘制图形</title>
        <script type="text/javascript" charset="gb2312">
        function draw(){
        var c = document.getElementById("canvas1");
        if(c==null)
          return false;
        var context = c.getContext('2d');
        context.strokeStyle='#000';
        //直线
        context.lineWidth=10;
        context.lineCap='square';
        context.beginPath();
        context.moveTo(20,0);
        context.lineTo(100,0);
        context.stroke();
        //实心矩形
        context.fillStyle="#F00";
        context.fillRect(20,20,40,70);
        context.strokeStyle="#000";
        //空心矩形
```

```
            context.lineWidth=3;
            context.strokeRect(80,20,100,80);
            context.beginPath();
            context.strokeStyle = "blue";
            //1/4 圆弧
            context.arc(180, 30, 80, 0, Math.PI/2, false);
            context.stroke();
            context.strokeStyle="#f0f";
            context.beginPath();
            //圆形
            context.arc(320, 60, 50, 0, Math.PI*2, false);
            context.stroke();
            context.beginPath();
            context.moveTo(80, 100);
            context.lineTo(20, 170);
            context.lineTo(120, 200);
            context.closePath(); //填充或闭合 需要先闭合路径才能画图
            //空心三角形
            context.strokeStyle = "red";
            context.stroke();
            //实心四边形
            context.beginPath();
            context.fillStyle = "blue";
            context.moveTo(250, 100);
            context.lineTo(140, 180);
            context.lineTo(350, 200);
            context.lineTo(330, 150);
            context.fill();
            context.closePath();
        }
      </script>
    </head>
    <body onLoad="draw()">
      <canvas id="canvas1" width="400" height="300">该浏览器不支持 HTML5 的画布标记！</canvas>
    </body>
</html>
```

本例中，<body>元素后面有 onLoad="draw()"，这是 onload 响应事件，表示页面加载完毕后立即调用 draw()函数，这是一个用 JavaScript 脚本编写的函数，所有 JavaScript 脚本都放在<script>元素内。运行以上程序，效果如图 5-9 所示。

使用<canvas>元素绘制图形时需要注意，每个 canvas 上下文仅有一条当前路径。通过 beginPath 方法可以开始一条路径，通过 closePath 方法可以结束一条路径。对于填充类的图形，通过 fillStyle 属性设置填充颜色，图形边框的绘制颜色可通过 strokeStyle 属性设置。

使用 arc 方法绘制圆弧时，格式如下：

```
arc(x, y, radius, startRad, endRad, anticlockwise)
```

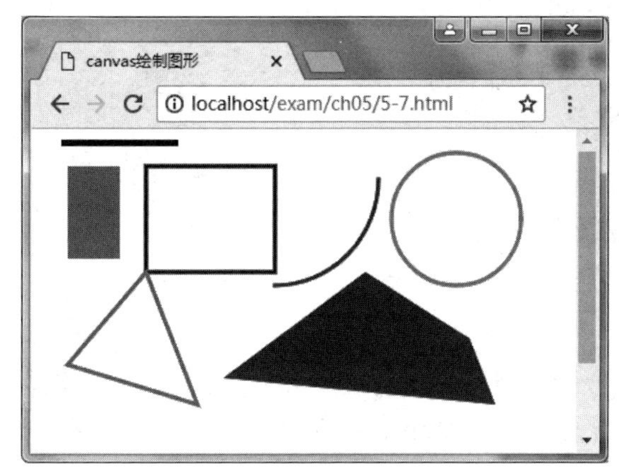

图 5-9　绘制简单图形

圆弧的圆心坐标为(x,y)、半径为 radius，弧线的起始弧度是 startRad、结束弧度是 endRad。这里的弧度以 x 轴正方向(三点钟时钟)为基准，进行顺时针旋转计算角度。anticlockwise 表示以逆时针方向还是顺时针方向开始绘制，如果为 true，则表示逆时针；如果为 false，则表示顺时针。参数 anticlockwise 是可选的，默认为 false。

5.3.4　清空画布

在画布中绘制一些图形后，许多时候可能需要清除这些图形，就像一些绘图程序中橡皮工具的功能一样。

常见的清空画布的方法有以下 3 种。

第一种，也就是最简单的办法，由于每当高度或宽度被重设时，画布内容就会被清空，因此可以通过设置高度或宽度来清空画布：

```
function clearCanvas()
{
    var c=document.getElementById("canvas1");
    var context=c.getContext("2d");
    c.height=c.height;
}
```

第二种方法是使用 clearRect 方法，代码如下：

```
function clearCanvas()
{
    var c=document.getElementById("canvas1");
    var context=c.getContext("2d");
    context.clearRect(0,0,c.width,c.height);
}
```

第三种方法类似于第二种方法，可以用某一特定颜色填充画布，从而达到清空的目的：

```
function clearCanvas()
{
    var c=document.getElementById("canvas1");
```

```
        var context=c.getContext("2d");
        context.fillStyle="#000";
        context.beginPath();
        context.fillRect(0,0,c.width,c.height);
        context.closePath();
    }
```

5.3.5 绘制变形图形

适当地运用图形变换，如旋转、缩放操作，可以创建出大量复杂多变的图形。在了解图形的变换之前，我们首先来了解一下 canvas 绘画状态的保存和恢复。

1. 保存与恢复 canvas 绘画状态

当在画布上使用 2D 上下文进行图形绘制时，可以通过操作 2D 上下文属性来绘制不同风格的图形，例如不同的线条、填充等。通常情况下，在画布上绘图时，需要更改在绘制的 2D 背景下的状态。例如，需要设置 strokeStyle 属性或进行旋转操作等，这些操作通过设置 2D 上下文属性来实现。由于绘图的属性设置非常烦琐，每次更改时都要重来一次，因此，我们可以考虑利用堆栈来保持绘图的属性并在需要的时候随时恢复。这就用到了下面两个方法：

```
context.save();
context.restore();
```

【例 5-8】 保存与恢复 canvas 绘画状态。

新建一个名为 5-8.html 的页面，输入如下代码：

```
<!DOCTYPE html>
<html>
  <head>
        <meta charset="GB2312" />
        <title>保存与恢复 canvas 状态</title>
        <script type="text/javascript" charset="gb2312">
            function draw() {
                var c = document.getElementById("canvas1");
                if (c == null) return false;
                var context = c.getContext('2d');
                //绘制起始点、控制点、终点
                context.fillStyle = "#00ff00";
                context.strokeStyle = "#cc0000";
                context.lineWidth = 5;
                context.fillRect(5, 5, 50, 40);
                context.strokeRect(5, 5, 50, 40);
                context.save();
                context.fillStyle = "#FF0033";
                context.fillRect(65, 5, 30, 50);
                context.strokeRect(65, 5, 30, 50);
                context.save();
```

```
            context.strokeStyle = "#FF00FF";
            context.fillRect(105, 5, 50, 50);
            context.strokeRect(105, 5, 50, 50);
            context.restore();
            context.fillRect(165, 5, 40, 50);
            context.strokeRect(165, 5, 40, 50);
            context.restore();
            context.fillRect(215, 5, 50, 60);
            context.strokeRect(215, 5, 50,60);
        }
    </script>
  </head>
  <body onLoad="draw()">
    <canvas id="canvas1" width="400" height="300">该浏览器不支持 HTML5 的画布标记！</canvas>
  </body>
</html>
```

在浏览器中的显示效果如图 5-10 所示。

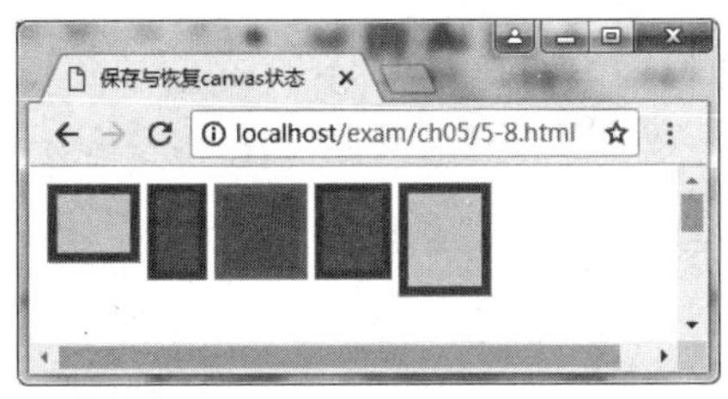

图 5-10　保存与恢复 canvas 状态

如果需要频繁地进行各种复杂的绘图设置，状态堆栈是非常有用的。需要注意的是，所有的 2D 绘图上下文属性都是可保存和恢复的属性，但绘制的内容不是。也就是说，虽然恢复了绘图上下文，但并不会恢复绘制的图形。

2. 移动坐标空间

canvas 坐标空间默认以画布左上角为原点，以 x 轴水平向右为正方向，以 y 轴垂直向下为正方向，canvas 坐标空间的单位通常为像素。在绘制图形时，可以使用 translate 方法移动坐标空间，使画布的变换矩阵发生水平和垂直方向的偏移，用法如下：

```
context.translate(dx,dy);
```

其中，dx、dy 分别为坐标原点沿水平和垂直两个方向的偏移量，如图 5-11 所示。

在进行图形变换之前，可以先使用 save 方法保存当前状态，之后用 restore 方法自动恢复原来保存的状态，这比手动恢复更高效，特别是当重复某种操作时。

【例 5-9】移动坐标空间。

新建一个名为 5-9.html 的页面，输入如下代码：

```
<!DOCTYPE html>
<html>
  <head>
```

```
        <meta charset="GB2312" />
        <title>移动坐标空间</title>
        <script type="text/javascript" charset="gb2312">
            function draw() {
                var c = document.getElementById("canvas1");
                if (c == null) return false;
                var context = c.getContext('2d');
                context.translate(50, 80);
                for (var i = 1; i < 6; i++) {
                    context.save();
                    context.translate(60 * i, 0); //平移画布位置，改变画布的坐标原点
                    drawTop(context);
                    drawGrip(context);
                    context.restore();
                }
            }
            function drawTop(context) {
                context.fillStyle = "#F0A";
                context.beginPath();
                context.arc(0, 0, 30, 0, Math.PI, true);
                context.closePath();
                context.fill();
            }
            function drawGrip(context) {
                context.save();
                context.fillRect(-1.5, 0, 1.5, 40);
                context.beginPath();
                context.strokeStyle = "blue";
                context.arc(-5, 40,3, Math.PI, Math.PI * 2, true);
                context.stroke();
                context.closePath();
                context.restore();
            }
        </script>
    </head>
    <body onLoad="draw()">
        <canvas id="canvas1" width="400" height="300">该浏览器不支持 HTML5 的画布标记！</canvas>
    </body>
</html>
```

在浏览器中的显示效果如图 5-12 所示。

3. 旋转坐标空间

要旋转坐标空间，应使用 rotate 方法。rotate 方法用于以原点为中心旋转画布，实质上仍是旋转 canvas 上下文对象的坐标空间，用法如下：

```
context.rotate(angle);
```

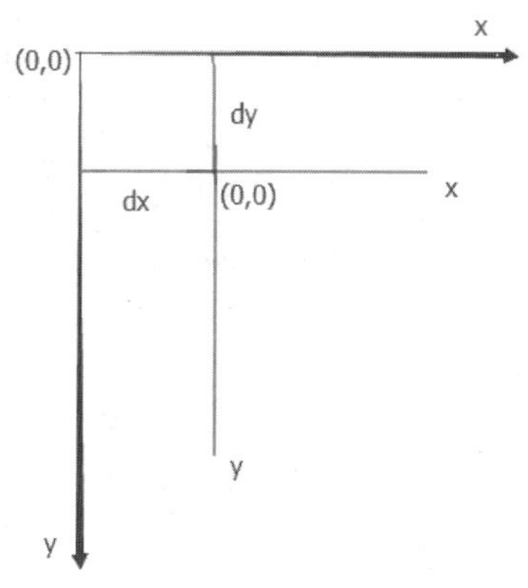

图 5-11　移动坐标空间操作示意图

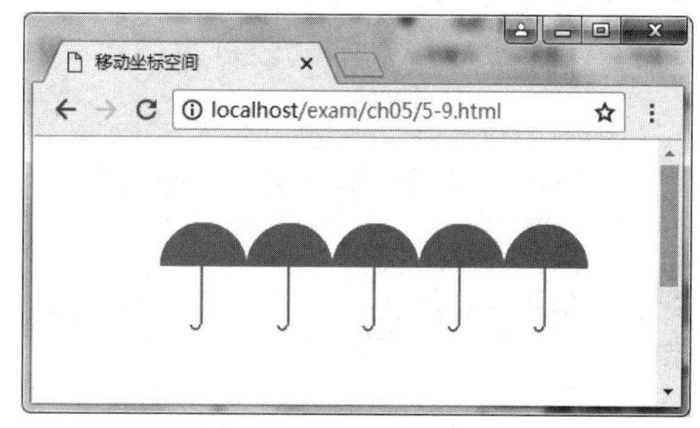

图 5-12　移动坐标空间的效果

其中，参数 angle 为旋转角度，旋转角度以顺时针方向为正方向，以弧度为单位，旋转中心为画布的原点，如图 5-13 所示。

【例 5-10】旋转坐标空间。

新建一个名为 5-10.html 的页面，输入如下代码：

```
<!DOCTYPE html>
<html>
  <head>
        <meta charset="GB2312" />
        <title>旋转坐标空间</title>
        <script type="text/javascript" charset="gb2312">
        function draw() {
          var c = document.getElementById("canvas1");
          if (c == null) return false;
          var context = c.getContext('2d');
          context.translate(150, 150);
          for (var i = 1; i < 9; i++) {
            context.save();
            //旋转画布位置，改变画布的坐标原点
            context.rotate(Math.PI * (2 / 4 + i / 4));
            context.translate(0, -100);
            drawTop(context);
            drawGrip(context);
            context.restore();
          }
        }
        function drawTop(context) {
          context.fillStyle = "#F0A";
          context.beginPath();
          context.arc(0, 0, 30, 0, Math.PI, true);
          context.closePath();
          context.fill();
        }
```

```
            function drawGrip(context) {
                context.save();
                context.fillRect(-1.5, 0, 1.5, 40);
                context.beginPath();
                context.strokeStyle = "blue";
                context.arc(-5, 40,3, Math.PI, Math.PI * 2, true);
                context.stroke();
                context.closePath();
                context.restore();
            }
        </script>
    </head>
    <body onLoad="draw()">
        <canvas id="canvas1" width="400" height="300">该浏览器不支持 HTML5 的画布标记！</canvas>
    </body>
</html>
```

运行以上代码，效果如图 5-14 所示。可见，画布中图形的实现，其实是通过改变画布的坐标原点来实现的。所谓 “移动图形”，只是看上去被移动了，实际移动的是坐标空间。

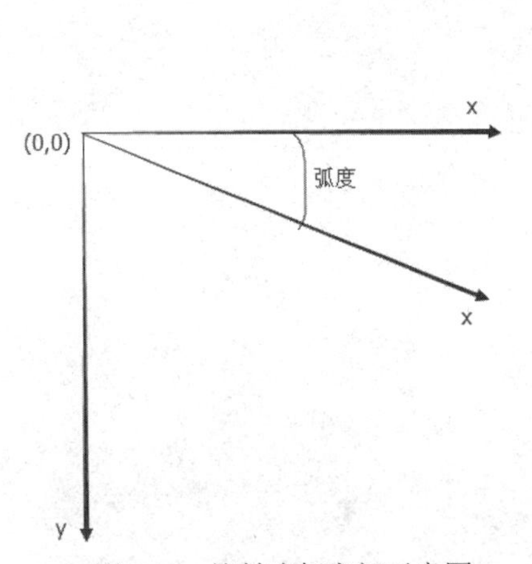

图 5-13　旋转坐标空间示意图

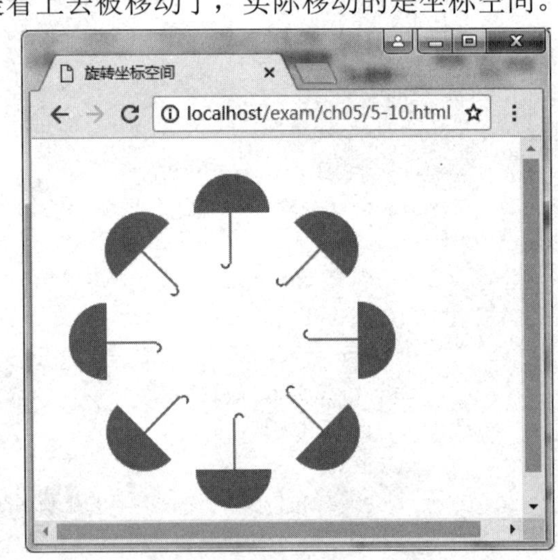

图 5-14　旋转坐标空间的效果

4. 缩放图形

缩放图形主要通过 scale 方法来实现，具体使用格式如下：

```
context.scale(x,y);
```

其中，参数 x 为 x 轴的缩放，参数 y 为 y 轴的缩放。如果要缩小，参数值为小于 1 的数值；如果要放大，参数值为大于 1 的数值。

【例 5-11】 缩放图形。

新建一个名为 5-11.html 的页面，输入如下代码：

```
<!DOCTYPE html>
```

```
<html>
  <head>
        <meta charset="GB2312" />
        <title>缩放图形</title>
        <script type="text/javascript" charset="gb2312">
        function draw(){
          var c = document.getElementById("canvas1");
          if (c == null) return false;
          var context = c.getContext('2d');
          context.translate(180, 20);
          for (var i = 0; i < 50; i++) {
            context.save();
            context.translate(30, 30);
            context.scale(0.95, 0.95);
            context.rotate(Math.PI / 12);
            context.beginPath();
            context.fillStyle = 'red';
            context.globalAlpha = '0.6';
            context.arc(0, 0, 50, 0, Math.PI * 2, true);
            context.closePath();
            context.fill();
          }
        }
     </script>
  </head>
  <body onLoad="draw()">
    <canvas id="canvas1" width="400" height="300">该浏览器不支持 HTML5 的画布标记！</canvas>
  </body>
</html>
```

运行以上代码，效果如图 5-15 所示。

图 5-15　缩放图形

5.3.6　丰富图形效果

在前面表 5-3 所示的常用属性中，除了 fillStyle 和 strokeStyle 属性，画布还支持更多的颜色和样式选项，包括线型、渐变、图案、透明度和阴影等。在例 5-7 中就使用过 lineWidth 属性来设置线条的粗细，使用 lineCap 属性设置端点样式。

1. 使用渐变色填充图形

渐变色又分为线性渐变和放射性渐变两种。

- 线性渐变：是指从开始点到结束点，颜色发生徐徐变化的效果。为了实现这种效果，绘制时必须指定开始和结束的颜色。而在画布中，不仅可以指定开始和结束的位置，中间位置也能指定。可以使用表 5-2 中的 createLinearGradient 方法创建一个代表线性渐变的 CanvasGradient 对象，通过这个对象的 addColorStop 方法添加颜色。

- 放射性渐变：也叫环形渐变，实现由圆心(或是较小的同心圆)开始向外扩散渐变的效果。可以使用表 5-2 中的 createRadialGradient 方法创建一个代表放射性颜色渐变的 CanvasGradient 对象，需要指定起始圆和结束圆的圆心及半径。

CanvasGradient 对象的 addColorStop 方法如下：

```
CanvasGradient.addColorStop(offset, color)
```

这个方法用来增加点的颜色，参数 offset 是 0 到 1 之间的值，对应中间的比例位置；color 可以是任何合法的 CSS 颜色。

【例 5-12】 绘制渐变图形。

新建一个名为 5-12.html 的页面，输入如下代码：

```
<!DOCTYPE html>
<html>
  <head>
      <meta charset="GB2312" />
      <title>使用渐变色</title>
      <script type="text/javascript" charset="gb2312">
      function draw(){
        var c = document.getElementById("canvas1");
        if (c == null) return false;
        var context = c.getContext('2d');
        context.beginPath();
        /* 指定渐变区域 */
        var grad1= context.createLinearGradient(0,0,140,230);
        /* 指定几种颜色 */
        grad1.addColorStop(0,'rgb(255, 99, 0)');
        grad1.addColorStop(0.5,'rgb(0, 255, 33)');
        grad1.addColorStop(1,'rgb(0, 66, 255)');
        /* 将这个渐变设置为 fillStyle */
        context.fillStyle = grad1;
        /* 绘制矩形 */
        context.rect(0,0, 140,230);
        context.fill();
        context.beginPath();
        /* 设定渐变区域 */
        var grad2 = context.createRadialGradient(220, 70, 20, 220, 70, 70);
        /* 设定各个位置的颜色 */
        grad2.addColorStop(0, 'red');
        grad2.addColorStop(0.5, 'yellow');
        grad2.addColorStop(1, 'blue');
        context.fillStyle = grad2;
        context.rect(150, 0, 140, 140);
        context.fill();
```

```
        }
      </script>
    </head>
    <body onLoad="draw()">
      <canvas id="canvas1" width="400" height="300">该浏览器不支持 HTML5 的画布标记！</canvas>
    </body>
</html>
```

运行以上代码，效果如图 5-16 所示。本例分别创建了线性渐变和放射性渐变。

图 5-16 使用渐变色填充图形

2. 使用图案填充图形

在画布中，createPattern 方法用来实现图案效果，在指定的方向重复指定的元素。元素可以是图片、视频或其他<canvas>元素。被重复的元素可用于绘制/填充矩形、圆形或线条等。用法如下：

```
context.createPattern(image,"repeat|repeat-x|repeat-y|no-repeat");
```

其中，image 是要使用的图片、画布或视频元素；第 2 个参数指定图案重复的模式，默认为 repeat，该模式在水平和垂直方向重复，也可以指定为 repeat-x(只在水平方向重复)、repeat-y(只在垂直方向重复)和 no-repeat(不重复)。

【例 5-13】 使用图案填充图形。

新建一个名为 5-13.html 的页面，输入如下代码：

```
<!DOCTYPE html>
<html>
  <head>
      <meta charset="GB2312" />
      <title>使用图案填充图形</title>
      <script type="text/javascript" charset="GB2312">
      function draw(){
        var c = document.getElementById("canvas1");
        if (c == null) return false;
        var context = c.getContext('2d');
        var img = new Image();
```

```
            img.src = "images/cat.png";
            img.onload = function(){
              //创建图案
              var ptrn = context.createPattern(img,'repeat');
              context.fillStyle = ptrn;
              context.fillRect(0,0,400,300);
            }
          }
        </script>
      </head>
      <body onLoad="draw()">
        <canvas id="canvas1" width="400" height="300">该浏览器不支持 HTML5 的画布标记！</canvas>
      </body>
    </html>
```

运行以上代码，效果如图 5-17 所示。

图 5-17　使用图案填充图形

3. 设置图形的透明度

通过前面的示例可知，在画布中，有两种设置透明度的方法：globalAlpha 属性和 rgba 方法。globalAlpha 属性适合为大量图形设置相同的透明度。rgba 方法则通过设置色彩透明度的参数来为图形设置不同的透明度。

使用 rgba 方法可以设置具有透明度的颜色，用法如下：

```
rgba(R,G,B,A)
```

其中，R、G、B 为 0~255 的十进制整数，分别表示颜色的红色、绿色和蓝色分量；A 是透明度，为 0.0~1.0 的浮点数值，0.0 为完全透明，1.0 为完全不透明。

4. 创建阴影

在表 5-2 中，与阴影相关的属性有 4 个：shadowColor、shadowBlur、shadowOffsetX、shadowOffsetY。其中，shadowColor 定义阴影颜色样式，shadowBlur 定义阴影模糊系数，shadowOffsetX 定义阴影的 x 轴偏移量，shadowOffsetY 定义阴影的 y 轴偏移量。需要注意的是，

定义 shadowColor 后，至少需要用 shadowBlur 定义阴影模糊系数，否则看不到阴影效果。

【例 5-14】 创建阴影效果。

新建一个名为 5-14.html 的页面，输入如下代码：

```
<!DOCTYPE html>
<html>
  <head>
        <meta charset="GB2312" />
        <title>创建阴影效果</title>
        <script type="text/javascript" charset="gb2312">
        function draw(){
          var c = document.getElementById("canvas1");
          if (c == null) return false;
          var context = c.getContext('2d');
          context.shadowBlur = 20;
          //用 rgba 方法设置阴影颜色，支持透明度
          context.shadowColor = 'rgba(0,255,0,0.8)';
          context.shadowOffsetX = 5;
          context.shadowOffsetY = 5;
          context.strokeStyle = '#f30f42';
          context.strokeRect(10, 10, 100, 50);
          context.shadowBlur = 10;
          context.shadowColor = 'yellow';
          context.shadowOffsetX = -10;
          context.shadowOffsetY = -10;
          context.fillStyle = '#ff33ee';
          context.arc(200, 80, 50, 0, Math.PI*2, false);
          context.fill();
        }
      </script>
  </head>
  <body onLoad="draw()">
    <canvas id="canvas1" width="400" height="300">该浏览器不支持 HTML5 的画布标记！</canvas>
  </body>
</html>
```

运行以上代码，效果如图 5-18 所示。

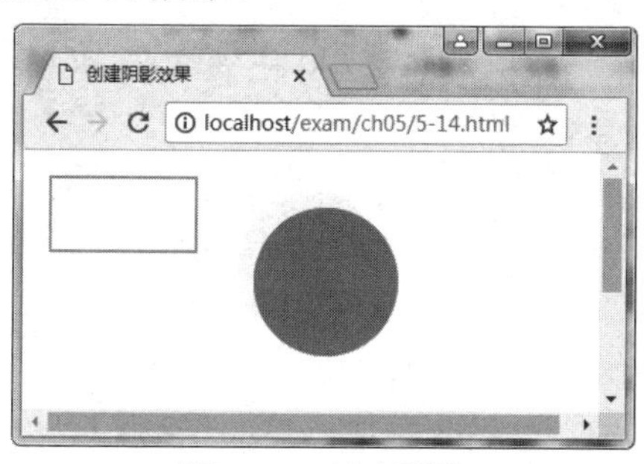

图 5-18　创建阴影

5.3.7 图像处理

前面在讲解用图案填充图像时，用到了 createPattern 方法，可以使用这个方法绘制图像、平铺图像。本节将介绍另一个用于绘制图像的方法 drawImage，以及图像的剪裁和图像混合等。

1. 绘制图像

drawImage 方法用来在画布上绘制图像、画布或视频。该方法也能够绘制图像的某些部分，以及增加或减少图像的尺寸。

最简单的 drawImage 方法只需要指定图像和图像在画布中的位置，如下所示：

```
context.drawImage(img,x,y);
```

也可以在绘制图像时指定图像的宽度和高度：

```
context.drawImage(img,x,y,width,height);
```

还可以只剪切图像的某个矩形区域，并将其绘制到画布上：

```
context.drawImage(img,sx,sy,swidth,sheight,x,y,width,height);
```

其中，sx 和 xy 为开始剪切的 x、y 坐标；swidth 和 sheight 为剪切的宽度和高度。

【例 5-15】 绘制图像。

新建一个名为 5-15.html 的页面，输入如下代码：

```
<!DOCTYPE html>
<html>
  <head>
        <meta charset="GB2312" />
        <title>绘制图像</title>
        <script type="text/javascript" charset="gb2312">
        function draw(){
           var c = document.getElementById("canvas1");
           if (c == null) return false;
           var context = c.getContext('2d');
           var image = new Image();
           image.src = 'images/peiqi.png';
           image.onload = function(){
              context.drawImage(image,0,0);
              context.drawImage(image,290,0,100,110);
              context.drawImage(image,200,160,100,150,290,160,100,150);
           }
        }
      </script>
   </head>
   <body onLoad="draw()">
      <canvas id="canvas1" width="400" height="300">该浏览器不支持 HTML5 的画布标记！</canvas>
   </body>
 </html>
```

本例首先以原始尺寸绘制图像，然后缩小图像尺寸并再次绘制，最后从原图中剪切一部分并绘制在画布上，效果如图 5-19 所示。

图 5-19　绘制图像

2. 使用任意路径裁剪图像

图像裁剪功能是指，在画布内使用路径，只绘制路径所包括区域内的图像，不绘制路径外部的图像。前面使用 drawImage 方法只能裁剪矩形区域，要使用任意路径裁剪图像，可以使用 CanvasRenderingContext2D 对象的不带参数的 clip 方法来实现。clip 方法使用路径来对画布设置一块裁剪区域。因此，必须先创建路径。路径创建完毕后，调用 clip 方法来设置裁剪区域。

【例 5-16】 使用任意路径裁剪图像。

新建一个名为 5-16.html 的页面，输入如下代码：

```
<!DOCTYPE html>
<html>
  <head>
      <meta charset="GB2312" />
      <title>裁剪图像</title>
      <script type="text/javascript" charset="GB2312">
      function draw(){
        var c = document.getElementById("canvas1");
        if (c == null) return false;
        var context = c.getContext('2d');
        var gr = context.createLinearGradient(0,400,300,0);
        gr.addColorStop(0,'rgb(255,255,0)');
        gr.addColorStop(1,'rgb(0,255,255)');
        context.fillStyle = gr;
        context.fillRect(0,0,400,300);
        image = new Image();
        image.onload = function(){
          drawImg(context,image);
        };
        image.src = "images/peiqi.png";
      }
      function drawImg(context,image){
        create5StarClip(context);
        context.drawImage(image,-50,-150,300,300);
      }
      function create5StarClip(context){
        var n = 0;
        var dx = 100;
        var dy = 0;
```

```
            var s = 150;
            context.beginPath();
            context.translate(100,140);
            var x = Math.sin(0);
            var y = Math.cos(0);
            var dig = Math.PI/5*4;
            for(var i = 0;i < 5;i++){
               var x = Math.sin(i * dig);
               var y = Math.cos(i * dig);
               context.lineTo(dx + x * s,dy + y * s);
            }
            context.clip();
         }
      </script>
   </head>
   <body onLoad="draw()">
      <canvas id="canvas1" width="400" height="300">该浏览器不支持 HTML5 的画布标记！</canvas>
   </body>
</html>
```

本例用渐变色填充整个画布，然后调用 create5StarClip 方法，创建一条五角星路径，然后使用 clip 方法设置裁剪区域，效果如图 5-20 所示。

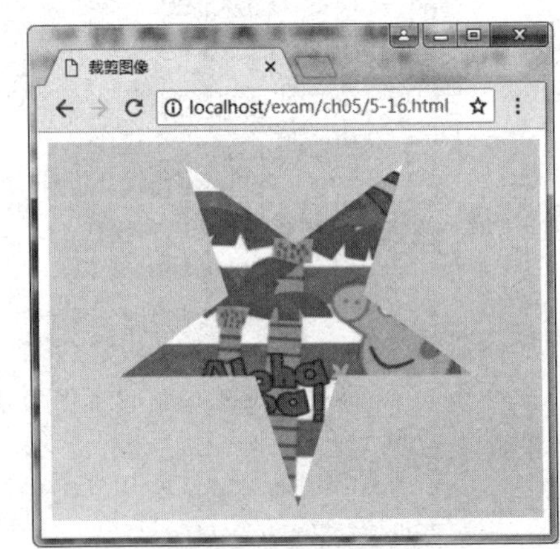

图 5-20　裁剪图像

本例中具体的执行流程为：首先加载图像，然后调用 drawImg 方法，在该方法中调用 create5StarClip方法以创建路径，设置裁剪区域，然后绘制经过裁剪后的图像——最终可以绘制出五角星范围内的图像。

3. 混合图像

混合模式是指将上层的图像融入下层的图像时采用的各种模式。根据所选的模式，可以看到不同的融合效果。

混合模式采取铺设在彼此顶部的两个像素，并结合它们不同的方式进行展现，例如较深的颜色混合模式只会呈现两个像素的颜色较深。在扩展到整个图像时，混合模式可以产生一些令人惊艳的效果。

混合图像需要用到<canvas>元素的 globalCompositeOperation 属性，该属性有 12 个可取值，含义如表 5-4 所示。

表 5-4　图像的混合模式

属　性　值	含　　义
normal	无混合
darken	实现变暗模式，逐像素对比基色和混合色，保留深颜色，去除浅颜色

(续表)

属 性 值	含 义
lighten	实现变亮模式，逐像素对比基色和混合色，保留浅颜色，去除深颜色
multiply	实现正片叠底模式，逐像素对比基色和混合色，对基色的灰度级与混合色的灰度级进行乘法计算，获得灰度级更低的颜色并使之成为合成后的颜色
screen	实现滤色模式，与正片叠底模式相反，滤色模式对上下两层图层像素颜色的灰度级进行乘法计算，获得灰度级更高的颜色并使之成为合成后的颜色
color-burn	实现颜色加深模式，使图像颜色变得更暗，混合色越暗，效果越细腻
color-dodge	实现颜色减淡模式，会使图像颜色变得更亮，混合色越亮，效果越细腻
hard-light	实现强光模式，对两幅图像进行逐像素比较。如果混合色的灰度级小于或等于 0.5，采用正片叠底模式，否则采用滤色模式
soft-light	把混合色以柔光的方式混合到基色中。如果基色的灰阶趋于高或低，就会将颜色合成结果的阶调调整为趋于中间的灰阶调，获得色彩比较柔和的合成效果
overlay	实现叠加模式，对两幅图像进行逐像素比较。如果混合色的灰度级小于或等于 0.5，采用正片叠底模式，否则采用滤色模式
difference	实现差值模式，对混合色和基色的 RGB 值中的每个值分别进行比较，用高值减去低值作为合成后的颜色
exclusion	实现排除模式，与差值模式的作用类似，只是排除模式的结果色的对比度没有差值模式强

【例 5-17】 图像混合。

新建一个名为 5-17.html 的页面，输入如下代码：

```
<!DOCTYPE html>
<html>
  <head>
      <title>图像混合</title>
      <script type="text/javascript" charset="gb2312">
      function draw(){
         var c = document.getElementById("canvas1");
         if (c == null) return false;
         var context = c.getContext('2d');
         context.globalCompositeOperation = "darken";
         var image = new Image();
         image.src = "images/peiqi.png";
         image.onload = function(){
            context.drawImage(image,0,0);
            var image2 = new Image();
            image2.src = "images/cat.png";
            image2.onload = function(){
               context.drawImage(image2,0,0);
               context.globalCompositeOperation = "exclusion";
               context.drawImage(image2,80,0);
               context.globalCompositeOperation = "multiply";
```

```
                context.drawImage(image2,160,0);
                context.globalCompositeOperation = "difference";
                context.drawImage(image2,0,120);
            };
        };
    }
  </script>
</head>
<body onLoad="draw()">
  <canvas id="canvas1" width="400" height="300">该浏览器不支持 HTML5 的画布标记！</canvas>
</body>
</html>
```

本例使用 4 种混合模式将凯蒂猫的图片与小猪佩奇的图片进行混合，效果如图 5-21 所示。

图 5-21　图像混合

5.3.8　绘制文本

除了绘制基本图形和图像，还可以在画布中绘制文本，并且能够指定所绘制文本的字体、字号、对齐方式，以及进行文字的纹理填充等。

绘制文本要用到 canvas 对象的 fillText 和 strokeText 方法。在绘制文本之前，可以先对有关文本绘制的属性进行设置，这些属性如下。

- font：指定要绘制的文本的字体样式，默认的字体样式为 10px sans-serif，该属性的设置语法与 CSS font 属性相同，本书第 8 章会详细介绍。
- textAlign：指定所绘制文本的对齐方式，有 left(左对齐)、right(右对齐)、center(居中对齐)、start(如果文字从左往右排版，则左对齐；如果文字从右往左排版，则右对齐)和 end(效果和 start 对齐方式正好相反)5 种对齐方式，默认为 start。
- textBaseline：指定绘制文本时的当前文本基线，有 6 个可取值，默认为alphabetic(文本基线是普通的字母基线)，还有top(文本基线是em方框的顶端)、hanging(文本基线是悬挂基线)、middle(文本基线是em方框的正中)、ideographic(文本基线是表意基线)和 bottom(文本基线是em方框的底端)，效果对比如图 5-22 所示。

图 5-22　文本基线

【例 5-18】 绘制文本。

新建一个名为 5-18.html 的页面，输入如下代码：

```
<!DOCTYPE html>
<html>
  <head>
      <title>绘制文本</title>
      <script type="text/javascript" charset="gb2312">
      function draw(){
        var c = document.getElementById("canvas1");
        if (c == null) return false;
        var context = c.getContext('2d');
        context.font="20px Georgia";
        context.strokeText("Hello World!",10,50);
        context.font="italic 30px 楷体";
        context.strokeText("赵智堃!",150,50);
        // 创建渐变
        var gradient=context.createLinearGradient(0,0,c.width,0);
        gradient.addColorStop("0","magenta");
        gradient.addColorStop("0.5","blue");
        gradient.addColorStop("1.0","red");
        // 填充渐变
        context.strokeStyle=gradient;
        context.font="normal bold 30px 华文彩云";
        context.strokeText("30 号 华文彩云",10,90);
        //在 x=130 处画一条红色竖线
        context.strokeStyle="red";
        context.moveTo(130,110);
        context.lineTo(130,230);
        context.stroke();
        context.font="15px Arial";
        // 表明不同 TextAlign 值
        context.textAlign="start";
        context.fillText("textAlign=start",130,130);
        context.textAlign="end";
        context.fillText("textAlign=end",130,150);
        context.textAlign="left";
        context.fillText("textAlign=left",130,170);
        context.textAlign="center";
        context.fillText("textAlign=center",130,190);
        context.textAlign="right";
```

```
            context.fillText("textAlign=right",130,210);
            //在 Y = 270 处画一条横线
            context.strokeStyle="red";
            context.moveTo(5,270);
            context.lineTo(395,270);
            context.stroke();
            context.font="20px Arial"
            context.textAlign="start";
            //在 y = 100 处的每个单词有不同的 textBaseline 值
            context.textBaseline="top";
            context.fillText("Top",5,270);
            context.textBaseline="bottom";
            context.fillText("Bottom",30,270);
            context.textBaseline="middle";
            context.fillText("Middle",95,270);
            context.textBaseline="alphabetic";
            context.fillText("Alphabetic",160,270);
            context.textBaseline="hanging";
            context.fillText("Hanging",250,270);
            context.textBaseline="ideographic";
            context.fillText("Ideographic",280,270);
        }
    </script>
  </head>
  <body onLoad="draw()">
    <canvas id="canvas1" width="400" height="300">该浏览器不支持 HTML5 的画布标记！</canvas>
  </body>
</html>
```

在浏览器中的显示效果如图 5-23 所示。

图 5-23　绘制文本

5.4 本章小结

本章主要介绍 HTML 中的多媒体元素。首先介绍了向网页中添加图片，图片可以增强网页的视觉效果，令网页更加生动多彩，HTML 提供了<img>元素用以在网页中添加图片，结合前面学过的<a>元素可以将图片转换为链接，通过图像映射还可以将一幅图像分为几个部分，分别链接到不同的页面；然后介绍了如何在网页中添加音频和视频，主要包括<audio>、<video>、<embed>元素的使用以及使用<iframe>在页面中嵌入其他视频网站中的视频；最后介绍了 HTML5 新增的画布元素<canvas>，<canvas>元素提供了一个允许开发人员在网页上绘制图形的接口，在页面上放置一个<canvas>元素，就相当于在页面上放置了一块画布，然后在这块画布上绘制各种图形和图像。通过本章的学习，读者应该掌握如何向网页中添加图片、声音、视频等多媒体元素，能够制作出具有丰富的视听效果的网页。

5.5 思考和练习

1. 图片中每平方英寸的像素数称为图片的________。

2. 添加图片需要使用<img>元素，<img>是一个独立标签，因此没有结束标签</img>。<img>元素必须包含两个属性：__________和_______。

3. 创建图像映射要用到________和_______元素。

4. <audio>和</audio>之间的文本有什么作用？

5. HTML5 规定了一种通过________元素来包含视频的标准方法。

6. HTML5 新增了一个绘图接口——________元素，通过这个接口，用户可以在页面中绘制图形。

7. 在 canvas 坐标系中，坐标原点(0,0)位于<canvas>元素的 _______，x 轴水平________延伸，y 轴垂直________延伸。

8. 向一个页面添加<canvas>元素，命名为 canvas1，然后在该元素内绘制一个 100 像素×100 像素的红色矩形。

9. 如何在<canvas>元素内绘制图像，如何剪裁图像？

第 6 章 CSS概述

目前流行的、符合 Web 标准的网页设计模式是将页面内容和外观样式分离，前面 5 章我们学习了用 HTML 创建网页，在网页中添加各类元素。从本章开始，我们将学习如何使用 CSS 为网页元素定义外观样式，美化页面，将网页装扮得更漂亮，使之具有独特的风格和个性。

本章的学习目标：

- 理解 CSS 的基本概念
- 了解 CSS 的发展历史
- 理解使用 CSS 的好处
- 掌握在 HTML 中使用 CSS 的几种方法
- 理解 CSS 中的继承
- 了解!important 的用法
- 掌握 CSS 的优先级

6.1 为什么要在网页中加入 CSS

使用 CSS 可以轻松地控制页面的布局，使页面上的字体变得更漂亮、更容易排版。通过 CSS 可以使网站中所有页面的风格一致，易于维护和修改。

6.1.1 什么是 CSS

CSS 的中文全称是层叠样式表(Cascading Style Sheets)，是一种用来表现 HTML 或 XML 等文件样式的编程语言。CSS 不仅可以静态地修饰网页，还可以配合各种脚本语言动态地对网页中的各个元素进行格式化。

CSS 能够对网页中元素位置的排版进行像素级精确控制，支持几乎所有的字体字号样式，拥有对网页对象和模型样式进行编辑的能力。

CSS 中“层叠”的概念包含如下两个方面的含义：

(1) 树型结构中的子元素能够继承父元素定义的大多数样式；

(2) 除了继承父元素的样式，子元素还可以多次定义自己的样式。

6.1.2 CSS 产生的原因

最初，HTML 是一门描述外观的语言。例如，<h1>元素即使表示标题结构，也会让人想到是让文本字号变大，示例代码如下：

```
<h1 align="center">居中显示大文本!</h1>
```

而有些元素是专门用于描述外观的，例如<font>：

```
<font size="20" color="red">红色 20 号字!</font>
```

不仅如此，对于一些浏览器专有的元素而言，也有许多用于描述外观的标记。例如，下面的标记用于在 Firefox 浏览器中创建文本闪烁效果：

```
<blink> Firefox 用户可以看到闪烁效果!</blink>
```

然而，HTML 的设计初衷并不是为了描述外观，HTML 本身也并不善于此道。例如，如果只想将表格中的单元格背景色设置为黄色，将单元格内的文本颜色设置为红色、居中对齐，那么就要使用下面的标记来实现：

```
<table align="center" width="100%">
  <tr>
    <td bgcolor="yellow" align="center">
      <font size="7" color="red" face="Arial, Helvetica, sans-serif">
        红色文本
      </font>
    </td>
  </tr>
</table>
```

由此可见，在使用 HTML 描述 Web 页面的外观时，需要使用大量的标记，而且常常要使用许多复杂堆栈或嵌套表。页面的布局工作涉及隐藏的像素图像、专有元素与属性、图像中的文本和其他隐秘的复杂方式，这些都需要提供高质量、高可靠度的 HTML 标记，这简直就是一场噩梦。因此，人们将表示网页外观的功能标记或属性分离出来，这就形成了表示网页外观的替代方法——CSS。

6.1.3 CSS 的发展历史

CSS 在 Web 受到大家的关注时就存在了。从 1994 年第一次提出 CSS 观点至今，已经有 3 个主要版本。

1. CSS 的诞生

从 20 世纪 90 年代初 HTML 被发明开始，样式表就以各种形式出现了，不同的浏览器结合它们各自的样式语言，浏览者可以使用这些样式语言来调节网页的显示方式(一开始样式表是给浏览者用的)，最初的 HTML 版本只含有很少的显示属性，浏览者决定网页应该怎样显示。

但随着 HTML 的成长，为了满足设计师的要求，HTML 获得了很多显示功能。随着这些功能的增加，用来定义样式的语言越来越没有意义了。

1994年，哈坤・李(Hakun Lee)提出了CSS的最初建议。伯特・波斯(Bert Bos)当时正在设计一款名为Argo的浏览器，他们决定一起合作设计CSS。

当时已经有一些样式表语言的建议，但CSS是第一个含有“层叠”含义的。在CSS中，文件的样式可以从其他样式表中继承下来。浏览者在有些地方可以使用自己更喜欢的样式，在其他地方则继承或“层叠”作者的样式，这种层叠的方式使设计者和浏览者都可以灵活地加入自己的设计，混合各人的爱好。

哈坤・李于1994年在芝加哥的一次会议上第一次展示了CSS的建议，1995年他与伯特・波斯一起再次展示这个建议。当时W3C刚刚建立，W3C对CSS的发展很感兴趣，并为此组织了一次讨论会。哈坤・李、伯特・波斯和其他一些人(比如微软的托马斯・雷尔登)是这个项目的主要技术负责人。1996年底，CSS已经完成。1996年12月CSS的第一个版本被发布。CSS的大部分特征在Web浏览器中都获得支持，但是一些不常用的功能(例如空白处理、字母间隔、显示等)存在一些问题。

2. CSS 2.0

CSS自从第一版发布之后，又在1998年5月发布了第二版，CSS得到了丰富。

CSS 2.0是一套全新的样式表结构，是由W3C推行的，同以往的CSS 1.0或CSS 1.2完全不一样，CSS 2.0推荐的是一套内容和表现效果分离的方式。HTML元素可以通过CSS 2.0的样式控制显示效果，可完全不使用以往HTML中的<table>和<td>元素来定位表单的外观和样式，只需要使用<div>和<li>之类的HTML标签来分割元素，之后即可通过CSS 2.0样式来定义表单界面的外观。

CSS 2.0提供了一种机制，让程序员开发时可以不考虑显示和界面，就可以制作表单，显示问题可由美工或程序员到后期再编写相应的CSS 2.0样式来解决。不过，由于没有很好的CSS 2.0编辑软件，无法做到所见即所得，编写起来不易。

3. CSS3

CSS3在CSS 2.0的基础上，结合业务发展需求，以及过去浏览者的操作习惯和开发习惯，做了大幅改进。

(1) 模块化

CSS3语言在朝着模块化方向发展。以前的规范作为一个模块实在是太庞大且比较复杂，所以把它分解为一些小的模块，更多新的模块也被加入进来。这些模块包括：盒子模型、列表模块、超链接方式、语言模块、背景和边框、文字特效、多栏布局。

(2) 选择器

CSS3增加了更多的选择器，可以实现更简单却更强大的功能，比如:nth-child等。

(3) 时间表

有几个模块现已完成，包括SVG(可扩展矢量图形)、媒介资源类型和命名，而其他模块的开发工作仍在进行中。Web浏览器将全面支持CSS3的各种新特性，一些新的探索已经开始。针对不同浏览器，新的功能是逐渐应用的，仍然需要一到两年的时间，每一个新的模块才有可能被广泛应用。

(4) CSS3 产生的影响

首先，CSS3将完全向后兼容，所以没有必要修改现在的设计来让它们继续运作。网络浏览器也还将继续支持 CSS 2.0。对于开发者来说，CSS3带来的主要影响是可以使用新的、可用的选择器和属性，从而实现新的设计效果(比如动态和渐变)，而且可以很简单地设计出现有的设计效果(比如使用分栏)。

6.1.4　使用 CSS 的好处

掌握基于 CSS 的网页布局方式，是实现 Web 标准的基础。在制作网页时采用 CSS 技术，可以有效地对页面的布局、字体、颜色、背景和其他效果实现更精确的控制。只要对相应的代码做一些简单的修改，就可以改变网页的外观和格式。采用 CSS 具有以下优点。

(1) 大大缩减页面代码，提高页面浏览速度，缩减带宽成本。

(2) 结构清晰。容易被搜索引擎搜索到。用只包含结构化内容的 HTML 代替嵌套的标记，搜索引擎将更有效地搜索到内容。

(3) 缩短改版时间。只要简单地修改几个 CSS 文件就可以重新设计一个有成百上千页面的站点。

(4) 强大的字体控制和排版能力。使页面的字体变得更漂亮，更容易编排，使页面真正赏心悦目。

(5) 提高易用性。使用 CSS 可以结构化 HTML，如<p>标记只用来控制段落，<table>标记只用来表现表格式数据等。

(6) 表现和内容相分离。将设计部分分离出来放在独立的样式文件中。

(7) 表格布局的灵活性不强，只能遵循<table>、<tr>、<td>的格式，而使用 CSS+div 可以有更多格式。

(8) 便于更新和维护。对于站点中所有页面的风格，可以使用一个 CSS 文件进行控制，只要修改这个 CSS 文件，就可以更新所有页面的风格样式。

6.2　在 HTML 中使用 CSS

如何使用 CSS 样式来规定网页外观呢？在规定网页外观的时候，又是如何将样式和 HTML 标记关联起来的？本节主要介绍这些内容。

在 HTML 网页中使用 CSS 的方法有四种：第一，内联样式，通过 HTML 元素的 style 属性直接将样式嵌入 HTML 标记中；第二，定义内部样式表，将表示样式的 style 属性的内容，全部放到公共的样式规则块中，然后将其放在<style>元素中，这样，整个 HTML 文件中都可以使用该样式；第三，链接外部样式表，将样式独立成文件，供任何页面调用；第四，导入外部样式表，这种方法与链接相似，将外部样式表独立成文件，但是导入样式表要使用@import，后面跟关键字 url 和引入的样式表的 URL。有的书籍把第三和第四种方法算作一种方法，因为它们都是将样式表独立成外部文件。

6.2.1　内联样式

如果只是简单地对某个元素单独定义样式，则可以使用内联样式。例如，如果只希望针对某个特定的<h1>标签设置如下样式：字号为50、绿色、楷体字体，则可以使用<h1>标签的style属性。style是核心属性，几乎任何HTML元素都有该属性。

【例6-1】 使用style属性设置标题样式。

新建一个名为6-1.html的页面，保存在Apache的htdocs/exam/ch06目录下，输入如下代码：

```
<!DOCTYPE html>
<html>
  <head>
      <meta charset="GB2312" />
      <title>使用内联样式</title>
  </head>
  <body>
      <h1 style="font-size: 50px; font-family: 楷体; color: green;">内联样式,50 号绿色楷体</h1>
      <h1>默认的&lt;h1&gt;样式</h1>
  </body>
</html>
```

本例中共有两个<h1>元素，第一个使用style属性指定了特殊的样式，第二个则使用默认样式，在浏览器中的显示效果如图6-1所示。

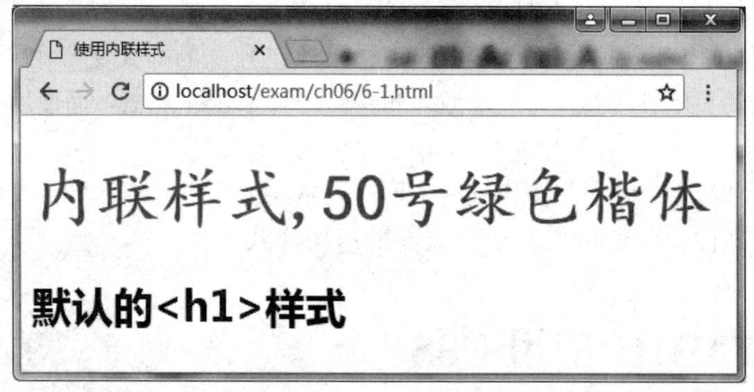

图6-1　使用style属性设置样式

针对不支持样式表的浏览器，这类样式信息不需要隐藏，因为浏览器会忽略它不理解的任何属性。

style属性的值是若干个CSS属性名/值对。CSS规则要求属性名的后面紧跟一个冒号，然后是属性值。每一个样式规则以分号结束，最后一个样式规则的结尾可以不加分号。格式如下：

```
property-name1 : value1; ... property-nameN : valueN;
```

本例为第一个<h1>元素指定了font-size、font-family和color三个样式属性。这种直接使用CSS的方式就叫作内联样式，在实际项目中，不提倡使用这种方式，因为与HTML标签结合得太紧密。

6.2.2　定义内部样式表

为了避免 CSS 样式和 HTML 标签的关系过于紧密，可以采用另一种更合适的方式来添加样式规则，那就是创建与某个特定元素或一组元素绑定的样式规则，这样可以重复使用样式规则。

1. CSS 语法

不在特定标签中创建的 CSS 规则由两部分组成：选择器和声明。声明必须放在一对大括号{ }中，并且可以是一条或多条声明。每条声明由一个 CSS 属性和对应的值组成，与前面内联样式中的语法一样，CSS 属性和值之间用冒号分开，每条声明以分号结尾。语法格式如下：

```
selector {property1 : value1; ... propertyN : valueN;}
```

图 6-2 对符合 CSS 语法的正确样式规则进行了分解说明，这里的选择器是 h1，后面的大括号内包括两条声明，分别指定了 font-size 属性和 color 属性。

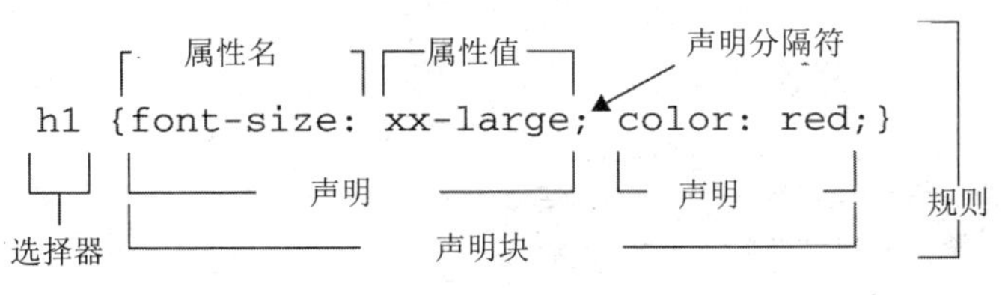

图 6-2　CSS 语法分解图

当 CSS 属性名是多个单词时，应该用短线分隔，例如 font-face、font-size、line-height 等。CSS 属性值允许多种形式，例如关键字(xx-small)、字符串(Arial)、数字(0)、带单位的数字(100px 或 2cm)和特殊值等。

CSS 属性名和很多属性值不区分大小写，但有的属性值区分大小写。例如，如果涉及与 HTML 文档一起工作的话，class 和 id 名称对大小写是敏感的。为了安全起见，Web 开发人员应假定 CSS 规则的所有部分都区分大小写。

为了增强样式定义的可读性，通常在每行只描述一个属性，例如：

```
p {
   text-align: center;
   color: black;
   font-family: arial;
}
```

2. <style>元素

CSS 样式是通过<style>标签嵌入页面中的。<style>元素位于<head>元素内，用于在网页内包含样式规则，而非链接某个外部文档。有时，它还被用于在单一页面中包含某些额外规则，而且这些规则不必应用于网站内共享同一样式表的其他页面。

【例 6-2】 在<style>元素内定义内部样式表。

新建一个名为 6-2.html 的页面，输入如下代码：

```
<!DOCTYPE html>
```

```
<html>
  <head>
      <meta charset="GB2312" />
      <title>内部样式和内联样式</title>
    <style type="text/css">
      h1 {
        color:#Fc00f0;
        font-size: 22px;
      }
    </style>
  </head>
  <body>
      <h1 style="font-size: 50px; font-family: 楷体; color: green;">内联样式,50 号绿色楷体</h1>
      <h1>内部样式表的&lt;h1&gt;样式</h1>
  </body>
</html>
```

在使用<style>元素时，尽管并非强制，但应该永远带有 type 属性，且属性值为“text/css”。本例与例 6-1 相比，只是多了<style>元素，显示效果如图 6-3 所示。

图 6-3　内部样式表和内联样式的比较

从图 6-2 可以看出，第一个<h1>元素仍然使用内联样式定义的效果，而第二个<h1>元素则使用内部样式表定义的规则。由此，我们可以得知内联样式的优先级要高于内部样式表。

6.2.3　链接外部样式表

用上面两种方式定义的 CSS 样式，只能在当前页面中使用。但在实际的网站建设中，整个网站的风格应该统一，因此不同的页面通常会应用相同的样式。这时，可以将共同的样式抽取出来，保存为一个独立的 CSS 文件。在 HTML 页面中，通过在文档的<head>部分使用<link>元素，引用外部样式表。

<link>元素用于在网页中描述两个文档之间的关系。例如，可以在 HTML 页面中用它指定应该用于设置页面风格的样式表，也可以为对应页面指定 RSS 订阅。

<link>元素永远是空元素，而且当与样式表一同使用时，必须带有两个属性：rel 和 href。例如下面的代码：

```
<link href="mystyle.css" rel="stylesheet" type="text/css">
```

rel 属性用于指定包含链接的文档与链接指向的文档间的关系，用于链接样式表时的值为“stylesheet”；href 属性用于指定链接指向的文档的 URL，值可以是绝对 URL 或相对 URL，但通常是相对 URL，因为样式表是网站的一部分。

【例 6-3】 链接外部样式表。

新建一个名为 6-3.html 的页面，输入如下代码：

```
<!DOCTYPE html>
<html>
  <head>
      <meta charset="GB2312" />
      <title>链接外部样式表</title>
    <link href="mystyle.css" rel="stylesheet" type="text/css">
      <style type="text/css">
      h1 {
        color:#Fc00f0;
        font-size: 22px;
      }
    </style>
  </head>
  <body>
    <h1 style="font-size: 50px; font-family: 楷体; color: green;">内联样式,50 号绿色楷体</h1>
    <h1>内部样式表的&lt;h1&gt;样式</h1>
    <p> 应用样式的段落</p>
  </body>
</html>
```

与例 6-2 相比，本例在<head>元素中多了一个<link>元素，在<body>元素中增加了一个<p>元素。

接下来，创建名为 mystyle.css 的外部样式表，在其中定义了<body>、<h1>和<p>元素的样式，完整的代码如下：

```
body {
  background-color : #C2DFDD;
}
h1{
  color: #FABB1D;
  font-size: 40px;
}
p {
  color: #F8193C;
  text-indent: 1em;
  text-align: justify;
  line-height: 150%;
  font-family: 隶书;
  font-size: 28px;
}
```

在浏览器中访问 6-3.html，显示效果如图 6-4 所示。

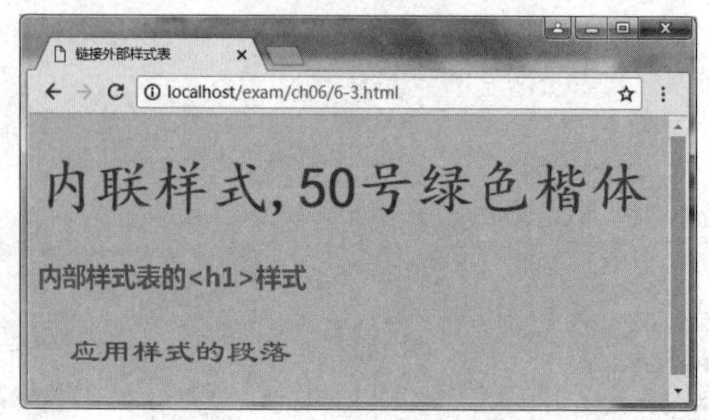

图 6-4　链接外部样式表

从图6-4中可以看出，<body>和<p>元素的样式已被应用到页面上，但两个<h1>元素与例6-2一样，这是因为外部样式表的优先级低于内部样式表，如果本例中删除<style>元素，那么外部样式表中的样式就会被应用到第二个<h1>元素。

6.2.4　导入外部样式表

另一种使用文档范围样式规则的方法是导入外部样式表。这种方法与链接相似。导入外部样式表的语法是使用@import，然后是关键字 url 和要导入的外部样式表的 URL，最后以分号结束，如下所示：

```
@import url(corerules.css);
```

@import 指令必须在<style>标签中使用，而且必须在样式表中所有其他类型的规则之前使用。在实践中，我们会在<style>标签中看到导入和嵌入的样式混合在一起。

【例 6-4】 导入外部样式表。

新建一个名为 6-4.html 的页面，输入如下代码：

```
<!DOCTYPE html>
<html>
  <head>
      <meta charset="GB2312" />
      <title>导入外部样式表</title>
      <style type="text/css" >
      @import url(main.css);
      @import url(linkrules.css);
      h1 {font-size: xx-large;
         font-family: Sans-Serif;
         color: black;
         text-align: center;
         border-bottom: solid 4px orange;
      }
      p {text-indent: 1em;
         text-align: justify;
         line-height: 150%;
```

```
        }
      </style>
    </head>
    <body>
      <h1>导入外部样式表示例页面</h1>
      <p>@import 是 CSS 2.1 中特有的，更多关于样式表的用法可以
      <a href="http://www.baidu.com">百度</a> 搜索相关资料!</p>
    </body>
</html>
```

在本例中，我们在文件 main.css 中为<body>元素引入了规则，通过文档 linkrules.css 引入了影响链接的样式规则。<h1>和<p>元素的样式规则位于<style>块中，因为它们专属于特定的页面。页面运行效果如图 6-5 所示。

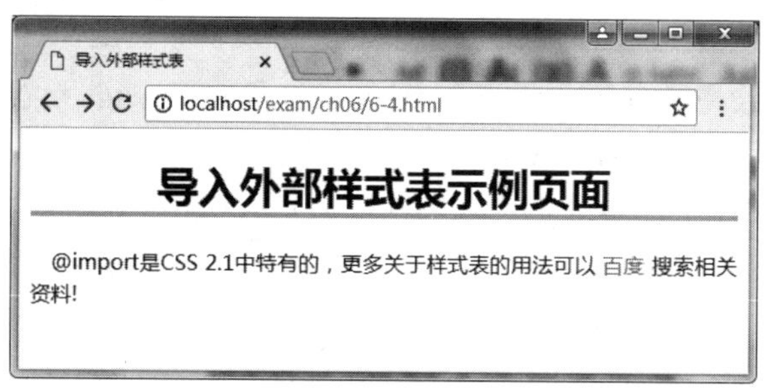

图 6-5　导入外部样式表

尽管导入外部样式表看起来似乎为组织样式信息提供了非常大的优势，但其价值与<link>元素差不多。它们的本质都是将独立的 CSS 样式文件引入 HTML 页面中，但是两者之间还是有一些差别的，不同之处主要有如下几个方面：

- <link>是 XHTML 标签，除了加载 CSS 以外，还可以定义 RSS 等其他事务；@import 属于 CSS 范畴，只能加载 CSS。
- 链接引用 CSS 时，在页面载入时同时加载；@import 需要页面完全载入以后才加载。
- <link>是 XHTML 标签，无兼容问题；@import 是在 CSS 2.1 中提出的，低版本的浏览器不支持。
- <link>标签支持使用 JavaScript 控制 DOM 以改变样式，而@import 不支持。

6.3 CSS 继承和优先级

6.2 节介绍了在 HTML 中使用 CSS 的 4 种方法，而且这 4 种方法可以同时使用，这就可能出现以下情况：同一标记在多个地方定义不同的 CSS 规则。这时，浏览器该如何选择正确的样式规则呢？本节就来了解一下 CSS 的继承和优先级问题。

6.3.1　CSS 继承

继承即子元素继承父元素的样式，CSS 中的继承相对简单，但也容易让人混淆。

CSS 规则被应用于标记中，而应用于特定元素的不同样式值可以从它的父元素，甚至更远

的元素继承而来。

例如，下面的代码将站点的字体更改为 Georgia：

```
body {font-family:georgia, serif;}
```

<body>元素内的所有子元素都会继承 font-family 属性，直到另一种样式规则重写它为止。

又例如：

```
p {color: red;}
```

这个规则将红色应用于<p>元素。当把该样式规则应用于下面这段标记时：

```
<body>
    <h1>Test</h1>
    <p>This is a <strong>Test</strong>!</p>
</body>
```

不仅会将<p>元素设置为红色，还会将<p>元素包含的<strong>元素也设置为红色。因为 color 属性值可从父元素继承，如图 6-6 所示。

大多数元素可从父元素那里继承样式属性，但是有些样式属性(例如边框)却不可以。

对于可以继承样式规则的属性，也可以重新定义，覆盖继承的值。例如，下面两个规则：

```
p {color: red; font-size: xx-large;}
strong {color: yellow;}
```

<strong>标签包含的文本颜色将是黄色，而文本大小是 xx-large。原本<strong>标签继承了两个规则属性，但是其中的 color 属性被<strong>标签的 color 属性所覆盖，如图 6-7 所示。

p {color:red;}
body
h1
p 红色
strong 红色

图 6-6　CSS 继承

p {color:red; font-size: xx-large}
strong {color: yellow;}

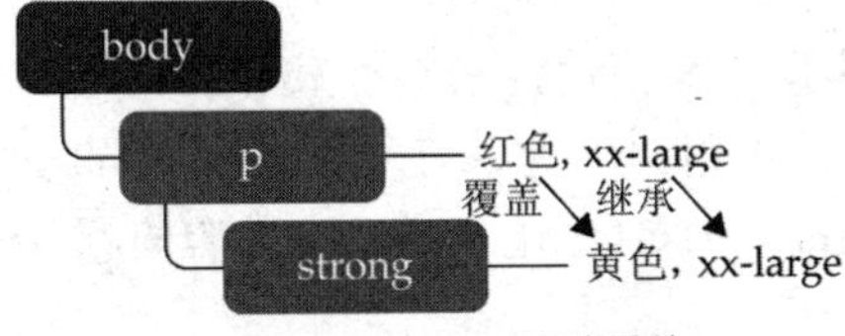

图 6-7　CSS 规则覆盖

在使用 CSS 继承时，需要重点关注的属性是 font-size，虽然也继承，但对于不同的标签，继承的效果可能会不一样，来看下面的例子。

【例 6-5】 font-size 属性的继承。

新建一个名为 6-5.html 的页面，输入如下代码：

```
<!DOCTYPE html>
<html>
  <head>
        <meta charset="GB2312" />
        <title>font-size 属性继承</title>
    <style type="text/css" >
        body{
            font-size: 20px;
```

```
        }
    </style>
</head>
<body>
    <p>我的字体大小为 20px</p>
        <h1>我的字体大小为 40px</h1>
</body>
</html>
```

在本例中，<h1>和<p>元素都继承了<body>元素的 font-size 属性，<p>元素没有问题，字体大小为 20px，但<h1>元素却变为 40px，在浏览器中的显示效果如图 6-8 所示。

为什么<h1>元素的字体大小会是 40px 呢？这是因为<h1>元素的默认样式为 2em，如下所示：

```
h1{
    display:   block;
    font-size:   2em;
    -webkit-margin-before:   0.67em;
    -webkit-margin-after:   0.67em;
    -webkit-margin-start:   0px;
    -webkit-margin-end:   0px;
    font-weight:   bold;
}
```

并且<h1>元素默认的 font-size 为 200%，本例中，父元素<body>的 font-size 为 20px，所以通过继承，<h1>元素的最终 font-size 为 20*2=40px。要想使<h1>元素的字体大小也等于父元素的 20px，只需要在<style>元素中设置 h1 {font-size:100%;}即可，如下所示：

```
<style>
        body {
                font-size: 20px;
        }
        h1 {
                font-size: 100%;
        }
</style>
```

这样修改后，页面显示效果如图 6-9 所示。此时，<h1>和<p>元素的字体大小都为 20px。

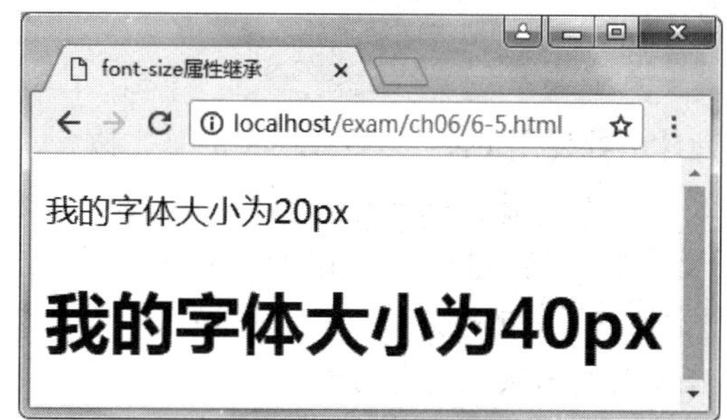

图 6-8　font-size 属性继承

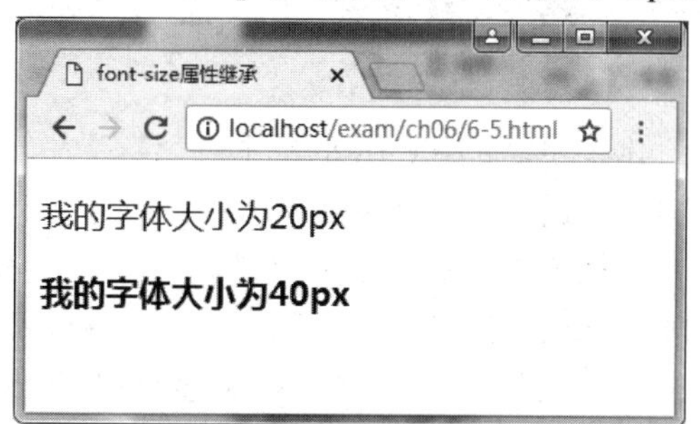

图 6-9　修改后的属性继承

6.3.2 !important 指示符

如果某个特定的规则不希望被其他规则覆盖，那么可以使用!important 指示符。对于不会被忽略的规则，可在规则的分号前面插入!important 指示符。例如，下面的样式规则将设置所有的段落文本为红色：

```
p {color: red !important; font-size: 12px;}
```

这样，即使有如下使用内联样式的段落：

```
<p style="color: green; font-size: 24px;">带内联样式的段落</p>
```

因为上面的规则使用了!important 指示符，所以 color 属性不能被内联样式覆盖，文本颜色依然会是红色，而字号会被覆盖，变为 24px。

当使用!important 指示符时，要确认把它放在样式规则的最后；否则会被忽略。

虽然!important 指示符可以让样式不被覆盖，让复杂的继承变得简单清晰，但并不鼓励初学者使用!important 指示符，因为 CSS 会根据层叠和权重产生正常的作用顺序，使用!important 会扰乱原本的顺序，把更多的权重赋予正常情况下本不应该获得这么多权重的样式。如果从不使用!important，那么标志着你真正理解了 CSS，并且证明你在编写代码前经过深思熟虑。

6.3.3 CSS 优先级

CSS 的中文全称是层叠样式表，因此对于页面中的某个元素，它允许同时应用多个样式，页面元素最终的样式是多个样式叠加后的效果。

实际上，层叠的基本思想是对应用于文档的样式规则进行整理。当这些叠加的样式之间有冲突时，就要根据样式的优先级进行选择。前面已经介绍过，内联样式、内部样式表和外部样式表的优先级如下：

```
内联样式 > 内部样式表 > 外部样式表
```

同一个样式表中定义的样式，使用不同的选择器也可能存在叠加。从选择器的角度看，当某个元素同时应用标签选择器、ID 选择器、类选择器定义的样式时，将按照下面的优先级进行处理：

```
ID 选择器 > 类选择器 > 标签选择器
```

6.4 本章小结

本章主要介绍 CSS 的基本概念。首先介绍了为什么要使用 CSS，包括 CSS 的基本概念、CSS 产生的原因、CSS 的发展历史和使用 CSS 的好处——使用 CSS 可以使页面的布局定位更精确、样式更丰富，实现了代码重用，易于移植，更有利于网站的设计与维护；接着介绍了在网页中使用 CSS 的 4 种方法——内联样式、定义内部样式表、链接外部样式表和导入外部样式表；最后介绍了 CSS 的继承和优先级以及!important 指示符的用法。通过本章的学习，读者应该了解 CSS 的基本概念，掌握在 HTML 中使用 CSS 的几种方法以及 CSS 的继承和优先级。

6.5 思考和练习

1. CSS 的中文全称是________(Cascading Style Sheets)，是一种用来表现 HTML 或 XML 等文件样式的编程语言。

2. CSS3 语言在朝着模块化方向发展。这些模块包括：盒子模型、__________、超链接方式、语言模块、_______、_______、多栏布局等。

3. 简述使用 CSS 的好处。

4. 在 HTML 中使用 CSS 的方法有几种？

5. CSS 选择器的优先级是什么样的？

6. !important 指示符的作用是什么？如何使用该指示符？

第 7 章 CSS选择器

选择器是 CSS 中十分重要的内容。使用它可以大幅提高开发人员书写及修改样式表时的工作效率。CSS 支持很多选择器，学会并掌握这些选择器的用法是使用 CSS 美化网页的基础。本章将详细介绍各类选择器的语法规则和使用技巧，通过本章的学习，读者应能够使用 CSS 选择器过滤出网页中的任意指定元素。

本章的学习目标：

- 掌握标签选择器、类选择器和 ID 选择器的用法
- 掌握属性选择器的用法
- 掌握派生选择器的用法
- 掌握伪元素选择器的用法
- 掌握伪类选择器的用法

7.1 基本选择器

CSS 的主要作用就是给网页中的元素设置样式，选择器则是用来匹配元素的。所有 HTML 标签都是通过不同的 CSS 选择器进行控制的。用户只需要通过选择器，就可以对不同的 HTML 元素进行选择，并赋予各种样式的声明，即可实现网页的各种美化效果。

CSS 支持很多选择器，最基本的选择器有标签选择器、类选择器和 ID 选择器。

7.1.1 标签选择器

标签选择器是指直接将 HTML 标签作为选择器，在上一章的示例中，主要用到的就是标签选择器。

标签选择器一旦声明，页面中对应的所有标签都会相应地应用这些规则。如果要将相同的规则应用于多个标签，则可以用逗号分隔它们，例如，下面的规则将匹配所有<h1>、<h2>和<h3>元素：

```
h1, h2, h3 { color: #FABB1D }
```

一种比较特殊的标签选择器是通用选择器，它用一个“星号”(*)表示，表示匹配文档中的

全部标签。如果需要将某个规则应用于全部元素，则可以使用通用选择器。

```
*{}
```

有时候，通用选择器还被用于设置应用于整个文档的默认值(如 font-family 和 font-size)。这种做法与对<body>元素应用默认样式稍有不同，因为通用选择器被应用于每一个元素，而不依赖从应用于<body>元素的规则中继承的属性。

7.1.2　类选择器

标签选择器将匹配页面内对应的所有标签。例如，使用标签选择器声明<p>标签为斜体时，页面中的所有<p>标签都将显示为斜体。但是，如果希望其中的某个或某些<p>标签不是斜体，那么仅仅使用标签选择器就不够了，还需要引入类选择器。

类选择器能够将规则与一个或多个包含 class 属性的元素相匹配，class 属性的值匹配类选择器中指定的值。类选择器的语法规则很简单，就是在英文句号后加上所选择的类名，以下定义了一个类名为 nature 的类选择器：

```
.nature {color: green;}
```

假设有如下<h1>元素和<p>元素，它们的 class 属性值均为 nature：

```
<h1 class="nature">为 h1 标题应用类选择器 </h1>
<p class="nature">为段落应用类选择器</p>
```

应用类选择器后，这两个元素的文本颜色都变为绿色。

如果只希望<p>元素中 class 属性为 nature 的段落文本显示为绿色，那么可以在英文句号前添加限定标签<p>，如下所示：

```
p.nature {color: green;}
```

这样，规则就不能应用于上面的<h1>元素了。

如果要为多个类编写相同的样式规则，那么可以用逗号操作符按顺序排列这些类名即可。例如，使用逗号分隔下面三个类名：

```
.first, .last, .middle{color: red;}
```

这意味着使用上面三个类名中任何一个类名的元素都会被设置为红色。

7.1.3　ID 选择器

ID 选择器与类选择器的工作方式类似，只是它作用于 HTML 元素的 id 属性。相比于类选择器在 class 属性值前添加英文句号，ID 选择器使用的是“#”号。例如，id 属性值为 btnLogin 的元素，可以使用如下选择器进行标识。

```
#btnLogin
```

因为 id 属性值在文档中应该保持唯一，所以 ID 选择器只能应用于一个元素。例如，有一个 id 属性为 first 的标题，如下所示：

```
<h1 id="first">第 1 章 CSS 入门</h1>
```

可以使用如下规则设置该标题的背景色为绿色，且居中显示：

```
#first{background-color: green; text-align: center;}
```

7.2 属性选择器

在 HTML 中，通过各种各样的属性，可以给元素增加很多附加信息。例如，通过 width 属性，可以指定<table>元素的宽度；通过 id 属性，可以对不同的<input>元素进行区分。属性选择器可以根据元素的属性及属性值来选择元素。

属性选择器是从 CSS 2.0 开始引入的，CSS3 在 CSS 2.0 的基础上新增加了 3 个属性选择器。

7.2.1 CSS 2.0 定义的属性选择器

CSS 2.0 定义了 4 种属性选择器，它们分别选取带有指定属性的元素、选取带有指定属性和属性值的元素、选取属性值中包含指定词汇的元素、选取带有以指定值开头的属性值的元素(该值必须是整个单词)。

1. 选取带有指定属性的元素

选取带有指定属性的元素，而不论属性的值是什么，这是最简单的属性选择器。

例如，下面的规则将把所有包含 title 属性的元素变为红色：

```
*[title] {color:red;}
```

这里使用通用选择器选择所有标签，然后过滤出包含 title 属性的元素。

也可以限定具体的标签类型，比如对包含 href 属性的超链接设置样式：

```
a[href] {color:red;}
```

如果要根据多个属性进行选择，只需要将属性选择器链接在一起即可。例如，要将同时包含 href 和 title 属性的超链接的文本设置为红色，可以这样写：

```
a[href][title] {color:red;}
```

这样，下面的几个超链接中只有第 2 个被应用该样式：

```
<a href="http://www.pku.edu.cn" >北京大学</a>
<a href="http://www.tsinghua.edu.cn" title="清华大学">清华大学</a>
<a href="http://www.zju.edu.cn" >浙江大学</a>
```

2. 选取带有指定属性和属性值的元素

除了选择拥有某些属性的元素，还可以进一步缩小选择范围，限定属性的具体值。

例如，想要只将指向清华大学的超链接变成红色，可以这样编写规则：

```
a[href="http://www.tsinghua.end.cn"] {color: red;}
```

与简单属性选择器类似，如果要限定多个属性的具体值，可以把多个属性-值选择器链接在一起。

```
a[href="http://www.tsinghua.end.cn"] [title="清华大学"]{color: red;}
```

需要注意的是，这种格式要求属性值完全匹配。如果属性值包含用空格分隔的值列表，比如下面的<p>元素：

```
<p class="important warning">这是一条严重的警告信息</p>
```

那么写成 p[class="important"]后，这个规则就不能匹配到上面的元素，而必须这样写：

```
p[class="important warning"] {color: red;}
```

3. 选取属性值中包含指定词汇的元素

如果需要根据属性值中词汇列表的某个词汇进行选择，则需要使用波浪号(~)。这里的属性值必须是一个以空格符分隔的列表，属性选择器中指定的是其中的一个值。例如：

```
a[title~="bar"] {font-size: 20px}
```

对于下面的两个超链接，只有第 1 个可以匹配：

```
<a title="bar bar1 bar2"> </a>
<a title="bar2 bar3 bar4"></a>
```

4. 选取带有以指定值开头的属性值的元素

最后介绍一种特殊的属性选择器。这种属性选择器要求属性值是一个以连字符(-)分隔的列表，通过第一个连字符前面的值来匹配，例如：

```
*[lang|="en"] {color: red;}
```

上面这个规则会选择 lang 属性等于 en 或以 en-开头的所有元素。因此，以下标记中的前 3 个元素将被选中，而不会选择后两个元素：

```
<p lang="en">Hello!</p>
<p lang="en-us">Greetings!</p>
<p lang="en-au">G'day!</p>
<p lang="fr">Bonjour!</p>
<p lang="cy-en">Jrooana!</p>
```

7.2.2 CSS3 定义的属性选择器

CSS3 在 CSS 2.0 的基础上新增加了 3 个属性选择器，与已经定义的 4 种属性选择器构成强大的标签属性过滤器。

CSS3 遵循通用编码规则，选用^、$和*这 3 个通用匹配运算符，其中^表示匹配起始符，$ 表示匹配终止符，*表示匹配任意字符，使用它们更符合编码习惯和惯用编程思想。

- [abc^="def"]：选择 abc 属性值以“def”开头的所有元素，该选择器可以替代前面的 [abc|="def"]形式的选择器。
- [abc$="def"]：选择 abc 属性值以“def”结尾的所有元素。

- [abc*="def"]：选择 abc 属性值中包含子串“def”的所有元素，该选择器可替代前面的[abc~="def"]形式的选择器。

这 3 个属性选择器都匹配属性的部分值，也可称为“子串匹配属性选择器”。

【例 7-1】 通过属性选择器为不同类型的超链接添加不同的显示图标。

新建一个名为 7-1.html 的页面，保存在 Apache 的 htdocs/exam/ch07 目录下，输入如下代码：

```
<!DOCTYPE html>
<html>
  <head>
      <meta charset="GB2312" />
      <title>使用属性选择器</title>
    <style type="text/css">
      p {
        margin: 4px;
        font-size: 25px;
      }
      p[class]{
        font-style: italic;
      }
      p[class=first]{
          font-weight : bold;
      }
      a{
        padding-left: 30px;
      }
      a[href^="http:"] {
        background: url(images/windows.png) no-repeat ;
        background-size: 25px;
      }
      a[href$="pdf"] {
        background: url(images/icon_pdf.png) no-repeat;
        background-size: 25px;
      }
      a[href$="doc"] {
        background: url(images/icon_doc.png) no-repeat;
        background-size: 25px;
      }
      a[href$="xls"] {
        background: url(images/icon_xls.png) no-repeat;
        background-size: 25px;
      }
      a[href$="ppt"] {
        background: url(images/icon_ppt.png) no-repeat;
        background-size:25px;
      }
```

```
        a[href$="rar"] {
            background: url(images/icon_rar.png) no-repeat;
            background-size: 25px;
        }
        a[href$="jpg"] {
            background: url(images/icon_jpg.png) no-repeat;
            background-size: 25px;
        }
        a[href$="png"] {
            background: url(images/icon_png.png) no-repeat;
            background-size: 25px;
        }
        a[href$="mp3"] {
            background: url(images/icon_mp3.png) no-repeat;
            background-size: 25px;
        }
        a[href$="txt"] {
            background: url(images/icon_txt.png) no-repeat;
            background-size: 25px;
        }
    </style>
  </head>
  <body>
    <p class="first"><a href="http://www.yifan.com/name.pdf">PDF 文件</a> </p>
    <p><a href="http://www.yifan.com/name.doc">DOC 文件</a> </p>
    <p><a href="http://www.yifan.com/name.ppt">PPT 文件</a> </p>
    <p><a href="http://www.yifan.com/name.xls">XLS 文件</a> </p>
    <p><a href="http://www.yifan.com/name.rar">RAR 文件</a> </p>
    <p><a href="http://www.yifan.com/name.jpg">JPG 文件</a> </p>
    <p><a href="http://www.yifan.com/name.png">PNG 文件</a> </p>
    <p><a href="http://www.yifan.com/name.txt">TXT 文件</a> </p>
    <p><a href="http://www.yifan.com/name.mp3">MP3 文件</a></p>
    <p class="last"><a href="http://www.yifan.com/">一凡科技</a></p>
  </body>
</html>
```

为了使显示效果更清晰，本例对<p>元素的字体大小重新设置，大小为25px。然后通过class属性选择器对第1行和最后一行应用了斜体，对第1行同时使用了粗体效果。通过筛选href属性的结尾几个字符，区分链接的文件类型，为其显示相应的图标。在浏览器中的显示效果如图7-1所示。

本例用到的一些CSS属性的含义及具体设置规则将在后面详细介绍。

图 7-1　使用属性选择器为不同的超链接设计图标样式

7.3 派生选择器

依据元素所在位置的上下文关系来定义样式，可以使标记更简洁。在 CSS 1.0 中，通过这种方式来应用规则的选择器称为上下文选择器，这是由于它们依赖于上下文关系来应用或避免某项规则。在 CSS 2.0 中，将它们称为派生选择器，但是无论如何称呼它们，它们的作用都是相同的。

派生选择器根据文档的上下文关系来确定某个标签的样式，根据上下文关系的不同，派生选择器又包括子选择器、后代选择器、相邻兄弟选择器和一般兄弟选择器。合理地使用派生选择器，可以使 HTML 代码变得更整洁。

7.3.1　子选择器

“子选择器”只能匹配某一元素的直接子元素。子选择器的写法是使用一个“大于号”(>)分隔父子元素，父元素在前，子元素在后。

例如，下面的规则将把<h1>的直接子元素为<strong>元素的文本设置为红色：

```
h1 > strong {color:red;}
```

下面的两个<h1>元素，只有第一个<h1>下面的两个<strong>元素变为红色，第二个<h1>中的<strong>不是直接子元素，所以不会应用上面的规则。

```
<h1>This is <strong>very</strong> <strong>very</strong> important.</h1>
<h1>This is <em>really <strong>very</strong></em> important.</h1>
```

上述第二个<h1>中的<strong>元素是<em>元素的直接子元素，所以不会被上面的子选择器选中。

再比如，下面的选择器是毫无意义的，因为<b>元素不会成为<table>元素的直接子元素。

```
table>b {}
```

7.3.2　后代选择器

“后代选择器”又称为包含选择器。可以选择作为某元素后代的元素，往往嵌套于另一指定元素内，而并非仅仅是直接子元素。这与子选择器形成了对比，后代选择器选中的元素包含直接子元素和非直接子元素。

在写法上，子选择器的连接符是“大于号”(>)，而后代选择器的连接符是空格。例如，上面提到的无意义的子选择器，改成后代选择器就有意义了：

```
table  b {}
```

上述选择器匹配<table>元素中的任何<b>子元素，这意味着上述规则将应用于<td>及<th>元素中的全部<b>元素。

后代选择器的功能极其强大。有了它们，可以使 HTML 中不可能实现的任务变得可能实现。

例如，下面的规则会选择从<ul>元素继承的所有<b>元素，设置字体颜色为红色、背景色为黄色：

```
ul b{
    background-color:yellow;
    color: red;
}
```

对于下面这段代码，应用上述样式规则后的显示效果如图 7-2 所示。

```
<ul>
  <li><b>List item 1</b>
  <ol>
    <li>List item 1-1</li>
    <li>List item 1-2</li>
    <li>List item 1-3
    <ol>
      <li>List item 1-3-1</li>
      <li>List item <b>1-3-2</b></li>
      <li>List item 1-3-3</li>
    </ol>
    </li>
  </ol>
  </li>
  <li>List item 2</li>
  <li>List item 3</li>
</ul>
```

后代选择器和子选择器也可以结合起来使用，下面这个选择器会选择作为<td>元素直接子元素的所有<p>元素，这个<td>元素本身是从 class 属性为 company 的<table>元素继承的。

```
table.company  td > p { }
```

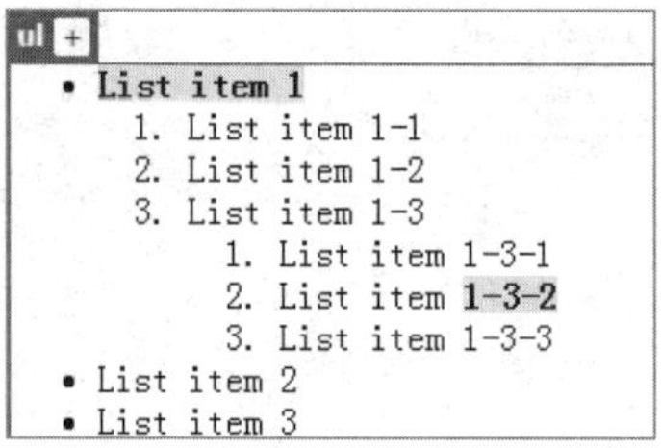

ul +

- List item 1
  1. List item 1-1
  2. List item 1-2
  3. List item 1-3
     1. List item 1-3-1
     2. List item 1-3-2
     3. List item 1-3-3
- List item 2
- List item 3

图 7-2　使用后代选择器

分析这个选择器时，首先把它从空格处分成两部分。也就是说，它是一个后代选择器，前面的部分是类选择器 table.company，后面的部分是子选择器 td>p。

7.3.3　相邻兄弟选择器

“相邻兄弟选择器”可选择紧跟另一元素后的元素，并且二者有相同的父元素。

相邻兄弟选择器使用加号(+)作为连接符。

例如，下面的规则用来增加紧跟<h1>元素出现的段落的上边距：

```
h1 + p {margin-top:50px;}
```

【例 7-2】使用相邻兄弟选择器。

新建一个名为 7-2.html 的页面，输入如下代码：

```
<!DOCTYPE html>
<html>
  <head>
      <meta charset="GB2312" />
      <title>使用相邻兄弟选择器</title>
    <style type="text/css">
     div+p{
        background-color:yellow;
     }
     li + li {
        font-weight:bold;
        color: red;
      }
    </style>
  </head>
  <body>
    <div>
        <h2>相邻兄弟选择器</h2>
      <p>&lt;h2&gt;后面的段落不应用规则</p>
    </div>
    <p>&lt;div&gt;后面的段落应用规则</p>
    <p>另一个段落,不应用规则</p>
    <div>
    <ul>
    <li>无序列表 1</li>
```

```
        <li>无序列表 2</li>
        <li>无序列表 3</li>
        </ul>
        <ol>
        <li>有序列表 1</li>
        <li>有序列表 2</li>
        <li>有序列表 3</li>
        </ol>
        </div>
    </body>
</html>
```

在本例中，两个规则都使用了相邻兄弟选择器。第一个规则将<div>后面的<p>元素的背景色设置为黄色；第二个规则选择列表中的非第 1 个列表项，设置字体颜色和粗体效果。值得一提的是第二个规则，本例中共有两个列表：一个无序列表和一个有序列表，每个列表都包含 3 个列表项。这两个列表是相邻兄弟，列表项本身也是相邻兄弟。但是，第一个列表中的列表项与第二个列表中的列表项不是相邻兄弟，因为这两组列表项不属于同一父元素。所以，本例中的第二个规则只会为列表中的第 2 个和第 3 个列表项应用规则，第 1 个列表项不受影响。最终效果如图 7-3 所示。

相邻兄弟选择器也可以与其他选择器结合使用，例如：

```
html > body table + ul {margin-top:20px;}
```

这个选择器选择紧跟<table>元素出现的<ul>元素，该<table>元素是<body>元素的后代元素，<body>元素本身是<html>元素的直接子元素。

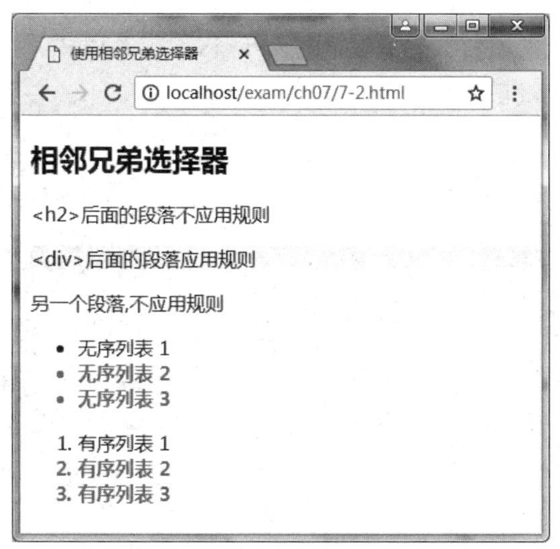

图 7-3　使用相邻兄弟选择器

7.3.4　一般兄弟选择器

“一般兄弟选择器”可以选择出现在另一元素后面的元素，只要二者具有相同的父元素即可，该元素不必是前方直接相邻的元素。

一般兄弟选择器是 CSS3 中的一部分，使用波浪号(~)作为连接符。例如，例 7-2 中的第一个规则如果使用一般兄弟选择器，则<div>元素后面的两个段落都会被应用该规则：

```
div~p{ background-color:yellow; }
```

7.4 伪元素选择器

CSS 伪元素用来为一些选择器添加特殊效果。伪元素针对元素中的特定内容进行操作。实际上，设计伪元素的目的就是选取诸如元素内容中的第一个字(母)、第一行等普通选择器无法完成的工作。它控制的内容实际上和元素是相同的，但是它本身只是基于元素的抽象，并不存在于文档中，所以叫伪元素，这样的选择器称为伪元素选择器。

在 CSS 1.0 中有两个伪元素：:first-letter 和: first-line。CSS 2.0 又增加了一对伪元素：:before 和:after。CSS3 引入了另一个新的伪元素::selection。所以，目前一共有 5 个伪元素。

7.4.1 :first-letter 和:first-line

:first-letter 伪元素用来向文本的第一个字母添加特殊样式。所有前导标点符号(如引号")都应当与第一个字母一同应用该样式。

在 CSS 2.1 之前，:first-letter 只能与块级元素关联。CSS 2.1 扩大了这个范围，可以与任何元素关联。

:first-line 伪元素用于向文本的首行添加特殊样式，而不论该行中出现多少单词。:first-line 只能与块级元素关联。

【例 7-3】 通过伪元素设置文本中第一个字母和首行的样式。

新建一个名为 7-3.html 的页面，输入如下代码：

```
<!DOCTYPE html>
<html>
  <head>
    <meta charset="GB2312" />
    <title>使用:first-letter 和:first-line</title>
  <style type="text/css">
    pre:first-letter,p:first-letter{
      color: #ff0000;
      font-size:xx-large;
      font-family: 隶书;
    }
    p:first-line{
      color: #0000ff;
      font-variant: small-caps
    }
  </style>
  </head>
  <body>
```

```
        <p>  “无量剑”原分东、北、西三宗，北宗近数十年来已趋式微，东西二宗却均人才鼎盛。“无量剑”于五代后唐年间在南诏无量山创派，掌门人居住无量山剑湖宫。</p>
        <pre>这老者姓左，名叫子穆，是“无量剑”东宗的掌门。</pre>
    </body>
</html>
```

这两个伪元素不只限于<p>标签，同样也适用于其他块元素。在本例中，也为<pre>元素设置了第一个字母的样式，最终效果如图 7-4 所示。

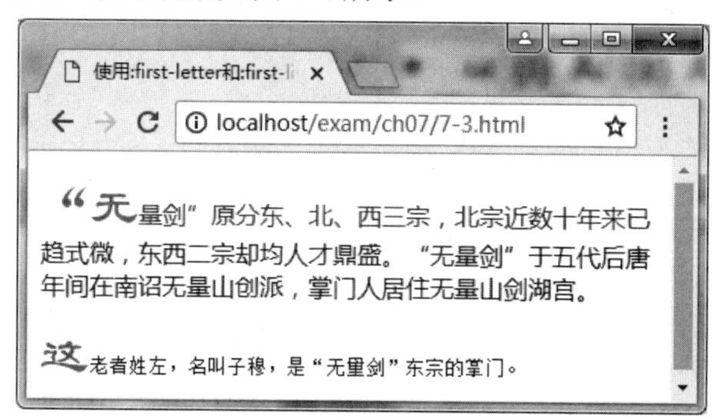

图 7-4　使用:first-letter 和:first-line

在 CSS 3 中，伪元素的语法已经修改为要求有两个冒号，因此:first-line 要变为::first-line。这种变化使得伪元素与伪类之间有所不同，但是由于这种语法还没有获得广泛支持，所以本书的示例将主要集中使用传统的 CSS 2.0 语法，这种语法将在未来相当长的时间内继续使用。

7.4.2　:before 和:after

:before 和:after 也是一对非常有用的伪元素，在 CSS 3 中，将它们写成::before 和::after 的样式。它们用于在元素之前或之后增加内容，其中，“在元素的内容之后”需要特别注意，这意味着，对于有空内容模式的元素，例如<img>或<input>，不能使用::before 和::after。

这两个伪元素基本上总是与 CSS 2.0 的属性 content 一同使用，用于插入动态生成的内容。Content 属性可以用于指定对象，例如图像，也可以用于指定一般的文本内容。

【例 7-4】 在元素前后添加内容。

新建一个名为 7-4.html 的页面，输入如下代码：

```
<!DOCTYPE html>
<html>
  <head>
    <meta charset="GB2312" />
    <title>使用::before 和::after</title>
    <style type="text/css" >
      .warning:before {
        content: "警告!";
        font-size: xx-large;
        background-color: yellow;
        border-style: dashed; border-width: 1px;
        margin-right: 1em;
```

```
            }
            .warning:after {
                content: url(images/warring.png);
            }
        </style>
    </head>
    <body>
        <h1>使用::before 和::after</h1>
        <p class="warning">给这两个伪元素生成的内容由 content 属性提供，content 可以用于指定对象，例如
图像，也可以用于指定一般的文本内容!</p>
    </body>
</html>
```

本例中，在 class 属性为 warning 的元素的前面添加了黄底黑字“警告”，在后面添加了一张警示图片，最终效果如图 7-5 所示。

图 7-5　使用:before 和:after

7.4.3　::selection

CSS 3 引入了伪元素::selection，::selection 匹配元素中被用户选中或处于高亮状态的部分。::selection 只可以应用于少数几个 CSS 属性：color、background、cursor 和 outline。

【例 7-5】 设置元素被用户选中后的样式。

新建一个名为 7-5.html 的页面，输入如下代码：

```
<!DOCTYPE html>
<html>
    <head>
        <meta charset="GB2312" />
        <title>使用::selection</title>
      <style type="text/css" >
        #select1::selection {background-color: red;}
        #select1::-moz-selection {background-color: red;}
        #select2::selection {color: blue;}
        #select2::-moz-selection {color: blue;}
```

```
    </style>
  </head>
  <body>
    <p>请尝试<span id="select1">选中这些文本</span>.</p>
    <p>这是<span id="select2">选中没有背景色的</span>.</p>
  </body>
</html>
```

上面代码中的::-moz-selection 是 Firefox 浏览器中的写法，同时包含::selection 和::-moz-selection 是为了保证无论客户端使用什么浏览器，都能显示相同的效果。

在浏览器中打开该页面，然后通过鼠标选中页面上的一些文本，查看选中后的效果，如图 7-6 所示。

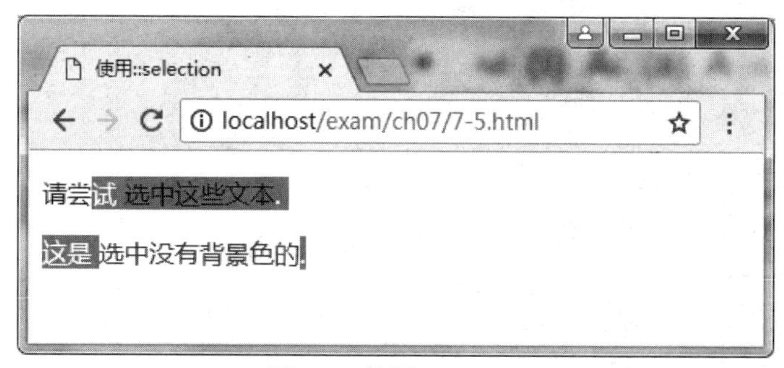

图 7-6 使用::selection

7.5 伪类选择器

与伪元素相似，伪类允许 CSS 选择器为没有样式组合的、相关联的文档树的多个部分指定样式。最常见的伪类主要被应用于链接状态和 UI 元素状态，在 CSS 3 中，又增加了一些结构伪类，它们利用 DOM 树实现元素过滤，通过文档结构的相互关系来匹配元素，可以减少 class 和 id 属性的定义，使文档变得更简洁。

7.5.1 与链接相关的动态伪类

在支持 CSS 的浏览器中，链接的不同状态都可以不同的方式显示，这些状态包括：活动状态、已被访问状态、未被访问状态和鼠标悬停状态。可以分别通过如下 4 个伪类选择器来控制：

```
a:link {color: #FF0000}      /* 未访问的链接 */
a:visited {color: #00FF00}   /* 已访问的链接 */
a:hover {color: #FF00FF}     /* 鼠标被移到链接上 */
a:active {color: #0000FF}    /* 选定的链接 */
```

其中的:hover 伪类还可以用于其他 UI 界面元素，而不仅仅是链接。

伪类的名称对大小写不敏感，在使用链接伪类选择器时需要注意以下两点：

- a:hover 必须被置于 a:link 和 a:visited 之后才有效
- a:active 必须被置于 a:hover 之后才有效

除了以上 4 个伪类选择器，CSS 3 中还增加了另一个与链接相关的伪类——:target。

:target 用于在元素是链接目标，并且文档的当前 URL 有片段标识符时施加样式。例如，对于下面使用:target 的样式规则：

```
#top:target {background-color: green;}
```

下面的标签只有在当前 URL 包含片段标识符#top 时才有绿色背景：

```
<span id="top">I am the top of the document.</span>
```

【例 7-6】使用动态伪类选择器设置链接的样式。

新建一个名为 7-6.html 的页面，输入如下代码：

```
<!DOCTYPE html>
<html>
  <head>
      <meta charset="GB2312" />
      <title>动态伪类</title>
    <style type="text/css" >
      a:link {color: #FF0000}
      a:visited {color: #00FF00}
      a:hover {color: #FF00FF}
      a:active {color: #0000FF}
      :target {
        border: 2px solid #D4D4D4;
        background-color: #e5eecc;
      }
    </style>
  </head>
  <body>
    <a id="top"> </a>
    <p>跳转到 <a href="#ch01">第 1 章</a>
    <a href="#ch02"> 第 2 章</a></p>
    <p>单击相应的链接，跳转到相应章节，注意查看单击前后链接的样式变化.</p>
    <p id="ch01"><b>第 1 章 桃园三结义</b></p>
    <p id="ch02"><b>第 2 章 怒鞭督邮</b></p>
    <p><a href="#top">返回顶部</a></p>
  </body>
</html>
```

在浏览器中打开该页面，未访问过的超链接显示为红色，访问过的链接显示为绿色，鼠标悬停在链接上时显示为粉色，如图 7-7 所示。单击某个锚点链接，URL 中出现锚点链接标识符，相应的链接目标的样式发生了变化，如图 7-8 所示。

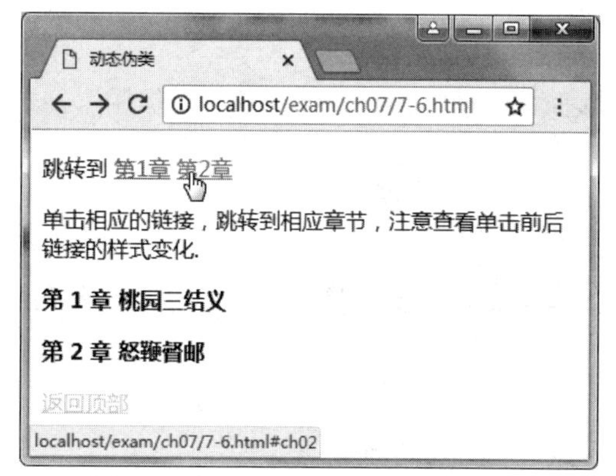

图 7-7　使用动态伪类设置链接样式

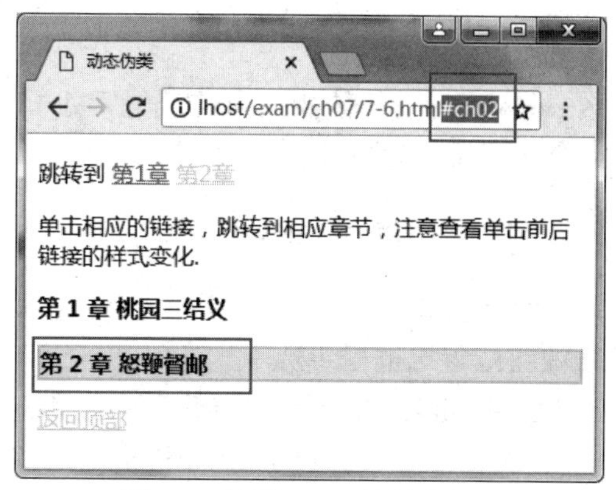

图 7-8　使用:target 的样式规则

7.5.2　UI 元素相关的伪类

UI 元素相关的伪类针对 HTML 中的表单元素进行操作，包括一些状态伪类(只有在元素处于某种状态时才起作用)和有效性验证伪类(验证用户输入的值是否有效)。

UI 元素的状态一般包括：启用、禁用、选中、未选中、获得焦点、失去焦点、只读、锁定和等待等。在 HTML 中元素有可用和不可用状态，例如表单中的文本输入框；在 HTML 中元素还有选中和未选中状态，例如表单中的复选框和单选按钮。

在CSS中，用于UI元素状态的伪类有：:focus、:enabled、:disabled、:checked、:read-only、:read-write、:default和:indeterminate。另外还有前面学过的:hover和:active，它们除了用于<a>元素，同样可以用于UI元素。

用于 UI 元素值的有效性验证的伪类有：:invalid、:valid、:required、:optional、:in-range 和:out-of-range。

1. :focus

:focus选择器被用来指定元素获得焦点时使用的样式，主要在文本框控件获得焦点并进行文字输入时使用。

使用时可以结合属性选择器，例如下面的规则只对文本框控件获得焦点时应用规则，密码框控件则不应用该规则：

```
input[type="text"]:focus{
    background: #ff6600;
    color: #fff;
}
```

2. :enabled 和:disabled

:enabled 选择器被用来指定当元素处于可用状态时的样式，:disabled 选择器被用来指定当元素处于不可用状态时的样式。

3. :read-only 和:read-write

:read-only 选择器被用来指定当元素处于只读状态时的样式，:read-write 选择器被用来指定当元素处于非只读状态时的样式。

4. :checked 和:indeterminate

这两个选择器主要被应用于单选按钮和复选框元素。:checked 选择器用来指定当表单中的单选按钮或复选框处于选中状态时的样式。

:indeterminate 选择器有如下 3 种应用场景：

- 表单中拥有相同 name 属性值的所有单选按钮都未被选中时
- indeterminate 属性被 JavaScript 设置为 true 的复选框控件
- 处于不确定状态的<progress>元素

5. :default

:default 选择器可以在<button>、<input type="checkbox">、<input type="radio">以及 <option>元素上使用。

允许进行多项选择的分组元素也可以具有多个默认值，即它们可以具有最初选择的多个选项。在这种情况下，所有默认值都使用:default 选择器表示。

【例 7-7】 使用 UI 元素状态伪类选择器。

新建一个名为 7-7.html 的页面，输入如下代码：

```
<!DOCTYPE html>
<html>
  <head>
      <meta charset="GB2312" />
      <title>UI 元素状态伪类</title>
    <style type="text/css" >
      input[type="text"]:hover{
        background: green;
      }
      input[type="text"]:focus{
        background: #ff6600;
        color: #fff;
      }
      input[type="text"]:active{
        background: blue;
      }
      input[type="password"]:hover{
        background: red;
      }
      input[type="text"]:focus{
        background: #ff6600;
        color: #fff;
      }
```

```
        input[type="button"]:enabled{
          background: blue;
          color: #ffffff;
        }
        input:disabled{
          background: #dddddd;
        }
        input[type="text"]:read-only{
          background: #99cc33;
          color: white;
        }
        input[type="checkbox"]:checked{
          outline: 2px solid green;
        }
        :default {outline: 2px solid red; }
        :indeterminate, :indeterminate + label {
          background: lime;
        }
      </style>
    </head>
    <body>
      <form>
        姓名：<input type="text" placeholder="请输入姓名"> <br/>
        密码：<input type="password" > <br/>
        国籍：<input type="text" disabled="disabled" value="中国" /><br>
        级别：<input type="text" readonly value="黄金会员" /><br>
        兴趣：
        <input type="checkbox">足球
        <input type="checkbox">篮球
        <input type="checkbox" checked>围棋
        <input type="checkbox" checked>游戏<br>
        性别：
        <input type="radio" name="gender" id="male">
        <label for="male">男</label>
        <input type="radio" name="gender" id="female" >
        <label for="female">女</label><br>
        季节：
        <input type="radio" name="season" id="spring">
        <label for="spring">春季</label>
        <input type="radio" name="season" id="summer" checked>
        <label for="summer">夏季</label>
        <input type="radio" name="season" id="fall">
        <label for="fall">秋季</label>
        <input type="radio" name="season" id="winter">
        <label for="winter">冬季</label><br>
        <input type="submit"> <input type="button" value="按钮">
```

```
        </form>
    </body>
</html>
```

本例演示了以上介绍的几个 UI 元素状态伪类选择器的用法，在浏览器中的显示效果如图 7-9 所示。

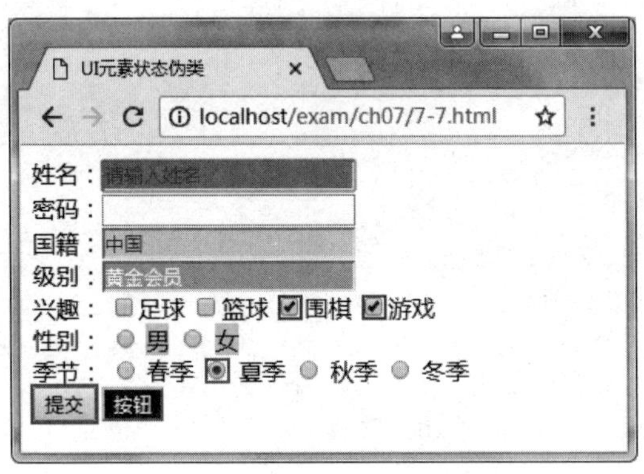

图 7-9　使用 UI 元素状态伪类选择器

6. :invalid 和:valid

:invalid 选择器用于在表单元素中输入非法值时设置指定样式。:valid 选择器的作用和:invalid 恰好相反，用来指定当元素内容通过指定的检查，或元素内容符合所规定格式时的样式。

这两个选择器只作用于能指定区间值的元素，例如提供 min 和 max 属性的<input>元素、正确的 e-mail 字段、合法的数字字段等。

7. :required 和:optional

:required 选择器用来指定允许使用且已经指定 required 属性的<input>元素、<select>元素以及<textarea>元素的样式。

:optional 选择器用来指定允许使用但尚未指定 required 属性的<input>元素、<select>元素以及<textarea>元素的样式。

8. :in-range 和:out-of-range

:in-range 选择器用来指定当元素的有效值被限定在一段范围内，且实际的输入值在该范围时的样式。

:out-of-range 选择器用来指定当元素的有效值被限定在一段范围内，但实际的输入值超出该范围时使用的样式。

【例 7-8】 使用 UI 元素有效性检查伪类选择器。

新建一个名为 7-8.html 的页面，输入如下代码：

```
<!DOCTYPE html>
<html>
    <head>
```

```
        <meta charset="GB2312" />
        <title>UI 元素有效性检查伪类</title>
    <style type="text/css" >
        input[type="email"]:invalid{
            color: red;
        }
        input[type="email"]:valid{
            color:blue;
        }
        input[type="text"]:required{
            background: red;
            color: #ffffff;
        }
        input[type="text"]:optional{
            background: yellow;
            color: #ffffff;
        }
        input[type="number"]:in-range{
            color: #ffffff;
            background: green;
        }
        input[type="number"]:out-of-range{
            background: red;
            color: #ffffff;
        }
    </style>
  </head>
  <body>
    <form>
        email：<input type="email" > <br/>
        姓名：<input type="text" placeholder="请输入姓名" required> <br/>
        电话：<input type="text" /><br>
        成绩：<input type="number" min="0" max="100" >
    </form>
  </body>
</html>
```

在浏览器中的显示效果如图 7-10 所示，可在 email 和“成绩”文本框中输入合法及非法的内容，查看不同的样式效果。

图 7-10　使用 UI 元素有效性检查伪类选择器

7.5.3　结构伪类

结构伪类选择器利用 DOM 树实现元素过滤，通过文档结构的相互关系来匹配元素，可以减少 class 和 id 属性的定义，使文档变得更简洁。

1. :root 和:empty

:root 将样式绑定到页面的根元素。所谓根元素，是指位于文档树中最顶层结构的元素，在 HTML 页面中根元素始终是<html>元素。

:empty 用来选择没有任何内容的元素，没有内容指的是一点儿内容都没有，哪怕是一个空格都不行。

【例 7-9】 使用:root 和:empty 伪类选择器。

新建一个名为 7-9.html 的页面，输入如下代码：

```
<!DOCTYPE html>
<html>
  <head>
      <meta charset="GB2312" />
      <title>root 和 empty 伪类</title>
    <style type="text/css" >
      :root{
        background:#BEFDD1;
      }
      p{
        background: orange;
        min-height: 30px;
      }
      p:empty {
        display: none;
      }
    </style>
  </head>
  <body>
    <p>我是一个段落</p>
    <p> </p>
    <p></p>
  </body>
</html>
```

本例使用:root 伪类设置页面的背景色为浅绿色，然后使用:empty 隐藏了空的段落，从运行结果可以看出，三个段落中只有最后一个被隐藏了，这是因为第二个段落包含空格，是非空的，如图 7-11 所示。

2. :first-child 和:last-child

:first-child 选择器用来选择第一个子元素(所有的第一个子元素都会被选择)。:last-child 选择器与:first-child 选择器的作用类似，只不过:last-child 选择的是元素的最后一个子元素。

【例 7-10】 使用:first-child 和:last-child 伪类选择器。

新建一个名为 7-10.html 的页面，输入如下代码：

```
<!DOCTYPE html>
<html>
  <head>
      <meta charset="GB2312" />
      <title>第一个和最后一个子元素伪类</title>
    <style type="text/css" >
      #selector1 :first-child{
        color: red;
      }
      #selector1 :last-child{
        background-color: yellow;
      }
    </style>
  </head>
  <body>
    <div id="selector1">
      <span>我是第一个 span</span>
      <p>我是第一个 p，在 span 后面</p>
      <div><p>嵌在一个子 div 中的段落 p</p>
        <p>子 div 中的另一个段落 p</p></div>
      <p>第三个 p</p>
      <em>I am em</em>
      <ul>
        <li>1</li>
        <li>2</li>
      </ul>
      <ul>
        <li>3</li>
        <li>4</li>
        <li>5</li>
      </ul>
      <span>我是第二个 span</span>
    </div>
  </body>
</html>
```

在浏览器中的显示效果如图 7-12 所示。从显示效果可以看出，这里的第一个和最后一个子元素包括所有的第一个子元素和最后一个子元素。

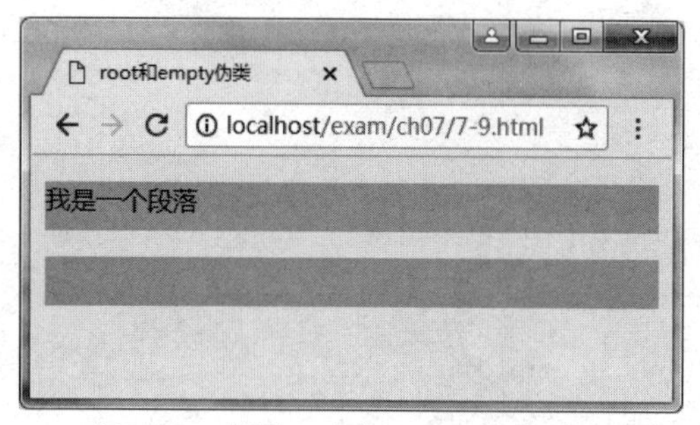

图 7-11　使用:root 和:empty 伪类选择器

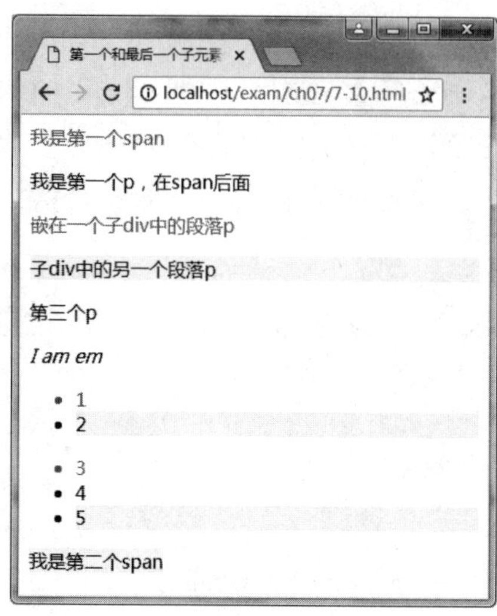

图 7-12　选择第一个和最后一个子元素

3. :nth-child(n)和:nth-last-child(n)

:nth-child(n)用来定位父元素的一个或多个特定的子元素。其中“n”是参数，可以是整数值(1、2、3、4 等)，也可以是表达式(2n+1、－n+5 等)和关键词(odd、even 等)，参数 n 的起始值始终是 1。也就是说，参数 n 的值为 0 时，选择器将选择不到任何匹配的元素。下面的选择器将匹配表格中相应的行。

- tr:nth-child(2n+1)：匹配奇数行的 tr。
- tr:nth-child(2n)：匹配偶数行的 tr。
- tr:nth-child(odd)：匹配奇数行的 tr。
- tr:nth-child(even)：匹配偶数行的 tr。
- tr:nth-child(4)：匹配第四行的 tr。

:nth-last-child(n)选择器用于选择父元素中倒数第 n 个位置的元素或特定元素，与:nth-child(n)的区别在于，:nth-child(n)选择元素时正着数(从上往下数)，而:nth-last-child(n)从后往前数。

【例 7-11】使用:nth-child(n)和:nth-last-child(n)伪类选择器。

新建一个名为 7-11.html 的页面，输入如下代码：

```
<!DOCTYPE html>
<html>
  <head>
      <meta charset="GB2312" />
      <title>:nth-child(n)和:nth-last-child(n)</title>
    <style type="text/css" >
      li:nth-child(2n-1){
         background: pink;
      }
      tr:nth-last-child(2){
         background-color: yellow;
      }
```

```
        </style>
    </head>
    <body>
        <ol>
            <li>有序列表 1</li>
            <li>有序列表 2</li>
        </ol>
        <ul>
            <li>无序列表 1</li>
            <li>无序列表 2</li>
            <li>无序列表 3</li>
        </ul>
        <table border="1">
            <tr>
                <td>(1,1)</td>
                <td>(1,2)</td>
                <td>(1,3)</td>
            </tr>
            <tr>
                <td>(2,1)</td>
                <td>(2,2)</td>
                <td>(2,3)</td>
            </tr>
            <tr>
                <td>(3,1)</td>
                <td>(3,2)</td>
                <td>(3,3)</td>
            </tr>
        </table>
    </body>
</html>
```

在浏览器中的显示效果如图 7-13 所示。

4. :first-of-type 和:last-of-type

:first-of-type 选择器类似于:first-child 选择器，不同之处在于前者指定元素的类型，主要用来定位父元素下某个类型的第一个子元素。:last-of-type 选择器和:first-of-type 选择器的功能是一样的，不同之处在于前者选择的是父元素下某个类型的最后一个子元素。

【例 7-12】 使用:first-of-type 和:last-of-type 伪类选择器。

新建一个名为 7-12.html 的页面，输入如下代码：

```
<!DOCTYPE html>
<html>
    <head>
            <meta charset="GB2312" />
            <title>:first-of-type 和:last-of-type</title>
```

```
        <style type="text/css" >
          li:first-of-type{
            background-color: pink;
          }
          li:last-of-type{
            background-color: yellow;
          }
        </style>
      </head>
      <body>
        <ol>
          <li>有序列表 1</li>
          <li>有序列表 2</li>
        </ol>
        <ul>
          <li>无序列表 1</li>
          <li>无序列表 2</li>
          <li>无序列表 3</li>
        </ul>
      </body>
    </html>
```

在浏览器中的显示效果如图 7-14 所示。

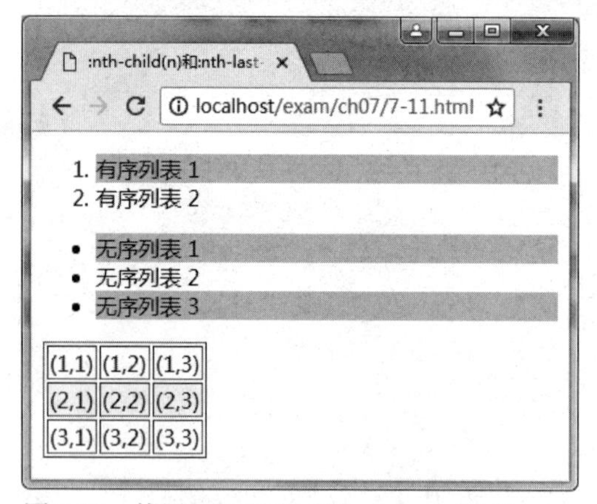

图 7-13　使用:nth-child(n)和:nth-last-child(n)

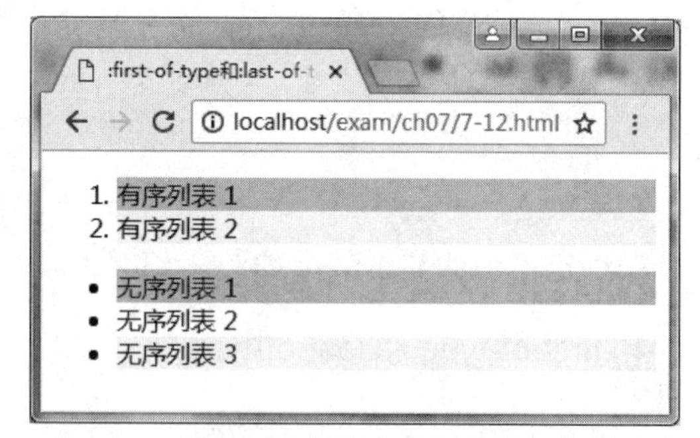

图 7-14　按类型选择第一个和最后一个子元素

5. :nth-of-type(n)和:nth-last-of-type(n)

:nth-of-type(n)选择器和:nth-child(n)选择器非常类似，不同之处在于前者只计算父元素中指定的某个类型的子元素。当某个元素的子元素不是同一类型的子元素时，使用:nth-of-type(n)选择器定位父元素中某个类型的子元素是非常方便和有用的。:nth-of-type(n)选择器中的“n”和:nth-child(n)选择器中的 n 一样，可以是具体的整数，也可以是表达式，还可以是关键词。

:nth-last-of-type(n)选择器和:nth-of-type(n)选择器一样，都选择父元素中指定的某个子元素类型，但起始方向是从最后一个子元素开始，而且使用方法与:nth-last-child(n)选择器一样。

【例 7-13】 使用:nth-of-type(n)和:nth-last-of-type(n)伪类选择器。

新建一个名为 7-13.html 的页面，输入如下代码：

```
<!DOCTYPE html>
<html>
  <head>
      <meta charset="GB2312" />
      <title>:nth-of-type(n)和:nth-last-of-type(n)</title>
    <style type="text/css" >
      li:nth-of-type(odd){
        background: pink;
      }
      td:nth-last-of-type(1){
        background-color: yellow;
      }
    </style>
  </head>
  <body>
    <ol>
      <li>有序列表 1</li>
      <li>有序列表 2</li>
    </ol>
    <ul>
      <li>无序列表 1</li>
      <li>无序列表 2</li>
      <li>无序列表 3</li>
    </ul>
    <table border="1">
      <tr>
        <td>(1,1)</td>
        <td>(1,2)</td>
        <td>(1,3)</td>
      </tr>
      <tr>
        <td>(2,1)</td>
        <td>(2,2)</td>
        <td>(2,3)</td>
      </tr>
      <tr>
        <td>(3,1)</td>
        <td>(3,2)</td>
        <td>(3,3)</td>
```

```
        </tr>
      </table>
   </body>
</html>
```

在浏览器中的显示效果如图 7-15 所示。

6. :only-child 和:only-of-type

:only-child 选择器匹配属于父元素的唯一子元素的每个元素。

:only-of-type 表示一个元素还有很多个子元素，而其中只有一种类型的子元素是唯一的，使用:only-of-type 选择器就可以选中这个元素中这种类型的子元素。

【例 7-14】 使用:only-child 和:only-of-type 伪类选择器。

新建一个名为 7-14.html 的页面，输入如下代码：

```
<!DOCTYPE html>
<html>
   <head>
        <meta charset="GB2312" />
        <title>:only-child 和:only-of-type</title>
      <style type="text/css" >
        p:only-of-type   {
           background:#9BF3B8;
        }
        b:only-child{
           font-style: italic;
           background-color: yellow;
        }
      </style>
   </head>
   <body>
      <div>
        <p>这是一个段落。</p>
      </div>
      <div>
        <span>这是一个 span。</span>
        <p>这是和 span 并列的一个段落。</p>
      </div>
      <p><b>注释：</b>Internet Explorer 不支持:only-child 选择器。</p>
   </body>
</html>
```

在浏览器中的显示效果如图 7-16 所示。

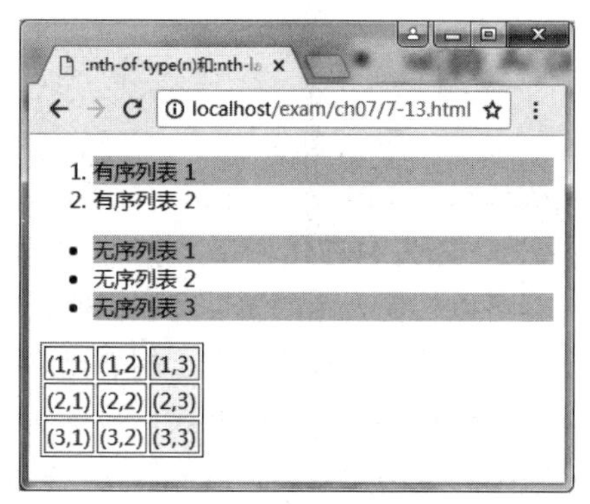

图 7-15　使用:nth-of-type(n)和:nth-last-of-type(n)

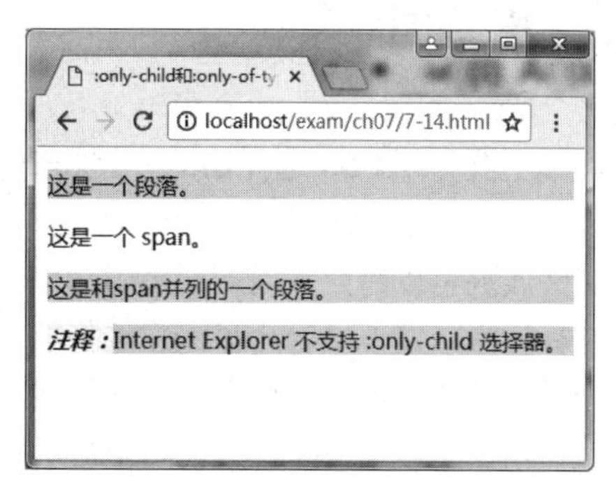

图 7-16　选择唯一的子元素

7.5.4　语言伪类:lang

:lang 选择器用于向带有指定 lang 属性的元素添加样式，当然也可以使用前面学习的属性选择器来实现相同的功能。例如，下面两个规则的应用效果完全相同：

```
p[lang|="en"] { color: red; }
p:lang(en) { color: red; }
```

上面两个规则会选择 lang 属性等于 en 或以 en-开头的所有段落，但是不对没有指定 lang 属性或者 lang 属性值不是英文语言的段落使用样式，如下所示：

```
<p lang="en">This is English and red.</p>
<p lang="en-uk">This is British English and red.</p>
<p>Not red no lang specified.</p>
<p lang="fr">C'est Francais. (Not red)</p>
```

7.5.5　否定伪类:not

CSS3 引入的最令人感兴趣的伪类就是否定伪类:not()，主要用于逻辑上的反向作用。

:not 选择器的参数很简单，主要是元素类型选择器、通配符选择器、属性选择器、id 选择器、类选择器和大多数的伪类选择器。

例如，下面的规则把所有不是 plain 类的段落标签设置为红色：

```
p:not(.plain) {color: red;}
```

下面是一个更复杂的示例：

```
#nav > a:not(:hover) {color: green;}
```

上例将选择没有鼠标滑过的链接，以及链接是 id 为 nav 的元素的直接子元素，并将它们设置为绿色，比如下面的链接：

```
<p id="nav"><a href="http://www.baidu.com">百度</a></p>
```

反逻辑有时容易让人费解，所以应慎重使用。

7.6 本章小结

本章主要介绍CSS选择器的分类和使用方法。首先从基本选择器讲起，介绍了标签选择器、类选择器和ID选择器的使用方法；然后介绍了属性选择器，因为HTML标签支持各种属性，通过这些属性可以给元素增加很多附加信息，属性选择器可以根据元素的属性及属性值来更精准地选择元素；接下来讲述了派生选择器的用法，包括子选择器、后代选择器、相邻兄弟选择器和一般兄弟选择器，派生选择器根据文档的上下文关系来确定某个标签的样式，合理地使用派生选择器，可以使 HTML 代码变得更整洁；接下来介绍的是伪元素选择器，伪元素针对元素中的特定内容进行操作，CSS伪元素用来为选择器添加一些特殊效果；最后介绍的是伪类选择器，伪类允许CSS选择器为没有样式组合的、相关联的文档树的多个部分指定样式。

7.7 思考和练习

1. 类选择器的语法规则很简单，就是在选择的类名前加上________。
2. ID选择器的语法是在要选择的元素ID前加上________。
3. 比较特殊的标签选择器是通用选择器，用______ 表示，以匹配文档中的全部标签。
4. 选择abc属性值以“def”结尾的所有元素的属性选择器是_______ 。
5. “子选择器”只能匹配某一元素的________。子选择器的写法是使用一个________分隔父子元素，父元素在前，子元素在后。
6. 简述后代选择器和子选择器的区别。
7. 相邻兄弟选择器使用 ______作为连接符，一般兄弟选择器使用 _____作为连接符。
8. CSS中的伪元素一共有5个，分别是________、________、:after、______和______。
9. 常见的结构伪类选择器有哪些？作用分别是什么？
10. :default选择器的作用是什么？

第 8 章 使用CSS设置文本样式

CSS 规则包含两个部分：选择器(用于指定规则应用的元素)和属性。你在上一章学习了 CSS 的各种选择器的使用方法，从本章开始介绍 CSS 的属性，CSS 的属性有很多，本章主要介绍与文本样式相关的属性，它们控制文本的字体、外观、颜色、特殊效果以及换行格式等。通过本章的学习，读者应掌握如何使用 CSS 样式美化网页中的文本。

本章的学习目标：

- 掌握控制文本字体的 CSS 属性
- 了解 font-size 属性值的几种格式
- 掌握 font 综合属性中包含的多个属性的先后顺序
- 了解 CSS 中表示颜色的几种模式
- 掌握 CSS 中常用的文本格式化属性的用法

8.1 设置文本字体

文本是网页内容的主要元素，当文本较多时，如果只是简单地罗列，会让访问者觉得单调乏味。因此，合理编排和有效控制文字的显示方式，就显得十分重要了。

CSS 提供了大量用来控制文本样式的属性，这些属性可以分成两组：

- 直接影响字体及其外观的属性(包括使用的字库，是否为正体、粗体或斜体，以及文本尺寸等)。
- 具有的效果与所用字体无关的属性(包括文本颜色、单词或字母间的距离等)。

本节主要介绍第一组属性，也就是直接影响字体的属性，如表 8-1 所示。

表 8-1　CSS 中的字体属性

属　性	描　述
font	允许将下面的多个属性联合成一个
font-family	指定应该使用的字库或字体族
font-size	指定字体大小
font-weight	指定字体应为正常或粗体

(续表)

属　性	描　述
font-style	指定字体应为正常、斜体或伪斜体
font-variant	指定字体应为正常或小型大写字母

8.1.1 font-family 属性

font-family 属性用来指定应用 CSS 规则的元素中文本的字体。在前面的一些示例中已经使用过该属性。该属性中指定的字体受用户环境的影响，浏览器只能在客户端计算机中已经安装对应字库的情况下才能以指定字体显示 HTML 文本，为了确保指定的字体能够正确显示，该属性还允许同时指定多种字体，浏览器将按顺序采用第一个可用的字体。

如果使用通用的字体族(如 sans-serif)，浏览器可自动从该字体系列中选择一种字体。如果同时指定多种字体，则字体名之间用逗号分隔；如果字体名中包括空格、#、$等特殊符号，则字体名必须用单引号或双引号引起来，例如"Times New Roman"。

在实际项目开发中，服务器上的字体与客户端计算机中的字体往往是不一致的，每个人的计算机上安装的字体都不一样，例如：

```
p{font-family:楷体,Arial, "Times New Roman";}
```

上述代码的意思是 p 元素优先用“楷体”字体来显示。如果用户的计算机上没有安装“楷体”字体，那么接着就用 Arial 字体来显示；如果也没有安装 Arial 字体，就用“Times New Roman”字体来显示，以此类推。如果希望“所有用户”的计算机上都能正常显示“楷体”字体，该怎么办？这就用到了 CSS3 中引入的嵌入字体。

所谓“嵌入字体”，就是加载服务器端的字体文件，让浏览器可以显示用户计算机上没有安装的字体。在 CSS3 之前，网页必须使用已在客户端计算机上安装好的字体，所以在设计中会有诸多限制。而在 CSS3 中，可以使用@font-face 来使得所有客户端加载服务器端的字体文件，从而使得所有用户的浏览器都能正常显示这种字体，语法格式如下：

```
@font-face {
    font-family : 字体名称;
    src :url("字体文件路径");
}
```

其中，参数 src 可以是相对地址，也可以是绝对地址。如果要引用第三方网站的字体文件，那就使用绝对路径；如果使用的是自己网站目录下的字体，就使用相对路径。

例如，下面的规则中定义了名为 myFont 的字体，字体文件为 font 子目录中的 myFont.ttf，然后在其他规则的 font-family 属性中就可以使用该字体了。

```
<style type="text/css">
    /*定义字体*/
    @font-face {
        font-family: myFont;    /*定义字体名称为 myFont*/
        src: url("font/myFont.ttf");
    }
```

```
    p {
        font-family:myFont;    /*使用自定义的 myFont 字体作为 p 元素的字体类型*/
        font-size:60px;
        color:#626C3D;
        padding:20px;
    }
</style>
```

通过@font-face使用服务器字体这种方法，不建议应用于中文网站。因为中文的字体文件都是几MB到十几MB，这么大的字体文件，会严重影响网页的加载速度。如果是少量的特殊字体，建议使用图片代替。英文的字体文件只有几十KB，非常适合使用@font-face。之所以中文的字体文件大而英文的字体文件小，原因很简单：中文汉字多，而英文只有 26 个英文字母。

8.1.2　font-size 属性

font-size 属性用来为字体设置大小。该属性的值可以有多种指定方式：绝对尺寸、相对尺寸、长度和百分比。

1. 绝对尺寸

绝对尺寸从小到大有如下几个取值，每个值都对应固定的尺寸：xx-small、x-small、small、medium、large、x-large、xx-large。

2. 相对尺寸

这里的相对指的是与周围文本相比较，有 smaller 和 larger 两个取值。smaller 比当前默认字号小，larger 比当前默认字号大。

3. 长度

长度是指给出具体数值，然后跟表示长度的单位。单位的类型有相对单位和绝对单位。相对单位共有 3 种：px(像素)，与屏幕的分辨率相关联；以及 em 和 ex，二者都与字体的大小相关联。绝对单位有 5 种：pt(磅)、pc(派卡)、in(英寸)、cm(厘米)和 mm(毫米)。

- px：“像素”，是目前为止在 CSS 中最常用的长度单位，像素是屏幕分辨率中最小的单位。
- em：1 em 与当前字体的高度等价，因为字体的尺寸可能在文档中不断变化，em 单位的高度可能在文档的不同部分也不相同。除此之外，因为用户能够改变浏览器中文本的尺寸，em 单位的尺寸可能因为用户选择文本尺寸的变化而变化。
- ex：ex 应为小写字母 x 的高度。因为不同字体的比例也不尽相同，ex 依赖于字体的尺寸以及字体的类型。
- pt：1 磅是 1 英寸的 1/72，与多数计算机屏幕分辨率中的 1 像素相同。通常使用“磅”衡量字体尺寸与行距。
- pc：1 派卡为 1/12 英寸，也就是 6 磅，通常使用派卡衡量行的长度。
- in、cm、mm：英寸、厘米和毫米都是标准的长度单位。

4. 百分比

可使用百分比方式给出一个与另一个值相关的值。例如，如果页面中仅包含两个段落，而你希望其中每一个都占据页面宽度的一半，则可以将段落的 width 属性设置为 50%。然而，如果<p>元素位于另一个元素内部，并且宽度已知为 500 像素，则每个段落会占据该包含元素宽度的 50%(即 250 像素)。

8.1.3 font-weight 属性

大多数字体都有不同的变体，如粗体及斜体。当创建新字体时，通常还会为每个粗体变体单独创建较粗版本。

CSS 的 font-weight 属性就用来设置字体的粗细，可能的取值有：normal(正常粗细)、bold(粗体)、bolder(特粗，比粗体还粗一些)、lighter(特细)、100、200、300、400、500、600、700、800、900。对于后面几个数字，值越大越粗，400 等同于 normal，700 等同于 bold。

在这些值中，bold 是最常用的。通常情况下，网页的标题、比较醒目的文字或想要重点突出的内容一般都会用粗体。

8.1.4 font-style 属性

font-style 属性用来设置字体的风格，可能的取值包括 normal、italic 和 oblique。其中，normal 是正常字体，italic 是斜体，oblique 是倾斜的字体样式。

在印刷学中，字体的斜体(italic)版本通常是一种基于笔迹的特殊风格版本，而伪斜体(oblique)则是将正常版本倾斜某个角度。在 CSS 中，当指定 font-style 属性为 italic 时，浏览器通常会取字体的正常版本，然后简单倾斜一定角度并进行渲染(与使用 oblique 时应有的效果一样)。

8.1.5 font-variant 属性

font-variant 属性主要用于定义小型大写字母文本，这意味着所有的小写字母均会被转换为大写，但是所有使用小型大写字体的字母与其余文本相比，字体尺寸更小。小型大写字体(small caps font)就像是较小版本的大写字母集合。

font-variant 属性有两个可能的取值：normal 及 small-caps。默认值为 normal，即使用标准字体显示；small-caps 表示使用小型大写字体显示。

例如，下面的段落中包含一个带有 class 属性的<span>元素：

```
<p>This is normal, but <span class="smallcaps">there are some small caps</span> in the middle.</p>
```

样式表定义如下：

```
p {
   font-variant : normal;
}
span.smallcaps {
   font-variant : small-caps;
}
```

与<span>元素相关联的规则指定其内容应该以小型大写字母显示，效果如图 8-1 所示。

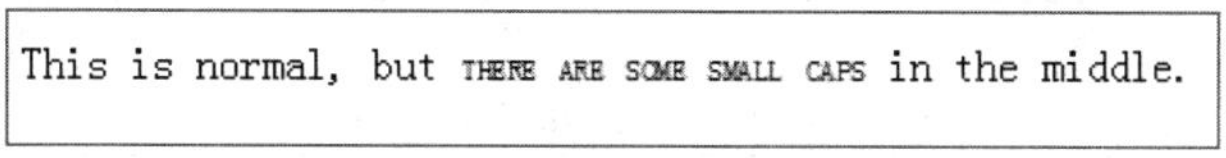

This is normal, but THERE ARE SOME SMALL CAPS in the middle.

图 8-1　使用 font-variant 属性

8.1.6　font 属性

使用 font 属性可以将前面的几个属性联合成一个，综合设置字体样式。使用 font 属性时，不需要设置的属性可以省略，多个属性之间用空格分隔，多个属性必须按如下顺序指定：

```
font: style variant weight size/Line-height family
```

例如，下面两种样式定义是等价的：

```
p {
  font-family: arial, sans-serif;
  font-size : 20px;
  font-style : italic;
  font-weight : bold;
}
p {
  font : italic bold 20px arial,sans-serif;
}
```

另外，综合设置字体样式时，还可以在设置字号的同时设置行高，在字号后面加“/”，再跟行高值即可。

8.2　文本格式化

除影响字体的属性外，还有一些属性用来设置文本的外观或格式(独立于显示文本的字体)，常用的文本格式化属性如表 8-2 所示。

表 8-2　CSS 中常用的文本格式化属性

属　性	描　述
color	指定文本颜色
text-align	指定文本在包含元素中水平对齐
vertical-align	指定文本在包含元素中垂直对齐
text-decoration	指定文本是否应具有下画线、上画线或中画线
text-indent	指定从左侧边框起文本的缩进
text-transform	指定元素内容应全部为大写、小写或首字母大写
text-shadow	指定文本应具有投影
letter-spacing	控制字符间宽度(即印刷设计师所熟知的“字距”)
word-spacing	控制单词间的距离
text-overflow	指定当文本溢出包含元素时是否显示省略号

(续表)

属　性	描　述
word-wrap	允许对长的、不可分割的单词或URL强制换行
white-space	指定空格是否应该被压缩、保留或阻止换行
direction	指定文本行文方向(类似于dir属性)

8.2.1 color属性

color属性用来设置文本的颜色，即元素的前景色，这种颜色还会被应用到元素的所有边框，除非被border-color或另外某个边框颜色属性覆盖。

该属性最常见的取值是十六进制颜色代码、颜色关键字和RGB模式，在CSS3中，又增加了RGBA、HSL、HSLA这三种模式，从而极大地丰富了CSS的颜色设置方式。

1. 十六进制颜色代码

十六进制颜色代码是设置颜色值的常用方式，将3个介于00和FF之间的十六进制数连接起来。若十六进制的3组数各自成对，则可简写为3位，例如：

```
#00cc66
#aabbcc <=> #abc
```

Web安全色是指在256色的计算机系统上总能避免抖动的颜色，表示为RGB值20%和51(相应的十六进制值为33)的倍数。因此，采用十六进制时，00\33\66\99\cc\ff被认为是Web安全色，一共6×6×6=216种。

2. 颜色关键字

CSS颜色关键字包括颜色名称、transparent和currentColor。

- 颜色名称：指的是直接使用颜色的英文单词，如red、white、black、gray、pink、blue、orange、silver、yellow、green、purple等。
- transparent：用来表示文本的颜色纯透明，可以近似认为是rgba(0,0,0,0)。
- currentColor：顾名思义，指当前颜色，准确来说是指当前的文字颜色。

3. RGB模式

通过组合不同的红色、绿色、蓝色分量创造出的颜色被称为RGB模式的颜色。显示器由一个个像素构成，利用电子束来表现色彩。像素把光的三原色——红色(R)、绿色(G)、蓝色(B)组合起来。每像素包含8位元色彩的信息量，有0~255共256个单元，其中0是完全无光状态，255是最亮状态。书写方法如下：

```
rgb(x%,y%,z%)
rgb(a,b,c)
```

4. RGBA 模式

RGBA 模式在 RGB 模式的基础上增加了 alpha 通道，用来设置颜色的透明度，alpha 通道值的范围为 0~1。0 代表完全透明，1 代表完全不透明。RGBA 颜色的表示方法如下：

```
rgba(r,g,b,a)
```

IE9 及以上版本的浏览器才支持 RGBA 模式的颜色。

5. HSL 模式

HSL 模式通过色调(H)、饱和度(S)、亮度(L)三个颜色通道的变化以及它们的相互叠加来得到各式各样的颜色。HSL 标准几乎可以包括人类视力所能感知的所有颜色。HSL 颜色模式的表示方法如下：

```
hsl(h,s,l)
```

其中，各参数的含义如下：

- h 表示色调(hue)，色调可以为任意整数。0(以及 360 或－360)表示红色，60 表示黄色，120 表示绿色，180 表示青色，240 表示蓝色，300 表示洋红(当 h 值大于 360 时，实际的值等于该值模 360 后的值)。
- s 表示饱和度(saturation)，是指颜色的深浅度和鲜艳程度。取值范围为 0~100%，其中 0 表示灰度(没有颜色)，100%表示饱和度最高(颜色最鲜艳)。
- l 表示亮度(lightness)，取值范围为 0~100%，其中 0 表示最暗(黑色)，100%表示最亮(白色)。

6. HSLA 模式

HSLA 模式是 HSL 的扩展模式，在 HSL 模式的基础上增加了透明度通道 alpha 来设置透明度，表示方法如下：

```
hsla(<length>,<percentage>,<percentage>,<opacity>)
```

其中，前 3 个参数和 HSL 模式的 3 个参数相同，最后一个参数 opacity 表示透明度。

8.2.2　text-align 属性

text-align 属性对于文本的功能与已经废弃的 align 属性类似，它会将文本在包含元素或浏览器窗口中对齐。该属性可能的取值有：left(左对齐)、right(右对齐)、center(居中)和 justify(两端对齐)。

8.2.3　vertical-align 属性

vertical-align 属性用来设置元素的垂直对齐方式。该属性定义行内元素的基线相对于该元素所在行的基线垂直对齐。在使用行内元素时，尤其对于图片及文本片段，vertical-align 属性特别有用。

该属性可以有多种取值，如表 8-3 所示。

表 8-3　vertical-align 属性的取值

值	描　述
baseline	与父元素的基线对齐(此为默认设置)
sub	将元素作为下角标。对于图片，其顶端应处于基线上。对于文本，字体主体的顶端应位于基线上
super	将元素作为上角标。对于图片，其底部应与字体顶部对齐。对于文本，下探部分(g 与 p 等字母位于文本线以下的部分)的底部应与字体主体的顶部对齐
top	将文本顶端及图片顶端与行内最高元素的顶端对齐
text-top	将文本顶端及图片顶端与行内最高文本的顶端对齐
middle	将元素垂直中点与父元素垂直中点对齐
bottom	将文本底部及图片底部与行内最低元素的底部对齐
text-bottom	将文本底部及图片底部与行内最低文本的底部对齐

除了表 8-3 中的取值，该属性的值还可以是 inherit、长度值或百分比值。inherit 表示从父元素继承 vertical-align 属性的值，也可以使用行高属性(line-height)的百分比值来排列元素。长度值和百分比值可以是负值，这将使元素的位置降低而不是升高。

8.2.4　text-decoration 属性

text-decoration 属性用来添加文本的修饰，可取值如表 8-4 所示。

表 8-4　text-decoration 属性的取值

值	作　用
none	默认，定义标准的文本，没有任何修饰
underline	在内容下方添加一条线
overline	在内容顶部之上添加一条线
line-through	添加一条从中间穿过内容的线，如中部有线的文本。通常用于指定标记为删除的文本

【例 8-1】 练习前面学习的几个控制文本的 CSS 属性。

新建一个名为 8-1.html 的页面，保存在 Apache 的 htdocs/exam/ch08 目录下，输入如下代码：

```
<!DOCTYPE html>
<html>
  <head>
       <meta charset="GB2312" />
       <title>控制文本的 CSS 属性</title>
     <style type="text/css">
       h1{
          text-align: center;
          color: green;
       }
       p.underline {
          text-align: right;
          text-decoration : underline;
```

```
        }
        p.overline {
          text-decoration : overline;
          font-size:larger;
        }
        p.line-through {
          text-decoration : line-through;
          font-style: oblique
        }
        img.top {vertical-align:text-top;}
        img.bottom {vertical-align:text-bottom;}
        img.middle   {vertical-align:middle;}

      </style>
    </head>
    <body>
      <h1>文本格式化示例（标题居中）</h1>
      <table border="1" >
        <tr>
          <td>一个<img src="images/logo.png" alt="图片" width="130"/>默认对齐的图像</td>
          <td>一个<img class="top" src="images/logo.png" alt="图片" height="50" />text-top 对齐的图像</td>
        </tr>
        <tr>
          <td>一个<img class="bottom" src="images/logo.png" alt="图片" />text-bottom 对齐的图像</td>
          <td>一个<img class="middle" src="images/logo.png" alt="图片" />middle 对齐的图像</td>
        </tr>
      </table>
      <p class="underline">带下画线的段落,右对齐</p>
      <p class="overline">顶部有线的段落</p>
      <p class="line-through">中部有线的段落,通常表示删除的内容</p>
    </body>
  </html>
```

程序的运行结果如图 8-2 所示。

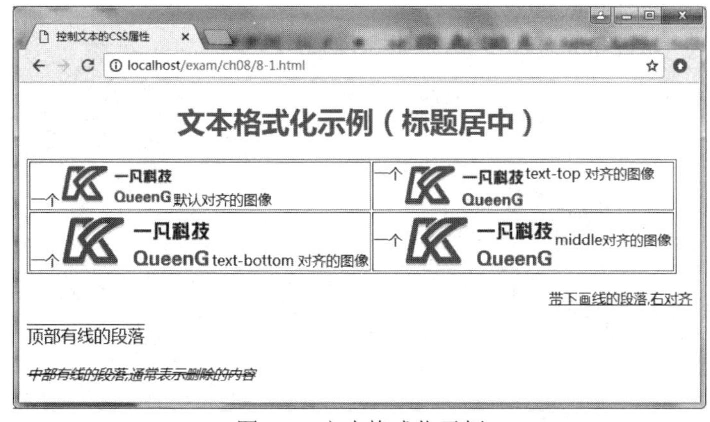

图 8-2　文本格式化示例

8.2.5 text-indent 属性

text-indent 属性用于为块级元素设置首行缩进量，对行内标记无效。属性值可以采用不同单位的数值、字符宽度的倍数 em 或是相对浏览器窗口宽度的百分比。

例如："text-indent: 30px;"设置缩进 30 像素，"text-indent: 2em;"设置缩进两个字符。

另外，该属性的值还可以使用负值，表示首行向前凸出相应的大小或字符，如果超出页面边界，则可能无法显示缩进的内容。

8.2.6 text-shadow 属性

text-shadow 属性用于创建投影，即文本背后的有稍微偏移的深色版本。这是 CSS 3 新引入的一个属性，该属性的值相当复杂，因为它一共有 4 个参数：

```
text-shadow:x-offset y-offset blur color;
```

其中各参数的作用如下。

- x-offset：水平阴影，表示阴影的水平偏移距离，单位可以是 px、em 或百分比等。如果值为正，则阴影向右偏移；如果值为负，则阴影向左偏移。
- y-offset：垂直阴影，表示阴影的垂直偏移距离，单位可以是 px、em 或百分比等。如果值为正，则阴影向下偏移；如果值为负，则阴影向上偏移。
- blur：可选参数，表示阴影的模糊程度，单位可以是 px、em 或百分比等。blur 参数的值不能为负。值越大，阴影越模糊；值越小，阴影越清晰。当然，如果不需要阴影模糊效果，可以把 blur 参数的值设置为 0。
- color：可选参数，表示阴影的颜色。

也可以使用 text-shadow 属性给文字指定多个阴影，并且针对每个阴影使用不同的颜色。也就是说，text-shadow 属性的值可以是一个以英文逗号分隔的"值列表"，例如：

```
text-shadow:0 0 4px white,0 -5px 4px #ff3,2px -10px 6px #fd3;
```

当 text-shadow 属性的值为"值列表"时，阴影效果会按照给定的值的顺序应用到元素的文本上，因此有可能出现互相覆盖的现象。但是 text-shadow 属性永远不会覆盖文本本身，阴影效果也不会改变边框的尺寸。

【例 8-2】 使用缩进和阴影效果。

新建一个名为 8-2.html 的页面，输入如下代码：

```
<!DOCTYPE html>
<html>
  <head>
      <meta charset="GB2312" />
      <title>使用缩进和阴影效果</title>
  <style type="text/css">
     .indent{text-indent: 2em;}
      .shadow{
        font-size:40px;
        text-shadow:4px 4px 2px gray, 6px 6px 2px gray, 8px 8px 8px gray;
```

```
        }
    </style>
    </head>
    <body>
      <p>没有缩进的段落</p>
     <p class="indent">首行缩进 2 字符，后面的自动换行的就没有缩进了，注意看换行的地方。</p>
      <p class="shadow">多阴影文字效果.</p>
    </body>
</html>
```

在浏览器中的显示效果如图 8-3 所示。

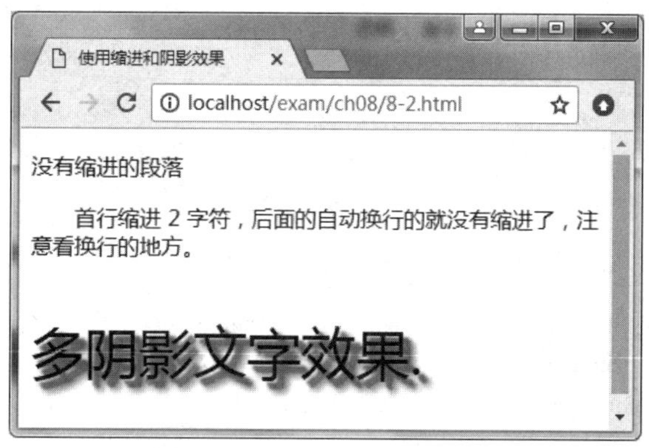

图 8-3　使用缩进和阴影效果

8.2.7　text-transform 属性

text-transform 属性用来指定元素内容的大小写形式，这个属性主要针对英文字母的大小写。可能的取值有：none(默认值，不发生变化)、capitalize(大写每个单词的首字母)、uppercase(将元素全部内容设置为大写)、lowercase(将元素全部内容设置为小写)。

8.2.8　letter-spacing 和 word-spacing 属性

letter-spacing 属性用来设置字符间的距离(字距)。松字距的字符之间有很大空间，而紧字距则表示字符挤在一起。如果没有设置字距，字符间则为字体的正常间距。

如果需要增加或缩小字符间的空间，则可以使用像素或“em”作为单位进行设置。

如果有一段文本的字符间距被改动了，可以使用关键字 normal 指定元素不应带有任何字距。

与 letter-spacing 类似的一个属性是 word-spacing，该属性用来设置单词间的距离，该属性对中文没有影响，而 letter-spacing 属性可以影响中文的文字间距。

【例 8-3】 设置字符和单词间距。

新建一个名为 8-3.html 的页面，输入如下代码：

```
<!DOCTYPE html>
<html>
  <head>
```

```
        <meta charset="GB2312" />
        <title>设置字符和单词间距</title>
    <style type="text/css">
      .two {
        letter-spacing : 3px;
        text-transform: capitalize;
      }
      .three {
        letter-spacing : 0.5em;
      }
      .four {
        letter-spacing : -2px;
        word-spacing : 20px;
      }
    </style>
    </head>
    <body>
      <p>This is a test for letter ans word spacing.</p>
      <p class="two">This is a test for letter ans word spacing.</p>
      <p class="three">This is a test for letter ans word spacing.</p>
      <p class="four">This is a test for letter ans word spacing.</p>
      <p>测试中文的字符和单词间距.</p>
      <p class="two">测试中文的字符和单词间距.</p>
      <p class="three">测试中文的字符和单词间距.</p>
      <p class="four">测试中文的字符和单词间距.</p>
    </body>
</html>
```

在浏览器中的显示效果如图 8-4 所示。

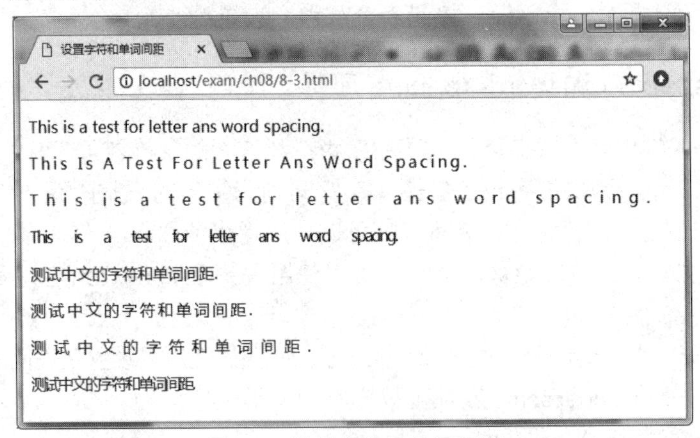

图 8-4　设置字符和单词间距

8.2.9　white-space 属性

在第 2 章中就介绍过，浏览器会将两个或多个相邻的空格压缩成一个空格，并且会将回车符也变为空格。如果要保留多个连续的空格，要么使用 ，要么使用<pre>元素。这里介绍另一种控制空格的方法：white-space 属性。该属性的可能取值如表 8-5 所示。

表 8-5　white-space 属性的取值

值	作　用
normal	遵循正常的空格压缩规则
pre	像<pre>元素那样保留空格，但格式仍与该元素的设置相同(与<pre>元素不同，默认情况下不是以等宽字符显示)
nowrap	只有在显式使用 元素指定时才对文本进行换行，否则文本不会换行
pre-wrap	保留空白符序列，但是正常地进行换行
pre-line	合并空白符序列，但是保留换行符

8.2.10　text-overflow 属性

在浏览网页的时候，我们经常能看到这样的效果：当文字超出一定范围时会以省略号显示，并隐藏多余的文本。这是一个用户体验非常好的设计细节，可以让用户知道还有更多的内容未显示出来。

在 CSS3 中，文本溢出属性 text-overflow 用于设置是否使用省略标记(…)标识对象内文本的溢出。

text-overflow 属性的取值只有两个：ellipsis 和 clip。ellipsis 表示当对象内的文本溢出时显示省略标记(…)；clip 表示当对象内的文本溢出时不显示省略标记(…)，而是将溢出的部分剪裁掉。

单独使用 text-overflow 属性无法以省略号表示多余的文本，因为 text-overflow 属性只是说明文字溢出时用什么方式显示，要实现在文本溢出时产生省略号效果，还必须定义以下内容：

```
white-space:nowrap;      //(强制文本在一行中显示)
overflow:hidden;         //(将溢出内容隐藏)
```

【例 8-4】 使用 text-overflow 属性。

新建一个名为 8-4.html 的页面，输入如下代码：

```
<!DOCTYPE html>
<html>
  <head>
      <meta charset="GB2312" />
      <title>使用 text-overflow 属性</title>
    <style type="text/css" >
      .overflow{
        width:200px;
        height:100px;
        border:1px solid gray;
        text-overflow:ellipsis;
        overflow:hidden;
        white-space:nowrap;
      }
```

```
        </style>
    </head>
    <body>
        <div class="overflow">长沙太守孙坚出曰："坚愿为前部。"绍曰："文台勇烈，可当此任。"坚遂引本部人马杀奔汜水关来。守关将士，差流星马往洛阳丞相府告急。董卓自专大权之后，每日饮宴。</div>
    </body>
</html>
```

在浏览器中的显示效果如图8-5所示。由于使用了“white-space:nowrap;”，所有文字都放在了同一行(不换行)，然后使用“text-overflow:ellipsis;”，使得溢出该行的部分以省略号形式显示。

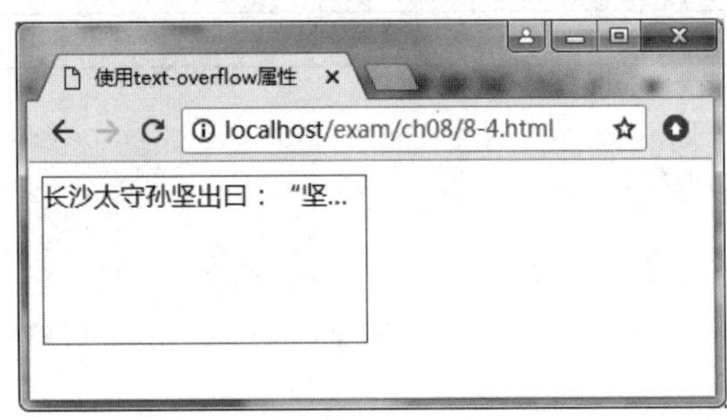

图8-5　设置字符和单词间距

8.2.11　word-wrap 属性

word-wrap 属性用来设置“长单词”或“URL 地址”是否换行到下一行，该属性只有两个取值：normal 和 break-word。normal 为默认值，表示文本自动换行；break-word 表示对长单词或 URL 地址强制换行。

【例 8-5】 强制换行。

新建一个名为 8-5.html 的页面，输入如下代码：

```
<!DOCTYPE html>
<html>
  <head>
        <meta charset="GB2312" />
        <title>使用 word-wrap</title>
     <style type="text/css" >
        #div1{
            width:200px;
            height:100px;
            border:1px solid gray;
        }
        #div2{
            width: 200px;
            height: 100px;
            border: 1px solid gray;
            word-wrap: break-word;
```

```
            position: absolute;
            left: 250px;
            top: 8px;
          }
        </style>
    </head>
    <body>
        <div id="div1">欢迎访问一凡科技，本站的网址是 http://www.yifantech.com.cn/</div>
        <div id="div2">欢迎访问一凡科技，本站的网址是 http://www.yifantech.com.cn/</div>
    </body>
</html>
```

本例中一共有两个<div>元素，其中的内容相同。在第一个<div>元素中，文本是自动换行的，但是如果单词或 URL 地址太长，就会超出区域范围；为第二个<div>元素应用了“word-wrap: break-word;”规则，对“长单词”或“URL 地址”进行拆分换行，如图 8-6 所示。

图 8-6　使用 word-wrap 强制换行

word-wrap 属性在中文网站中使用比较少，因为这个属性是针对英文设计的，中文中没有所谓的“长单词”之说。一般情况下，在中文网站开发中，word-wrap 属性只要采用默认值即可。

8.2.12　direction 属性

direction 属性与 dir 属性类似，用于指定文本应该流动的方向。该属性的可取值有：ltr(文本由左向右流动)、rtl(文本由右向左流动)和 inherit(文本流动方向与父元素相同)。

在实践中，IE 与 Firefox 中该属性的作用与 align 属性相同。当取值为 rtl 时，仅仅简单向右对齐文本。但需要注意的是，在应该由右向左显示的段落中，句号出现在句子的左侧。

8.3　本章小结

本章主要介绍了 CSS 中用于设置文本样式的属性，包括控制文本字体的属性和文本格式化属性。首先介绍的是文本字体相关的属性，包括 font-family、font-size、font-weight、font-style、font-variant 和 font 等，其中 font 属性是综合属性，可综合设置字体样式；接下来讲述了常用的文本格式化属性，包括 color、text-align、vertical-align、text-decoration、text-indent、text-transform、 text-shadow、letter-spacing、word-spacing、text-overflow、word-wrap、white-space 和 direction。文本是网页内容的主要元素，所以掌握这些 CSS 属性是美化网页的基础。

8.4 思考和练习

1. 在 CSS3 中，可以使用________来使得所有客户端加载服务器端的字体文件，从而使得所有用户的浏览器都能正常显示这种字体。

2. font-size 属性用来为字体设置大小。该属性的值可以有多种指定方式：绝对尺寸、相对尺寸、________和________。

3. font-style 属性用来设置字体的风格，可取值包括 normal、italic 和________。

4. 使用 font 属性可以综合设置字体样式。使用 font 属性时，不需要设置的属性可以省略，多个属性之间用空格分隔，多个属性必须按如下顺序指定________。

5. HSL 模式通过________、________、亮度(L)三个颜色通道的变化以及它们的相互叠加来得到各式各样的颜色。

6. ________属性被用于创建投影，即文本背后的有稍微偏移的深色版本。

7. letter-spacing 和 word-spacing 属性有什么异同？

8. word-wrap 属性有什么作用？

第 9 章

高级CSS操控

除了美观的字体，好看的背景、恰当的边框和边距以及炫酷的图形和动画也是网页受欢迎的重要因素，动画和 UI(用户界面)效果曾有很长一段时间是 Flash 具有感染力的重头戏，而 CSS3 将创建这些效果的能力内置于 CSS 变形、变换和动画规范当中。现在只要使用 CSS 就可以很容易地添加各种优秀的视觉效果。本章将继续学习如何使用 CSS 控制 HTML 网页的呈现，包括设置元素背景、边框和边距、元素的变形处理以及 CSS 动画。通过本章的学习，读者应进一步熟悉 CSS 的语法规则，掌握更高级的 CSS 操控技能，能够制作更丰富多彩的网页动画效果。

本章的学习目标：

- 掌握设置元素背景的 CSS 属性
- 了解盒子模型的基本概念
- 掌握元素边框属性的设置
- 理解内边距和外边距的含义
- 掌握 box-shadow 属性的用法
- 掌握 CSS3 新增的 transform 属性的用法
- 掌握 CSS 中过渡动画的实现
- 掌握 CSS 关键帧动画的原理和用法

9.1 设置元素背景

CSS 处理元素时就像元素位于自己的盒子里一样。可以使用属性来控制这些盒子的背景。为了方便、灵活地设计网页效果，CSS3 增强了 background 属性的功能，允许在同一个元素内叠加多个背景图像。该属性的基本语法如下：

```
background:[<bg-layer>,]*<final-bg-layer>;
```

尽管与 CSS 2.0 中的用法基本相同，不过 CSS3 允许在 background 属性中添加多个背景图像，背景图像之间通过逗号进行分隔。其中，<bg-layer>表示背景图像层。每个背景图像层都可以包含下面的值：

```
[background-color] | [background-image] | [background-position] | [background-size] | [background-repeat] |
```

```
[background-origin] | [background-clip] | [background-attachment]
```

为了方便定义背景图像，background 属性又派生了 8 个子属性，如表 9-1 所示。

表 9-1　background 派生子属性

属　性	描　述
background-color	指定背景颜色
background-image	指定一张作为背景的图片
background-position	指定背景图片的位置
background-size	指定背景图片的尺寸
background-origin	指定背景图片的定位区域
background-repeat	指定背景图片是否应该重复显示
background-clip	指定背景的绘制区域
background-attachment	指定背景图片应该固定于页面中的某个位置，以及在用户向下滚动页面时是否留在原地

9.1.1　background-color 属性

background-color 属性能够为任何元素指定单一实体色背景。该属性的值与 8.2.1 节介绍的 color 属性值一样，可以有多种模式。

当为<body>元素设置 background-color 属性时，将影响整个文档。而当用于任何其他元素时，则会把指定的颜色用于为元素创建的盒子边框内。前面的很多示例中就曾使用过该属性，这里不再赘述。

9.1.2　background-image 属性

background-image 属性用于为元素设置背景图像。元素的背景占据元素的全部尺寸，包括内边距和边框，但不包括外边距。默认情况下，背景图像位于元素的左上角，并在水平和垂直方向上重复。

background-image 属性会在元素的背景中设置一幅图像。根据 background-repeat 属性的值，图像可以无限平铺、沿着某个轴(X 轴或 Y 轴)平铺或者根本不平铺。初始背景图像根据 background-position 属性的值放置。

该属性的值应该以字母 url 开头，然后是由括号及引号括起来的图片 URL，例如：

```
body {
  background-image : url("images/background.gif");
}
```

如果同时使用 background-image 属性与 background-color 属性，则 background-image 属性拥有优先权。比较好的设计是，在使用背景图片的同时，提供 background-color 属性，并设置为与背景图片主体色类似的值。这样，在加载背景图片时，或当无法显示图片时，页面可以使用该背景色。

9.1.3　background-position 属性

background-position 属性用于设置背景图像(由 background-image 属性定义)的起始位置，背景图像如果要重复，将从这一位置开始。

background-position 属性的可取值如表 9-2 所示。

表 9-2　background-position 属性的取值

值	描　述
top left top center top right center left center center center right bottom left bottom center bottom right	如果只规定了一个关键词，那么第二个值将是"center"
x%　y%	第一个值是水平位置，第二个值是垂直位置。左上角是 0% 0%，右下角是 100% 100%。如果只规定了一个值，另一个值将是 50%，默认值为 0% 0%
xpos ypos	第一个值是水平位置，第二个值是垂直位置。左上角是 0 0，单位是像素或任何其他 CSS 单位。如果只规定了一个值，另一个值将是 50%，可混合使用%和 position 值

需要注意的是，只有把 background-attachment 属性设置为 fixed，才能保证该属性能在 Firefox 和 Opera 浏览器中正常工作。

9.1.4　background-size 属性

background-size 属性用于控制背景图像的尺寸，这是 CSS3 引入的新属性。在 CSS3 之前，无法控制背景图像的尺寸，只能事先把背景图像剪裁为适合的大小。

该属性的值可以是以下 4 种形式。

- length：设置背景图像的高度和宽度，包括两个值。第一个值设置宽度，第二个值设置高度；如果只设置一个值，另一个值会被设置为 auto。
- percentage：以父元素的百分比来设置背景图像的宽度和高度，包括两个百分比值。第一个值设置宽度，第二个值设置高度；如果只设置一个值，第二个值会被设置为 auto。
- cover：把背景图像扩展至足够大，以使背景图像完全覆盖背景区域。背景图像的某些部分也许无法显示在背景区域内。
- contain：把背景图像扩展至最大尺寸，以使其宽度和高度完全适应内容区域。

9.1.5　background-origin 属性

background-origin 属性规定 background-position 属性相对于什么位置来定位。如果背景图像的 background-attachment 属性为 fixed，那么该属性不生效。

background-origin 属性的可取值有 3 个：

- padding-box 指定背景图像相对于内边距来定位。
- border-box 指定背景图像相对于边框来定位。
- content-box 指定背景图像相对于内容来定位。

这 3 种定位的区别如图 9-1 所示。

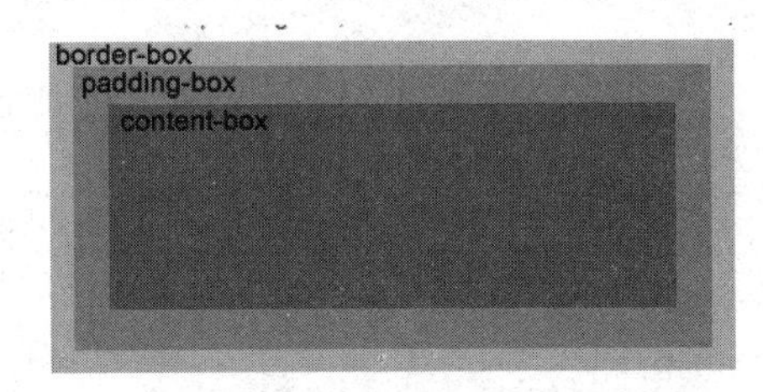

图 9-1 3 种边框对应的位置

9.1.6 background-repeat 属性

background-repeat 属性规定图像的平铺模式。该属性设置是否以及如何重复背景图像。默认情况下，背景图像在水平和垂直方向上重复。需要注意的是，背景图像的位置是根据 background-position 属性设置的。如果未指定 background-position 属性，图像会被放置在元素的左上角。该属性的可取值如下。

- repeat：默认。背景图像将在垂直方向和水平方向上重复。
- repeat-x：背景图像将在水平方向上重复。
- repeat-y：背景图像将在垂直方向上重复。
- no-repeat：背景图像将仅显示一次。

9.1.7 background-clip 属性

background-clip 属性用于规定背景的绘制区域。该属性的可取值与 background-origin 属性的可取值相同，表示背景图像被剪裁到相应的边框处。

9.1.8 background-attachment 属性

background-attachment 属性用于设置背景图像是否固定或随着页面的其余部分滚动。该属性有两个取值。

- scroll：默认值，背景图像会随着页面其余部分的滚动而移动。
- fixed：当页面的其余部分滚动时，背景图像不会移动。

【例 9-1】 为元素设置背景图像。

新建一个名为 9-1.html 的页面，保存在 Apache 的 htdocs/exam/ch09 目录下，输入如下代码：

```
<!DOCTYPE html>
<html>
  <head>
       <meta charset="GB2312" />
       <title>设置元素的背景图像</title>
     <style type="text/css">
        body{
           background-image: url(images/bg.jpg);
           background-size: 140px,20px;
           background-repeat: repeat-x;
```

```
            background-clip: content-box;
        }
        div {
            border: 1px solid black;
            padding: 30px;
            background-image: url('images/bg1.jpg');
            background-size: 130px;
            background-repeat: no-repeat;
            background-position: left;
        }
        #div1 {
            background-origin: border-box;
        }
        #div2 {
            background-origin: content-box;
        }
        #div3 {
            background-position:center;
        }
    </style>
</head>
<body>
    <h1>为元素设置背景图像</h1>
    <strong>body 背景仅横向平铺</strong>
    <div id="div1">background-origin: border-box;</div>
    <div id="div2">background-origin: content-box</div>
    <div id="div3">background-position:center;</div>
</body>
</html>
```

程序的运行结果如图 9-2 所示。

图 9-2　设置元素的背景图像

9.2 边框与边距

默认情况下，HTML 中的很多元素都是没有边框的。有的时候，为了使页面布局更美观，需要为元素添加合适的边框，并调整元素内容到边框的距离。本节就介绍如何使用 CSS 属性来设置元素的边框和边距。

9.2.1 盒子模型

在学习边框和边距属性之前，先来了解一下“盒子模型”的概念。

“盒子模型”(box model)是 CSS 中一个很重要的概念，因为它决定了元素在浏览器窗口中如何定位。其因 CSS 处理每个元素时都好像元素位于一个盒子中而得名。

CSS 盒子模型在本质上是一个盒子，用于封装周围的 HTML 元素，包括边距、边框、填充和内容，如图 9-3 所示。

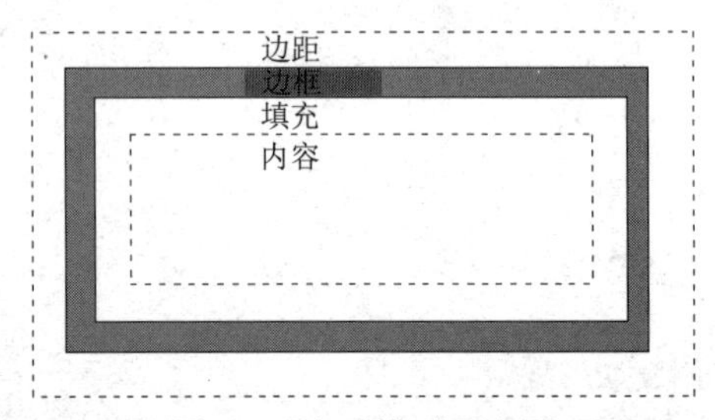

图 9-3 盒子模型示意图

盒子模型允许我们在其他元素和周围元素的边框之间放置元素。每个盒子都有 3 个重要属性，如表 9-3 所示。

表 9-3 盒子模型的重要属性

属 性	描 述
border	边框，用来将一个盒子的边界与周围其他盒子相分离，即使不可见，每个盒子也都有边框
margin	从盒子边框到下一个盒子的距离(即外边距)
padding	元素内容与盒子边框的距离(即内边距)

如果俯视这个盒子，它有上下左右四条边，所以每个属性都包括 4 个部分，这 4 个部分可以同时设置，也可以分别设置；内边距可以理解为盒子里装的东西和边框的距离，而边框有厚薄和颜色之分，内容就是盒子里装的东西，外边距就是边框外面自动留出的一些空白。

使用 CSS，可以在盒子的不同边缘分别控制边框、外边距以及内边距。

9.2.2 border 属性

border 属性用来指定代表某一元素的盒子的边框应如何呈现。边框有 3 个可以修改的属性。

- border-color 属性：指定边框应具有的颜色。
- border-style 属性：指定边框应为实线、虚线还是双股线，也可以是其他可能的取值。

- borer-width 属性：指定边框应具有的宽度。

1. border-width 属性

border-width 属性用来设置边框的宽度。通常宽度以像素为单位指定，也可以使用任何绝对或相对单位，但不能为百分数。还可以使用以下 3 个关键字：thin、medium 和 thick，这些关键字对应的实际宽度取决于浏览器。

可以为 4 个边框指定不同的宽度，使用以下属性分别指定盒子边框的底部、右侧、顶部以及左侧宽度：border-bottom-width、border-right-width、border-top-width 和 border-left-width。

2. border-style 属性

border-style 属性用来指定边框的线形样式，该属性的默认值为 none，即没有边框，它的可能取值如表 9-4 所示。

表 9-4　border-style 属性的取值

值	描　述
none	不存在边框(等价于 border-width:0;)
solid	边框是一条实心线
dotted	边框是一系列的点
dashed	边框是一系列的短线
double	边框是两条实心线。border-width 属性的值为边框创建了整体宽度以及两条线的间距
groove	边框具有切入效果
ridge	边框效果与 groove 相反
inset	边框使盒子看起来内嵌于页面中
outset	边框使盒子看起来突出于画布之外
hidden	与 none 相同，但用于作为表格元素的边框冲突解决方案

类似地，可以使用如下属性分别修改盒子边框的底部、右侧、顶部以及左侧样式：border-bottom-style、border-right-style、order-top-style 和 order-left-style。

3. border-color 属性

border-color 属性能够改变盒子周围边框的颜色，与前面介绍的 color 属性一样，可以用多种方式指定。

还可以为 4 个边框指定不同的颜色，使用以下属性分别指定盒子边框的底部、左侧、顶部以及右侧颜色：border-bottom-color、border-right-color、border-top-color 和 border-left-color。

4. 使用缩略形式表达边框属性

与前面的 font、background 等属性一样，也可以使用属性 border 来同时指定边框的宽度、颜色和样式。各属性值之间用空格分隔，且顺序为 border-width、border-style 和 border-color。如果不指定某个属性的值，则可以省略这个属性。例如下面的两个规则定义：

```
p { border : 4px solid red; }
```

```
h1{border: 1px blue;}
```

还可以同样方式使用以下属性分别指定盒子每侧边框的颜色、样式以及宽度：border-bottom、border-top、border-left 和 border-right。

【例 9-2】 设置元素的边框效果。

新建一个名为 9-2.html 的页面，输入如下代码：

```
<!DOCTYPE html>
<html>
  <head>
        <meta charset="GB2312" />
        <title>设置边框效果</title>
  <style type="text/css">
      h1{ border: 2px dashed red;}
     .sub{
        font-size:26px;
        border-bottom: dotted yellow;
        border-top: 4px double blue;
        border-left: medium outset green;
        border-right: thick ridge pink;
     }
       .onlyStyle{
          font-size:40px;
          border-style:inset;
       }
  </style>
  </head>
  <body>
     <h1>设置元素的边框</h1>
     <p class="sub">边框的 4 个侧面分别设置</p>
     <p class="onlyStyle">仅设置 border-style</p>
  </body>
</html>
```

在浏览器中的显示效果如图 9-4 所示。

图 9-4 为元素设置边框

9.2.3　padding 属性

padding 属性用来指定元素内容与边框之间的距离，也叫作内边距。该属性的值通常使用像素指定，也可以使用任何之前介绍过的长度单位、百分比或关键字 inherit。

如果使用百分比，则以包含盒子的百分比计算。如果指定为 10%，则每一边取盒子的 5% 作为内边距。

元素的内边距默认不会继承，因此，如果<body>元素有值为 50 像素的 padding 属性，则不会自动应用于内部的所有其他元素。只有 padding 属性值为 inherit 的元素才会继承父元素的内边距。

与边框一样，也可以使用如下属性分别指定盒子每一边的不同内边距大小：padding-bottom、padding-top、padding-left 和 padding-right。

9.2.4　margin 属性

margin 属性用来控制盒子之间的空间，取值可以是长度、百分比或关键字 inherit，取值的含义与 padding 属性完全相同。

也可以使用如下属性为盒子的每一边分别设置不同的外边距大小：margin-bottom、margin-top、margin-left 和 margin-right。

【例 9-3】 设置元素的内外边距。

新建一个名为 9-3.html 的页面，输入如下代码：

```
<!DOCTYPE html>
<html>
  <head>
      <meta charset="GB2312" />
      <title>设置元素的内外边距</title>
  <style type="text/css">
    p {
      margin-top : 30px;
      margin-bottom : 10px;
      margin-left : 20px;
      margin-right : 20px;
      border-style : outset;
      border-width : 2px;
      border-color : red;}
    em {
      background-color : #ACA5CA;
      margin-left : 20px;
      margin-right : 20px;
    }
    strong{
      margin:25px;
      background:silver;
    }
    .padding{
```

```
            padding: 20px;
        }
        .padding2{
            padding-top: 20px;
        }
    </style>
    </head>
    <body>
        <p> 元素的<em>内边距</em>、<em>边框</em>和<em>外边距</em>属性会影响整个文档的布局，更重要的是，它们会严重影响给定元素的<strong >外观</strong>。</p>
        <p class="padding"> 顶部的<em>外边距</em>高于<em>底部</em>,当两个盒子相遇时，底部的外边距会被<strong >忽略</strong>,即发生了外边距的压缩(这种情况只发生于垂直外边距，而不存在于左右外边距)。</p>
        <p class="padding2">元素的<em>内边距</em>默认不会<strong>继承</strong>，只有 padding 属性值为<strong>inherit</strong>的元素才会继承父元素的内边距。</p>
    </body>
</html>
```

在浏览器中的显示效果如图 9-5 所示。三个段落看上去间隔相同，然而，顶部的外边距(30px)要高于底部(10px)，当两个盒子相遇时，底部的外边距会被忽略——外边距发生压缩，这种情况只发生于垂直外边距，而不存在于左右外边距。

示例中还展示了如何设置行内元素的外边距——<em>和<strong>元素。我们对第 2 个段落设置了内边距，对第 3 个段落设置了顶部内边距。

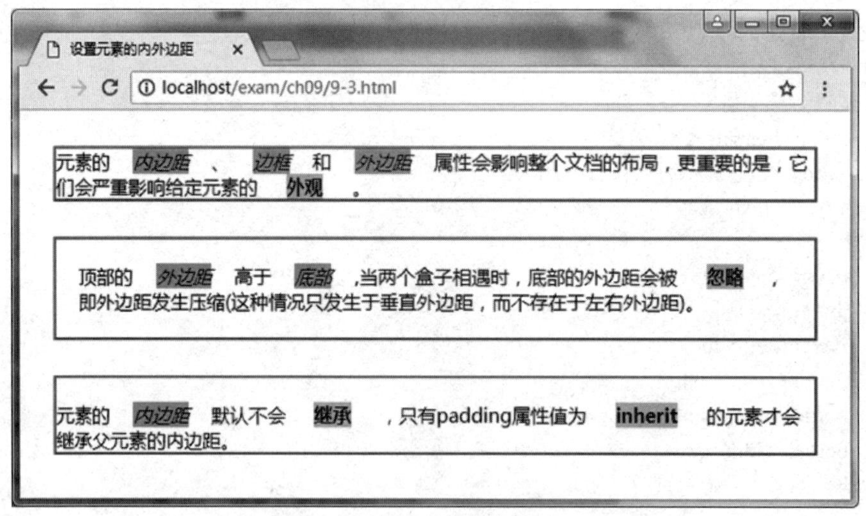

图 9-5　设置元素的内外边距

9.2.5　border-radius 属性

为了美化网页，经常会将元素的边框设计为圆角矩形。在 CSS 2.1 中，为元素实现圆角边框效果是很头疼的一件事。为了简化这一功能，CSS3 引入了一个新的属性：border-radius。

和前几个属性类似，可以使用 border-radius 属性分别设置 4 个角的圆角效果的半径，也可以为每个角单独设置，对应的 4 个属性分别是：border-top-left-radius(左上角)、border-topright-radius(右上角)、border-bottom-right-radius(右下角)和 border-bottom-left-radius(左下角)。

像 margin 和 padding 属性一样，当使用 border-radius 属性时，也可以使用一个值、两个值、三个值或四个值。可以省略部分值，省略时采用对角线相等的原则，不同数目的值对角产生的影响如下。

- 一个值：所有四个角都有相同的半径。
- 两个值：第一个值是左上角和右下角，第二个值是右上角和左下角。
- 三个值：第一个值是左上角，第二个值是右上角和左下角，第三个值是右下角。
- 四个值：依次是左上角、右上角、右下角和左下角。

border-radius 属性的值可以用 em、像素和百分比作为单位。例如，下面这个规则定义的盒子如图 9-6 所示。

```
#test1 {
    border: 3px solid red;
    height: 100px;
    width: 200px;
    border-radius: 50px 0px;
}
```

上面属性中的值为圆角所在圆的半径，也可以设置椭圆角效果，即给出两组长度值：一组针对 X 轴(水平)，另一组针对 Y 轴(垂直)。水平方向和垂直方向的值用斜线(/)分隔，斜线之前的值是水平方向的半径，斜杠之后的值是垂直方向的半径。例如，下面这个规则定义的盒子如图 9-7 所示。

```
#test2{
    border: 3px solid red;
    height: 100px;
    width: 200px;
    border-radius: 2em 4em 2em 8em / 5em 7em 5em 3em;
}
```

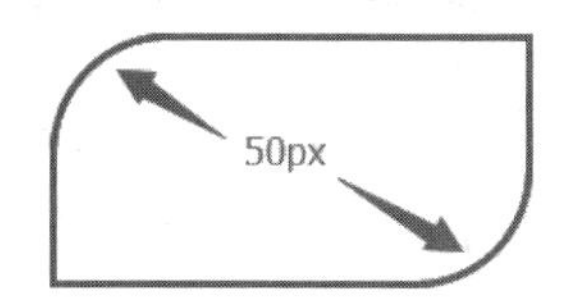

图 9-6　对角相同的圆角边框

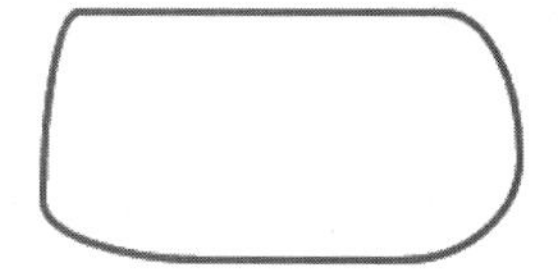

图 9-7　4 个角都不同的椭圆角边框

如果将 border-radius 属性直接应用于<img>或<video>元素，边框半径将无法正确地对图像进行裁剪。解决该问题的最佳方案是将这种风格应用于外部的<figure>或<div>元素。

9.2.6　border-image 属性

前面学习了边框样式可以通过 border-style 属性来实现，但该属性设置的边框只有实线、虚线、点状线等几种简单形式。如果要为边框添加漂亮的背景图片，就需要通过其他方式来实现。为此，CSS3 引入了 border-image 属性来为边框添加背景图片。

边框图像可以由单幅图像创建，这幅图像可以在元素周边的边框中沿着不同的轴向进行裁切或拉伸，换句话说，图像被4条线分成9个切片，如图9-7所示。

4个角切片用于创建元素边框的4个角，剩下的4个边切片由border-image属性用来填充元素边框的4条边。然后可以指定切片的宽度以及是否希望这些切片平铺或拉伸以填满元素边框的全部长度。如果中间的切片不为空，就会填充border-image属性所应用的元素的背景。

border-image属性的基本语法如下：

```
border-image: source slice width outset repeat|initial|inherit;
```

其中：

- source是准备用作边框的图像文件的URL地址。
- slice由4个值决定，决定了切片的尺寸，值可以是百分比或数字，也可以像border-radius属性那样省略一些值。
- repeat是指边框进行平铺的方式，可以使用round、stretch、space和repeat中的两个值。

切片不一定要大小相同，其尺寸完全取决于设计者。在图9-8中，每个切片的宽度都是15px，这也是用border-image属性指定的切片值。因此，我们也可以将border-width属性声明为15px。如果想要对边缘切片进行平铺的话，可以使用关键字repeat。

这样，使用如图9-7所示的边框图像，可以编写下面的规则：

```
#introduction {
   border-width:15px;
   border-image:url(images/border.png) 15 15 15 15 repeat;
}
```

在浏览器中的显示效果如图9-9所示。

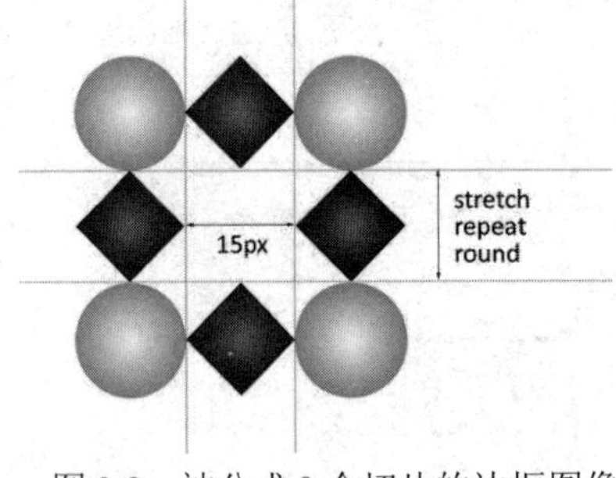

图9-8　被分成9个切片的边框图像

图9-9　使用边框图像

前面提到的边框平铺方式有4个选项，我们可以针对平铺指定两个值：第一个值用于水平方向的边框，第二个值用于垂直方向的边框。这4个选项的含义如下。

- round：图像会被平铺，直至填满整个区域。如果平铺之后切片的数目与区域不匹配，就会对图像进行相应的缩放。
- stretch：图像会被拉伸，直至填满整个区域。
- repeat：图像会被平铺，直至填满整个区域。
- space：图像会被平铺，直至填满整个区域。如果平铺之后切片的数目与区域不匹配，就会调整图像之间的间距以填满整个区域。

9.2.7　box-shadow 属性

box-shadow属性也是CSS3新增的属性，box-shadow属性有点类似于在上一章学习的text-shadow属性。text-shadow属性是为文本设置阴影，而box-shadow属性是为对象实现图层阴影效果。

和 text-shadow 属性一样，box-shadow 属性也可以使用一个或多个投影。使用多个投影时，属性值是一个用逗号分隔阴影的列表，每个阴影由 2~4 个长度值、一个可选的颜色值和一个可选的 inset 关键字规定，省略长度的值是 0。

```
box-shadow: h-shadow v-shadow blur spread color inset;
```

各参数的具体说明如下。

- h-shadow：指定阴影的水平偏移量。如果为正值，那么阴影在对象的右边；为负值，阴影在对象的左边。
- v-shadow：指定阴影的垂直偏移量。如果为正值，那么阴影在对象的底部；为负值，阴影在对象的顶部。
- blur：此参数可选，但只能是正值。值为 0 时，表示阴影不具有模糊效果。值越大，阴影的边缘就越模糊。
- spread：此参数可选，如果为正值，那么整个阴影都延展扩大；为负值，则阴影缩小。
- color：此参数可选，不设定任何颜色时，浏览器会取默认色，但各浏览器的默认色不一样，建议不要省略此参数。
- inset：此参数可选，表示将外部阴影改为内部阴影。

【例 9-4】 设置元素的内外边距。

新建一个名为 9-4.html 的页面，输入如下代码：

```
<!DOCTYPE html>
<html>
  <head>
      <meta charset="GB2312" />
      <title>为元素添加阴影边框</title>
    <style type="text/css" >
      div{
        border:3px solid red;
        padding:0 20px;
        border-radius:20px;
        box-shadow:-3px -3px 3px 2px rgba(0,255,0,0.4) inset,
          -15px -15px 10px 5px rgba(0,0,255,0.4);
      }
    </style>
  </head>
  <body>
    <div>长沙太守孙坚出曰：“坚愿为前部。”绍曰：“文台勇烈，可当此任。”<br>
      坚遂引本部人马杀奔汜水关来。<br>
      守关将士，差流星马往洛阳丞相府告急。
      <br>董卓自专大权之后，每日饮宴。
```

```
    </div>
  </body>
</html>
```

在浏览器中的显示效果如图 9-10 所示。

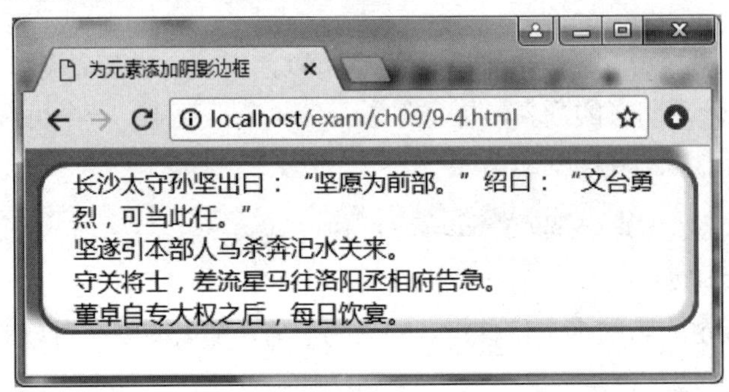

图 9-10　设置元素的阴影边框

9.3 变形处理

CSS3 新增了 transform 属性，可以实现文字或图像的变形操作，主要包括旋转、倾斜、缩放和移动 4 种类型的变形处理。该属性接收一个或多个由空格分隔的应用于元素的变形函数，变形函数包括以下几组。

- rotate()：在 2D 空间内围绕元素的变形原点进行旋转，0° 指向元素上方，正旋转方向为顺时针(角度)。此外，还有 rotateX(rX)、rotateY(rY)和 rotateZ(rZ)三个变形属性用于元素围绕单独的轴进行旋转。最后，还有一个函数 rotate3d(vX, vY, vZ, angle)，它使得元素在 3D 空间中围绕 vX、vY 和 vZ(无单位数值)决定的方向矢量旋转 angle 指定的角度。
- skew()：将元素沿着 X 轴(如果指定两个数值的话，就会同时沿着 Y 轴)进行斜切。该函数可被写作 skew(tX)和 skew(tX, tY)(角度)。此外，还有两个函数 skewX()和 skewY()。
- scale()：缩放元素，默认是 scale(1)。该函数可以写成 scale(s)、scale(sX, sY)和 scale3D(sX, sY, sZ)(无单位数值)。此外，还有 2D 变形函数 scaleX(sX)、scaleY(sY)以及 3D 变形函数 scaleZ(sZ)。
- translate()：将元素从原点开始沿 X 轴、Y 轴和/或 Z 轴进行移动，该函数也可以写为 translate(tX)、translate(tX, tY)以及 translate3D(tX, tY, tZ)(除了 tZ 之外，都是采用长度的百分比单位)。此外，还有 2D 平移函数 translateX(tX)、translateY(tY)以及 3D 平移函数 translateZ(tZ)。
- matrix()：matrix()接收的参数形式为 matrix(a, b, c, d, e, f)(无单位数值)，matrix3d()接收 4×4 的列主序变形矩阵。2D 变形函数 matrix()则被映射成 matrix3d(a, b, 0, 0, c, d, 0, 0, 0, 0, 1, 0, e, f, 0, 1)(无单位数值)。
- perspective()：该函数为 3D 转换元素定义透视视图。参数值必须大于 0，2000px 左右表示正常，1000px 会产生一定的失真，500px 则会造成严重失真。perspective()变形函数与透视属性的不同之处在于：变形函数只会影响元素本身，而透视属性却会影响元素的子元素。

9.3.1　旋转

旋转通过 rotate()函数来实现，在旋转之前可以使用 transform-origin 属性定义旋转的基点。rotate()函数的参数是旋转角度，可以是正值或负值。设置为正值，表示顺时针旋转；设置为负值，表示逆时针旋转。

在三维变形中，还有 3 个旋转函数：rotateX()、rotateY()和 rotateZ()，可以让元素在任何轴上旋转。rotateX()函数允许元素围绕 X 轴旋转；rotateY()函数允许元素围绕 Y 轴旋转；rotateZ()函数允许元素围绕 Z 轴旋转。这 3 个函数的参数也是旋转角度。同样，为正值，元素围绕相应的轴顺时针旋转；为负值，逆时针旋转。

也可以使用 rotate3d( )函数同时指定沿 3 个维度旋转，用 3 个自由度描述一个转动轴，基本语法如下：

```
rotate3d(x,y,z,a)
```

其中，各参数作用如下：

- x 是一个介于 0 和 1 之间的数值，主要用来描述元素围绕 X 轴旋转的矢量值。
- y 是一个介于 0 和 1 之间的数值，主要用来描述元素围绕 Y 轴旋转的矢量值。
- z 是一个介于 0 和 1 之间的数值，主要用来描述元素围绕 Z 轴旋转的矢量值。
- a 是一个角度值，主要用来指定元素在三维空间中的旋转角度。如果为正值，元素顺时针旋转；反之，元素逆时针旋转。

rotateX()、rotateY()和 rotateZ()可以看成 rotate3d()函数的特例：rotateX(a)函数的功能等同于 rotate3d(1,0,0,a)，rotateY(a)函数的功能等同于 rotate3d(0,1,0,a)，rotateZ(a)函数的功能等同于 rotate3d(0,0,1,a)。

【例 9-5】 元素的旋转操作。

新建一个名为 9-5.html 的页面，输入如下代码：

```
<!DOCTYPE html>
<html>
  <head>
        <meta charset="GB2312" />
        <title>旋转</title>
     <style type="text/css" >
        p{
           border: 2px dotted red;
           width: 150px;
           height: 60px;
        }
        .before {
           background-color: #8fbc8f;
        }
        .after:hover {
```

```
            background-color: #ffe4c4;
            -webkit-transform: rotate(20deg);
            -moz-transform: rotate(20deg);
            -ms-transform: rotate(20deg);
            -o-transform: rotate(20deg);
            transform: rotate3d(.6, 1, .6, 45deg);
        }
      </style>
    </head>
    <body>
      <p class="before">旋转前</p>
      <p class="after">鼠标经过时旋转</p>
    </body>
</html>
```

在浏览器中的显示效果如图 9-11 所示。鼠标经过第 2 个段落时，会进行旋转处理，如图 9-12 所示。

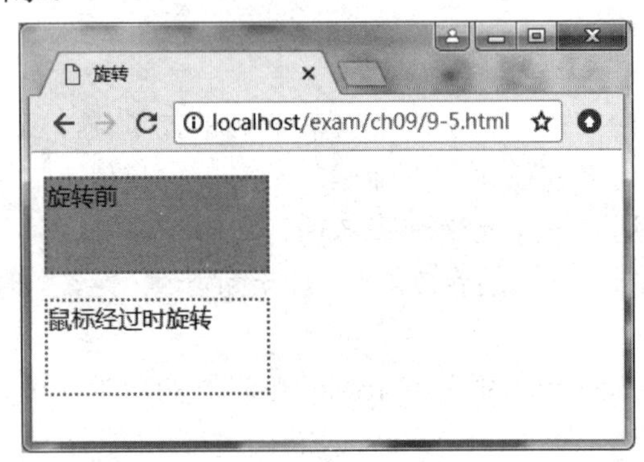

图 9-11　未旋转时的效果

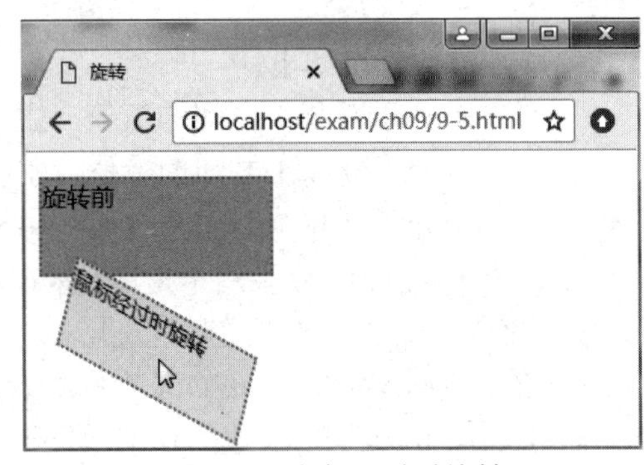

图 9-12　鼠标经过时旋转

上述代码中，-moz-transform 是 Firefox 浏览器中的写法；-webkit-transform 是 Safari 和 Chrome 浏览器的写法；-ms-transform 是 IE 浏览器中的写法；-o-transform 是 Opera 浏览器中的写法。

9.3.2　倾斜

倾斜也叫扭曲，可通过 skew()函数来实现。skew()函数可以带一个或两个参数，只有一个参数的 skew()函数会使元素在水平方向上(X 轴)扭曲；如果有第二个参数的话，那么第二个参数值控制元素在垂直方向上(Y 轴)扭曲。另外两个函数 skewX()和 skewY()则使元素分别仅在水平方向和垂直方向上扭曲。

【例 9-6】 元素的倾斜操作。

新建一个名为 9-6.html 的页面，输入如下代码：

```
<!DOCTYPE html>
<html>
  <head>
        <meta charset="GB2312" />
        <title>倾斜</title>
```

```
    <style type="text/css" >
      p{
        border: 2px dotted red;
        width: 150px;
        height: 60px;
      }
      .before {
        background-color: #8fbc8f;
      }
      .after:hover {
        background-color: #ffe4c4;
        transform: skew(30deg, -20deg);/*绕 X 轴翻转 30°，绕 Y 轴翻转-20° */
        -webkit-transform: skew(30deg, -20deg);
        -moz-transform: skew(30deg, -20deg);
        -ms-transform: skew(30deg, -20deg);
        -o-transform: skew(30deg, -20deg);
      }
    </style>
  </head>
  <body>
    <p class="before">原始元素</p>
    <p class="after">鼠标经过时倾斜</p>
  </body>
</html>
```

在浏览器中的显示效果如图 9-13 所示。鼠标经过第 2 个段落时，会进行倾斜处理，如图 9-14 所示。

图 9-13　未倾斜时的效果

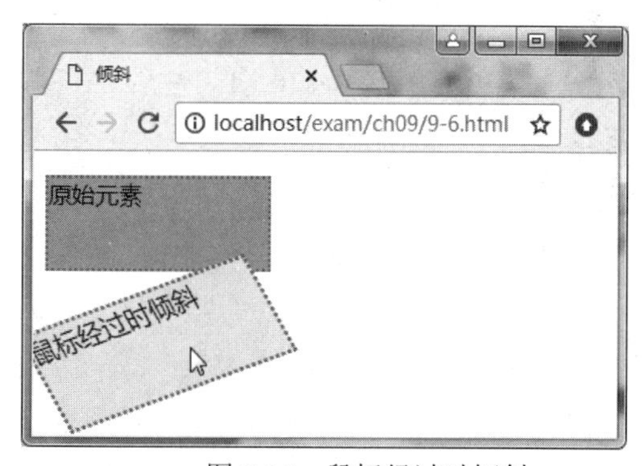

图 9-14　鼠标经过时倾斜

skew()可以接收负值和较大的值，skew(90deg)会让元素消失，如同元素的两条平行边相切，而元素变得无限长。大于 90deg(或小于－90deg)的值会产生镜像效果，使用较多的是 45deg 和－45deg 之间的值。skew()函数没有 3D 版本。

9.3.3　缩放

对元素的缩放可通过 scale()函数来实现。该函数接收无单位的数字作为参数，scale(1)就是元素的默认尺寸。小于 1 的值使元素变小，所以 scale(0.5)将元素的尺寸缩小为原来的一半；相反，大于 1 的值使元素变大，所以 scale(2)将元素的尺寸放大到原来的两倍。如果参数为负值，则进行反转。

也可以指定两个参数 scale(x,y)，使元素在水平方向和垂直方向上同时缩放(也就是 X 轴和 Y 轴同时缩放)；scaleX(x)仅在水平方向上缩放，scaleY(y)仅在垂直方向上缩放，它们具有相同的缩放中心点和基数，中心点就是元素的中心位置，缩放基数为 1。

对于元素的 3D 缩放，还有 scaleZ(sz)和 scale3d(sx,sy,sz)两个函数。当 scale3d( )中的 X 轴和 Y 轴同时为 1(即 scale3d(1,1,sz))时，效果等同于 scaleZ(sz)。

scaleZ()和 scale3d()函数单独使用时没有任何效果，需要配合其他变形函数一起使用才会有效果。

【例 9-7】 元素的缩放操作。

新建一个名为 9-7.html 的页面，输入如下代码：

```
<!DOCTYPE html>
<html>
  <head>
      <meta charset="GB2312" />
      <title>缩放</title>
    <style type="text/css" >
      p{
        border: 2px dotted red;
        width: 150px;
        height: 60px;
      }
      .before:hover{
        background-color: #8fbc8f;
        transform: scale(0.5,1.2);/*宽度变为原来的 0.5 倍，高度变为原来的 1.2 倍*/
        -webkit-transform: scale(0.5, 1.2);
        -moz-transform: scale(0.5, 1.2);
        -ms-transform: scale(0.5, 1.2);
        -o-transform: scale(0.5, 1.2);
      }
      .after:hover {
        background-color: #ffe4c4;
        transform: scale(1.5, -0.8);/*宽度变为原来的 1.5 倍，高度变为原来的-0.8 倍*/
        -webkit-transform: scale(1.5, -0.8);
        -moz-transform: scale(1.5, -0.8);
        -ms-transform: scale(1.5, -0.8);
        -o-transform: scale(1.5, -0.8);
      }
    </style>
  </head>
  <body>
    <p class="before">鼠标经过时缩放(正值)</p>
    <p class="after">鼠标经过时缩放(X 正 Y 负)</p>
```

```
    </body>
</html>
```

本例中共两个段落，鼠标经过第 1 个段落时，使用了正值缩放，如图 9-15 所示。鼠标经过第 2 个段落时，对 Y 轴使用了负值缩放，所以对文字进行反转，如图 9-16 所示。

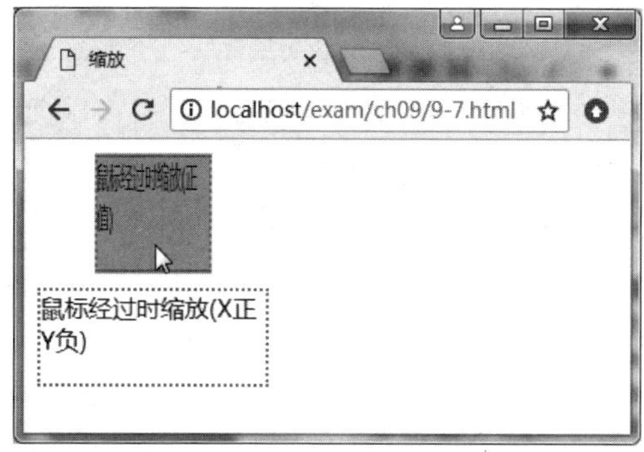

图 9-15　使用正值缩放

图 9-16　使用负值缩放

9.3.4　移动

元素的移动可通过 translate()函数来实现，元素从当前位置移动，根据给定的位置参数(x 坐标和 y 坐标)沿着 X 轴、Y 轴移动。也可使用 translateX(x)仅在水平方向上移动(X 轴移动)，或者使用 translateY(Y)仅在垂直方向上移动(Y 轴移动)。另外，还有 translateZ()和 translate3d()两个函数用于元素的 3D 位移操作。

3D 位移操作的特点是：使用三维向量的坐标定义元素在每个方向移动多少。在 translate3d()函数中，X、Y、Z 轴上的变化规律如下。

- X 轴：从左向右移动。
- Y 轴：从上向下移动。
- Z 轴：以方框中心为原点变大。

Z 轴的值越大，元素离观看者越近，从视觉上元素就变得更大；反之，值越小，元素离观看者更远，从视觉上元素就变得更小。

【例 9-8】 元素的平移操作。

新建一个名为 9-8.html 的页面，输入如下代码：

```
<!DOCTYPE html>
<html>
  <head>
      <meta charset="GB2312" />
      <title>移动</title>
    <style type="text/css" >
      p{
        border: 2px dotted red;
        width: 150px;
        height: 60px;
      }
```

```
        .test1{
            background-color: #8fbc8f;
        }
        .test2 {
            background-color: #ffe4c4;
            transform:translateX(200%);
            -webkit-transform: translateX(200%);
            -moz-transform: translateX(200%);
            -ms-transform: translateX(200%);
            -o-transform: translateX(200%);
        }
        .test3 {
            background-color: #ffe4c4;
            transform:translate(150px,-60px);
            -webkit-transform: translate(150px,-60px);
            -moz-transform: translate(150px,-60px);
            -ms-transform: translate(150px,-60px);
            -o-transform: translate(150px,-60px);
        }
        .test4 {
            background-color: #ffe4c4;
            transform:translateY(-120px) scale(0.8);
            -webkit-transform: translateY(-120px) scale(0.8);
            -moz-transform: translateY(-120px) scale(0.8);
            -ms-transform: translateY(-120px) scale(0.8);
            -o-transform: translateY(-120px) scale(0.8);
        }
    </style>
  </head>
  <body>
    <p class="test1">原始段落</p>
    <p class="test2">沿 X 轴平移 200%</p>
    <p class="test3">沿 X 轴平移 150px,Y 轴平移-60px</p>
    <p class="test4">沿 Y 轴平移-120px，缩小 0.8</p>
  </body>
</html>
```

本例中共 4 个段落，如果不做平移操作，将从上到下依次排列，对后面 3 个段落应用平移操作后，最终显示效果如图 9-17 所示。

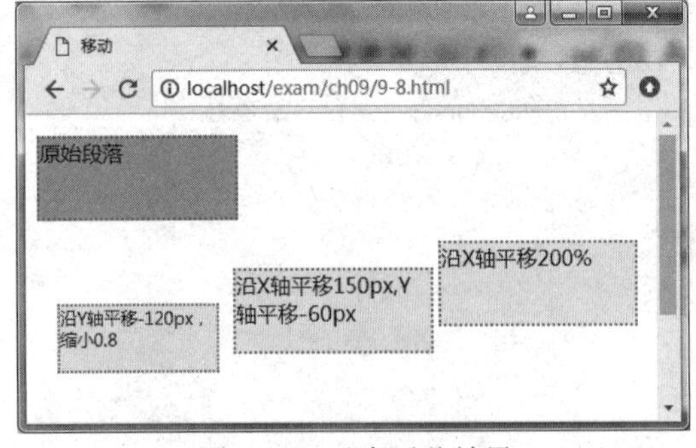

图 9-17　元素平移效果

9.4 设计动画

一些 CSS 属性是可以有动画效果的，这意味着它们可以用于动画和过渡。动画属性可以逐渐地从一个值变化到另一个值，比如尺寸大小、数量、百分比和颜色。CSS3 中的动画功能主要包括 CSS Transition 和 CSS Animation，这两种功能都可以用来制作动画效果。其中，CSS Transition 功能支持从一个属性值平滑过渡到另一个属性值，方便用来制作颜色渐变和形状渐变动画；CSS Animation 功能支持通过对关键帧的指定，在页面上产生更复杂的动画效果，以方便制作逐帧动画。

例如，利用 CSS Transition 功能，可以通过改变 background-color 属性值，让背景色从一种颜色平滑过渡到另一种颜色。

9.4.1 过渡动画

CSS Transformation 呈现的是一种变形效果，而 CSS Transition 呈现的是一种过渡效果，是一种动画转换过程，如渐显、渐弱、动画快慢等。CSS Transformation 和 CSS Transition 是两种不同的动画模型，因此，W3C 为动画过渡定义了单独的模块。

W3C 标准中对 CSS3 Transition 是这样描述的：“CSS Transition 允许 CSS 的属性值在一定的时间区间内平滑过渡。这种效果可以在鼠标单击、获得焦点、被单击或对元素的任何改变中触发，并平滑地以动画效果改变 CSS 的属性值。”

过渡可以与变形同时使用。例如，触发:hover 或:focus 事件后创建动画过程，诸如淡出背景色、滑动元素以及让对象旋转等都可以通过 CSS 变换来实现。

transition 属性是速记属性，其初始值根据 4 个子属性的默认值而定。

```
transition: <'transition-property'> <'transition-duration'> <'transition-timing-function'> <'transition-delay'> [,
[<'transition-property'> <'transition-duration'> <'transition-timing-function'> <'transition-delay'>]]*
```

- transition-property：执行变换的属性。
- transition-duration：变换的延续时间。
- transition-timing-function：在延续时间段，变换的速率变化。
- transition-delay：变换的延迟时间。

1. 定义过渡属性

transition-property 属性用来定义动画的 CSS 属性名称，如 background-color 属性。也就是指定在元素的哪个属性发生改变时执行过渡效果，主要有以下几个值：none(没有属性改变)；all(所有属性改变)，这也是默认值；indent(元素属性名)。当值为 none 时，过渡马上停止执行。当值为 all 时，元素产生任何属性值变化时都执行过渡效果。indent 可以是指定元素的某个属性值，对应的类型如下。

- color：通过红、绿、蓝和透明度进行变换，如 background-color、border-color、color、outline-color 等属性。
- length：数值数据，如 word-spacing、width、vertical-align、top、right、bottom、left、padding、

outline-width、margin、min-width、min-height、max-width、max-height、line-height、height、border-width、border-spacing、background-position 等属性。

- percentage：数值数据，如 word-spacing、width、vertical-align、top、right、bottom、left、min-width、min-height、max-width、max-height、line-height、height、background-position 等属性。
- integer：整数，如 outline-offset、z-index 等属性。
- number：数值数据，如 zoom、opacity、font-weight 等属性。
- transform list：变形列表。
- rectangle：通过 x、y、width 和 height 进行变换，如 crop 属性。
- visibility：离散步骤，在 0~1 数值范围内，0 表示“隐藏”，1 表示完全“显示”。
- shadow：作用于 color、x、y 和 blur 属性。
- gradient：通过每次停止时的位置和颜色进行变化。它们必须有相同的类型(放射状的或线性的)以及相同的停止数值以便执行动画，如 background-image 属性。
- paint server(SVG)：只支持从 gradient 到 gradient 以及从 color 到 color 的变化。
- space-separated list of above：如果列表中有相同的数值，则列表中的每一项都按照上面的规则进行变化，否则无变化。
- a shorthand property：如果缩写的所有部分都可以实现动画，则会像所有单个属性变化一样变化。

具体什么属性可以实现过渡效果，在 W3C 官网上列出了所有可以实现过渡效果的 CSS 属性值及其类型，大家可以到官网了解详情。需要注意的是，并不是所有的属性改变都会触发过渡效果，比如页面的自适应宽度，当浏览器改变宽度时，并不会触发过渡效果。但上面所列的属性类型发生改变都会触发过渡效果。

【例 9-9】 改变背景色和宽度。

新建一个名为 9-9.html 的页面，输入如下代码：

```
<!DOCTYPE html>
<html>
  <head>
       <meta charset="GB2312" />
       <title>改变背景色和宽度</title>
    <style type="text/css" >
       #test{
          border: 2px dotted red;
          width: 150px;
          height: 60px;
       }
       #test:hover {
          width:300px;
          background-color: goldenrod;
          transition-property:background-color;
          -webkit-transition-property: background-color;
          -moz-transition-property: background-color;
```

```
            -o-transition-property: background-color;
        }
    </style>
  </head>
  <body>
    <p id="test">鼠标经过时改变背景色和宽度</p>
  </body>
</html>
```

在浏览器中的显示效果如图 9-18 所示。当把鼠标指针移到元素上时，元素背景色变成深黄色，同时宽度也变大，如图 9-19 所示。

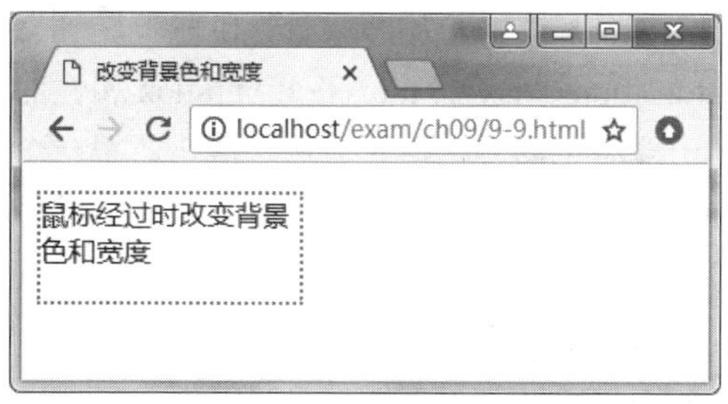

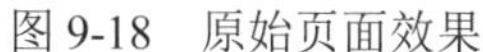
图 9-18　原始页面效果

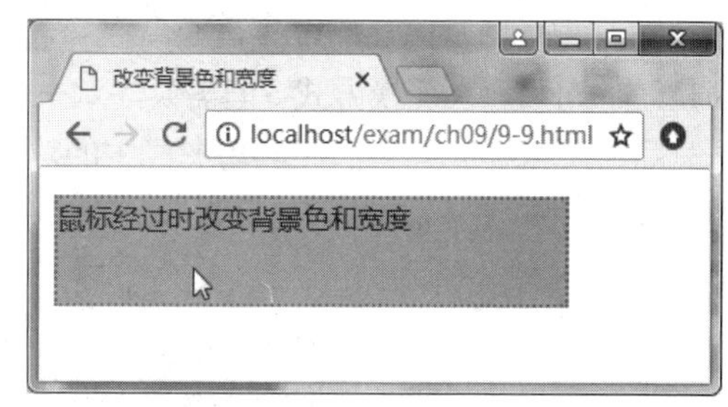

图 9-19　改变背景色和宽度

这里使用 transition-property 属性指定过渡效果的属性为 background-color，但此时还看不到过渡效果，要实现过渡效果，至少还需要指定过渡时间。

2. 定义过渡时间

transition-duration 属性用来指定元素过渡效果的持续时间，即设置从旧属性换到新属性所花费的时间，单位为秒。

该属性适用于所有元素以及:before 和:after 伪元素。默认情况下，过渡时间为 0 秒，所以例 9-9 中看不到过渡效果。

在例 9-9 中，在 transition-property 属性的后面增加 transition-duration 属性即可看到过渡效果：

```
        #test:hover {
            width:300px;
            background-color: goldenrod;
            transition-property:background-color;
            -webkit-transition-property: background-color;
            -moz-transition-property: background-color;
            -o-transition-property: background-color;
            transition-duration: 4s;
            -webkit-transition-duration: 4s;
            -moz-transition-duration: 4s;
            -o-transition-duration: 4s;
        }
```

当鼠标经过元素上方时，可以看到，颜色慢慢过渡到深黄色，但宽度没有过渡效果，这是因为我们设置的过渡属性为 background-color。如果要实现宽度的过渡效果，则需要修改 transition-property 属性，改为 all 或“background-color,width”。

3. 定义延迟时间

transition-delay 属性用来指定动画开始前的等待时间，单位为 s(秒)或 ms(毫秒)，也就是在改变元素属性值后多长时间开始执行过渡效果。transition-delay 属性的用法和 transition-duration 属性极其相似，也可以作用于所有元素，包括:before 和:after 伪元素。默认值为 0，也就是变换立即执行，没有延迟。

有时候，不仅需要改变一个 CSS 属性的过渡效果，而且想要改变两个或多个 CSS 属性的过渡效果，此时只要把几个过渡声明串在一起，用逗号(“，”)隔开，然后各自便可以拥有不同的延续时间和速率变换方式。但需要注意一点：transition-delay 与 transition-duration 属性的值都是时间，所以要区分它们在连写形式中的位置，一般浏览器会根据先后顺序决定，第一个可以解析为时间的是 transition-duration，第二个是 transition-delay。例如：

```
a {
    -moz-transition: background 0.5s ease-in,color 0.3s ease-out;
    -webkit-transition: background 0.5s ease-in,color 0.3s ease-out;
    -o-transition: background 0.5s ease-in,color 0.3s ease-out;
    transition: background 0.5s ease-in,color 0.3s ease-out;
}
```

如果想为元素执行所有过渡效果，那么还可以利用 all 属性值来操作，此时它们共享同样的延续时间以及速率变换方式，例如：

```
a {
    -moz-transition: all 0.5s ease-in;
    -webkit-transition: all 0.5s ease-in;
    -o-transition: all 0.5s ease-in;
    transition: all 0.5s ease-in;
}
```

综上所述，可以给出过渡的速记法：transition: <property> <duration> <animation type> <delay>，如图 9-20 所示。

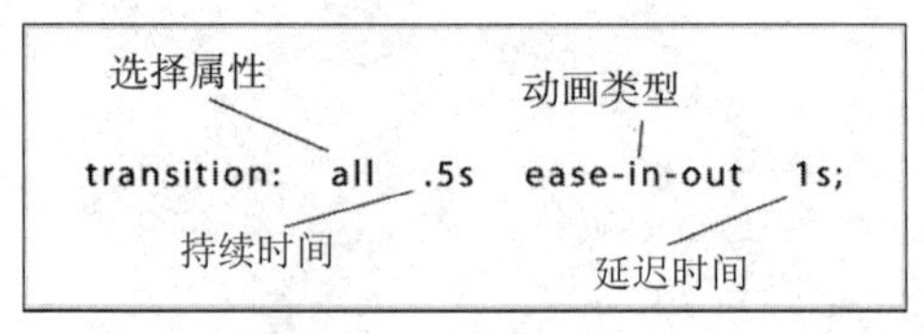

图 9-20　过渡的速记法

4. 定义过渡效果

transition-timing-function 属性用来指定切换效果的变换速率，也就是定义过渡效果，该属性有 6 个可能取值。

- ease：过渡效果逐渐变慢，为默认值，ease 等同于贝塞尔曲线(0.25, 0.1, 0.25, 1.0)。

- linear：匀速过渡效果，linear等同于贝塞尔曲线(0.0, 0.0, 1.0, 1.0)。
- ease-in：加速过渡效果，ease-in等同于贝塞尔曲线(0.42,0,1.0,1.0)。
- ease-out：减速过渡效果，ease-out等同于贝塞尔曲线(0, 0, 0.58, 1.0)。
- ease-in-out：过渡效果首先加速，然后减速，ease-in-out 等同于贝塞尔曲线(0.42,0, 0.58,1.0)。
- cubic-bezier：允许自定义一条时间曲线，即特定的cubic-bezier曲线。(x1,y1,x2,y2)中的4个值特定于曲线上的点P1和点P2。所有值必须在[0,1]区域内，否则无效。

将例9-9中的规则定义修改为如下形式：

```
#test:hover {
    width:300px;
    background-color: goldenrod;
    transition-property:background-color,width;
    -webkit-transition-property: background-color,width;
    -moz-transition-property: background-color,width;
    -o-transition-property: background-color,width;
    transition-duration: 4s;
    -webkit-transition-duration: 4s;
    -moz-transition-duration: 4s;
    -o-transition-duration: 4s;
    -webkit-transition-timing-function:linear;
    -moz-transition-timing-function: linear;
    -o-transition-timing-function:linear;
    transition-timing-function:linear;
}
```

当鼠标移动到元素上时，可以看到元素宽度和颜色的慢慢过渡效果，如图9-21所示，是其过渡效果中的两张中间效果图。

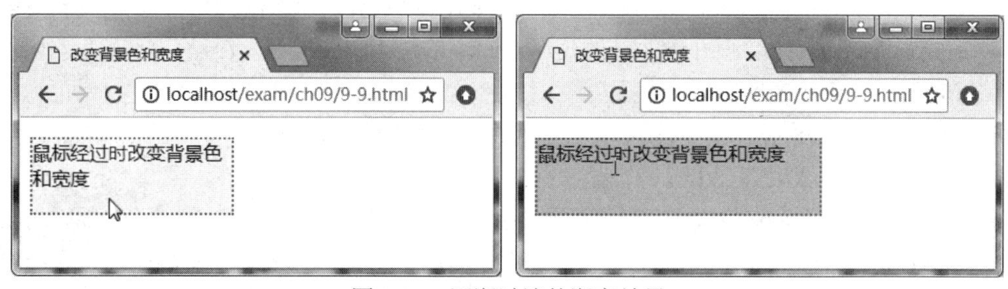

图9-21 逐渐过渡的渐变效果

9.4.2 关键帧动画

过渡动画只能使元素产生基本的运动，CSS 动画规范(参见 http://j.mp/css3-animations 和 http://dev.w3.org/csswg/css3-animations/)用基于关键帧的动画使运动效果更进一步。关键帧的概念来源于传统的卡通片制作。关键帧相当于二维动画中的原画，是指角色或物体在运动或变化时关键动作所处的那一帧。过渡动画只能定义第一帧和最后一帧这两个关键帧，而关键帧动画则可以定义任意多的关键帧，因而能实现更复杂的动画效果。

关键帧动画的定义方式比较特殊，它使用关键字@keyframes 来定义动画。具体格式如下：

```
@keyframes 动画名称 {    时间点 {元素状态}    时间点 {元素状态}    ……}
```

一般来说，0%和 100%这两个关键帧是必须定义的。0%可以由 from 代替，100%可以由 to 代替。例如，下面定义的名为 myAnimation 的动画，只有 from 和 to 两个关键帧：

```
@keyframes myAnimation{ /* define the animation " myAnimation " */
  from { background:#c00;} /* 定义开始关键帧*/
  to { width:300px;background:#c0f;} /* 定义结束关键帧*/
}
```

每个关键帧规则的开始都是百分比值或者 from(相当于 0%)与 to(相当于 100%)这两个关键字之一，它指定了关键帧在动画的何处出现。百分比值表示动画持续时间的百分比，所以一段两秒动画中的 50%关键帧出现于动画的第 1 秒处。

定义好一个关键帧动画后，使用 animation 属性把这个关键帧动画绑定到某个要进行动画的元素上，就能实现关键帧动画了。

animation 就相当于用@keyframes 预先定义好元素在整个过渡过程中将要经历的各个状态，然后再通过 animation 属性将这些状态一次性赋给该元素。

animation 属性是复合属性，包含 animation-name、animation-duration、animation-timing-function、animation-delay、animation-iteration-count、animation-direction、animation-fill-mode 和 animation-play-state 子属性。

可以分别设置各个子属性，也可以使用 animation 属性，指定各子属性的值列表，多个动画之间用逗号分开。

- animation-name：由@keyframes 定义的动画的名称。默认没有名称。
- animation-duration：动画发生一次的持续时间，单位是秒(s)或毫秒(ms)。默认是 0 秒，相当于没有产生动画。
- animation-timing-function：用于动画的计时函数，和过渡动画中的计时函数一样。
- animation-delay：动画开始之前的延迟时间，单位为秒(s)或毫秒(ms)。默认值是 0 秒。该属性也可以接收负值，例如，-2 秒使动画马上开始，但跳过两秒进入动画。
- animation-iteration-count：动画重复的次数。可接收的值有 0(不产生动画)、正值(包括非负值)和无穷大。默认的次数是 1。
- animation-direction：是否应该轮流反向播放动画，该属性可接收的值是 normal(默认)和 alternate，仅在 animation-iteration-count 大于 1 时才生效。normal 使得动画每次向前推进(从头至尾)；alternate 则是先将动画向前推进，而后反向推进。
- animation-fill-mode：规定当动画不播放时(当动画完成时，或当动画有延迟未开始播放时)，要应用到元素的样式。该属性控制起始关键帧是否会在 animation-delay 中影响动画，以及控制动画结束时是否保持终止状态。
- animation-play-state：默认情况下该属性的值是 running，但当值变为 paused 时，动画会暂停。通过将值改回 running，动画会从暂停时所处的位置重新开始。

1. 使用 animation-name 和 animation-duration 属性创建简单动画

animation-name 属性用来定义动画的名称，该名称就是使用@keyframes 关键字创建的动画名。如果要为同一个元素应用多个动画，该属性的值也可以是一个用逗号“,”分隔的动画名称列表。

与过渡动画类似，仅指定动画名称还不能看到动画效果，至少还需要使用 animation-duration 属性指定动画播放的持续时间，单位为 s(秒)，默认值为 0。这个属性和 transition 属性的 transition-duration 子属性的使用方法一样。

【例 9-10】 一个简单的关键帧动画。

新建一个名为 9-10.html 的页面，输入如下代码：

```
<!DOCTYPE html>
<html>
  <head>
      <meta charset="GB2312" />
      <title>简单的关键帧动画</title>
    <style type="text/css" >
      #test{
        border: 2px dotted red;
        width: 150px;
        height: 60px;
      }
      #test:hover {
        animation-duration: 10s;
        animation-name: myAnimation;
      }
      @keyframes myAnimation{ /*   define the animation " myAnimation " */
        from { background:#c00;} /*  定义开始关键帧*/
        to {   /*  定义结束关键帧*/
          transform: rotateY(360deg);
          background:#c0f;
        }
      }
    </style>
  </head>
  <body>
    <p id="test">鼠标经过时沿 Y 轴旋转 360 动画</p>
  </body>
</html>
```

本例定义了一个名为 myAnimation 的动画，其中包括两个关键帧(from 和 to)，动画持续时间为 10 秒。在浏览器中打开该页面，当把鼠标指针移到元素上时，可以看到动画效果，元素的背景色开始改变且沿 Y 轴旋转 360°，图 9-22 所示为动画过程中的一些画面。

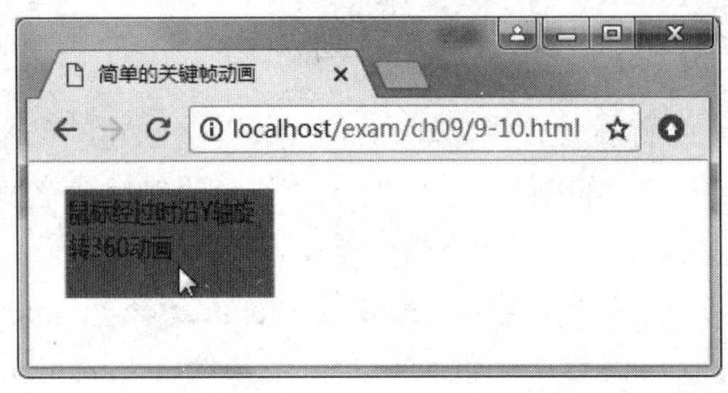

图 9-22　简单的关键帧动画

2. 动画播放方式和延迟时间

animation-timing-function 属性和 transition-timing-function 属性的使用方式相同，并且接收的所有值也相同，用来控制动画的播放方式。

animation-delay属性和transition-delay属性的使用方式一样，用来指定动画的延迟播放时间，属性值为数值，单位为s(秒)，默认值也是 0。

【例 9-11】 为动画设置播放方式和延时时间。

新建一个名为 9-11.html 的页面，输入如下代码：

```
<!DOCTYPE html>
<html>
  <head>
      <meta charset="GB2312" />
      <title>设置播放方式和延时时间</title>
    <style type="text/css" >
      p{
        border: 2px dotted red;
        width: 150px;
        height: 60px;
      }
      #test1 {
        animation-duration: 10s;
        animation-name: myAnimation;
        animation-timing-function: ease-out;
      }
      #test2 {
        animation-duration: 10s;
        animation-name: myAnimation;
        animation-timing-function: ease-in;
        animation-delay: 2s;
      }
      #test3 {
        animation-duration: 10s;
        animation-name: myAnimation;
        animation-timing-function: ease-in-out;
        animation-delay: -1s;
```

```
        }
        @keyframes myAnimation{ /*  定义动画 myAnimation*/
          from { background:#c00;} /*  定义开始关键帧*/
          to {
            transform: rotateY(360deg);
            background:#c0f;
          } /*  定义结束关键帧*/
        }
      </style>
    </head>
    <body>
      <p id="test1">沿 Y 轴旋转 360 动画，ease-out 无延时</p>
      <p id="test2">沿 Y 轴旋转 360 动画，ease-in 延时 2 秒</p>
      <p id="test3">沿 Y 轴旋转 360 动画，ease-in-out 延时-1 秒</p>
    </body>
</html>
```

本例仍然使用 myAnimation 动画，将该动画应用到 3 个不同的元素，分别设置不同的播放方式和延时时间，加载页面时开始播放动画，如图 9-23 所示。尽管应用的是同一个动画效果，但是因为播放方式和延时时间不同，所以 3 个动画并不同步。

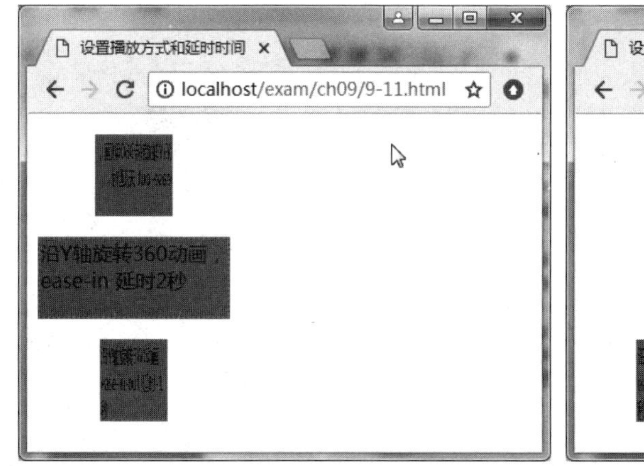

图 9-23　设置动画播放方式和延时时间

3. 定义动画播放次数和播放方向

animation-iteration-count 属性用来指定动画播放的循环次数，默认值为 1；infinite 表示无限次循环。

animation-direction 属性用来指定动画播放的方向，可取值有如下 4 个。

- normal：表示动画按正常顺序播放，这也是该属性的默认值。
- reverse：表示动画反向播放。
- alternate：动画在奇数次(1、3、5...)正向播放，在偶数次(2、4、6...)反向播放。
- alternate-reverse：动画在奇数次(1、3、5...)反向播放，在偶数次(2、4、6...)正向播放。

【例 9-12】设置动画的播放次数和播放方向。

新建一个名为 9-12.html 的页面，输入如下代码：

```
<!DOCTYPE html>
<html>
  <head>
      <meta charset="GB2312" />
      <title>设置播放次数和播放方向</title>
    <style type="text/css" >
      #test1 {
         animation-iteration-count: infinite;
         animation-direction: normal;
      }
      #test2 {
         animation-iteration-count: 10;
         animation-direction: reverse;
      }
      #test3 {
         animation-iteration-count: infinite;
         animation-direction:alternate-reverse;
      }
      #test4 {
         animation-iteration-count: infinite;
         animation-direction: alternate;
      }
      div{
         width:100px;
         height:60px;
         margin: 5px;
         background:red;
         position:relative;
         animation-name: myAnimation;
         animation-duration: 10s;
      }
      @keyframes myAnimation{ /*   define the animation " myAnimation " */
         0%     {background:red; left:0px; }
         50%    {background:blue; left:200px; transform: scale(0.5);/}
         100% {background:red; left:400px; }
      }
    </style>
  </head>
  <body>
    <div id="test1">正常播放，循环</div>
    <div id="test2">反向播放，10 次</div>
    <div id="test3">奇数次反向播放，偶数次正向播放</div>
    <div id="test4">奇数次正向播放，偶数次反向播放</div>
  </body>
```

```
</html>
```

本例中定义的动画包括 3 个关键帧，动画效果是将元素从开始位置缩小为原来的一半并移动到 200px，然后还原到原始尺寸并移动到 400px，共有 4 个元素应用了该动画，但播放方向各不相同，且第 2 个元素在播放 10 次后停止播放，如图 9-24 所示。

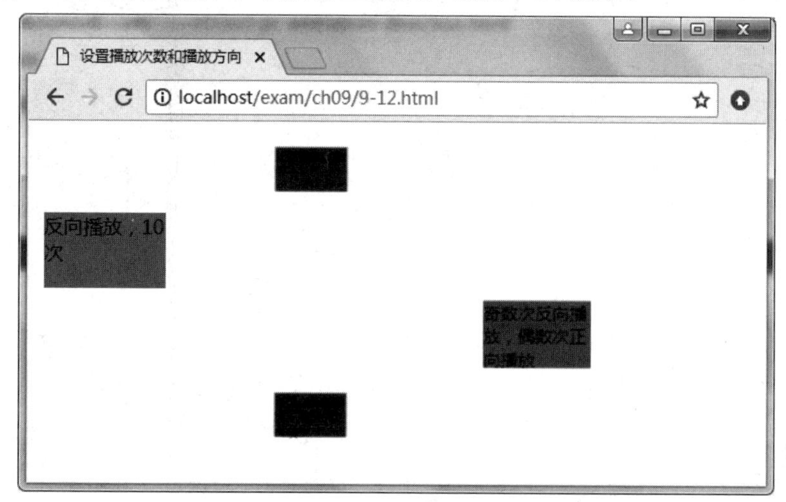

图 9-24　设置动画的播放方向和次数

4. 暂停播放动画

animation-play-state 属性可以用来暂停播放动画，该属性有两个值：running 和 paused。默认值为 running，当设置为 paused 时，将暂停正在播放的动画。如果之后再次改为 running，那么动画就会从暂停处继续播放。

5. 控制元素在动画前后的表现

动画与 CSS 变形不同，默认情况下会在动画结束时返回原有的样式，这是因为 animation-fill-mode 属性的默认值是 none。animation-fill-mode 属性用来控制当动画不播放时(当动画完成时，或当动画有延迟未开始播放时)，要应用到元素的样式。除了默认值 none，该属性还有如下 3 个可取值。

- forwards：产生动画的元素会保持最后一个关键帧的属性，通常是 100%或 to 关键帧。但是如果指定了 animation-iteration-count 和 animation-direction，就不会总产生这样的效果。
- backwards：当 animation-direction 为 normal 或 alternate 时，使用 from 关键帧中定义的属性值；当 animation-direction 为 reverse 或 alternate-reverse 时，使用 to 关键帧中定义的属性值。
- both：相当于 forwards 和 backwards 的组合。也就是说，动画会在两个方向上扩展动画属性。

【例 9-13】 控制元素在动画前后的表现。

新建一个名为 9-13.html 的页面，输入如下代码：

```
<!DOCTYPE html>
<html>
  <head>
      <meta charset="GB2312" />
      <title>控制元素在动画前后的表现</title>
    <style type="text/css" >
      #test1 {
        animation-iteration-count: infinite;
        animation-direction: normal;
      }
      #test1:hover {
        animation-play-state: paused;
      }
      #test2 {
        animation-iteration-count: 3;
        animation-direction: reverse;
        animation-fill-mode: backwards;
      }
      #test3 {
        animation-iteration-count: 3;
        animation-delay: 5s;
        animation-fill-mode:forwards;
      }
      #test4 {
        animation-iteration-count: 3;
        animation-fill-mode:both;
      }
      div{
        width:130px;
        height:60px;
        margin: 5px;
        background:red;
        position:relative;
        animation-name: myAnimation;
        animation-duration: 10s;
      }
      @keyframes myAnimation{ /*   define the animation " myAnimation " */
        0%     {background:red; left:0px; }
        50%    {background:blue; left:200px; transform: scale(0.5);/}
        100% {background:red; left:400px; }
      }
    </style>
  </head>
  <body>
    <div id="test1">鼠标经过时暂停播放动画</div>
    <div id="test2">反向播放 3 次 animation-fill-mode: backwards</div>
```

```
        <div id="test3">延时 5 秒播放 3 次 animation-fill-mode:forwards</div>
        <div id="test4">animation-fill-mode:both</div>
    </body>
</html>
```

本例中定义的动画与例 9-12 中的相同，所不同的是应用动画的 4 个元素，使用了不同的 animation-fill-mode 属性，且第一个元素在鼠标经过其上方时，暂停播放动画，如图 9-25 所示。读者可自行上机查看动画效果，并观察后面 3 个元素在动画结束后的样式。

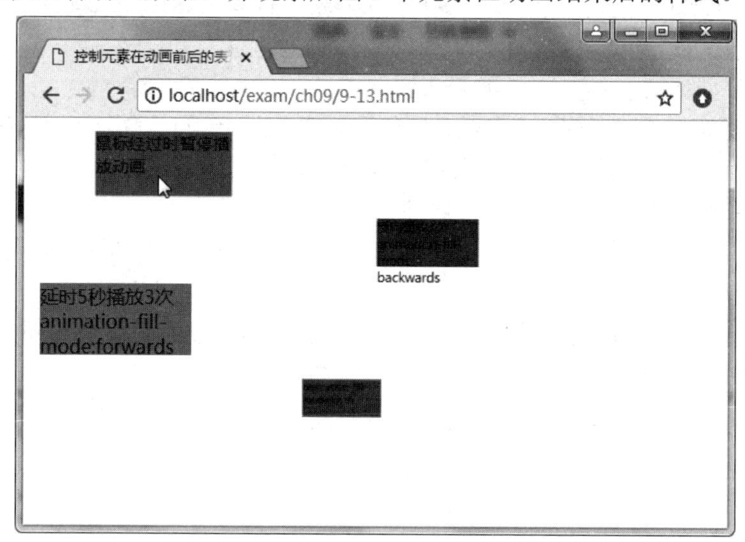

图 9-25　暂停动画的播放

9.5 本章小结

本章主要介绍用 CSS 控制 HTML 网页呈现的高级操作，包括设置元素背景、边框和边距、元素的变形处理以及 CSS 动画。首先介绍的是如何设置元素背景，可以直接使用 background 属性一次设置多个子属性的值，也可以单独设置每个子属性；然后讲述边框和边距的设置，包括盒子模型的基本概念、border 属性、padding 属性、margin 属性以及 CSS3 新增的几个特殊边框效果(属性 border-radius、border-image 和 box-shadow 等)；接下来学习的是 CSS 的变形处理，主要包括旋转、倾斜、缩放和移动 4 种类型；最后讲述 CSS 中的动画，CSS3 中的动画功能主要包括过渡动画和关键帧动画两种，过渡动画支持从一个属性值平滑过渡到另一个属性值，方便用来制作颜色渐变和形状渐变动画，关键帧动画通过对关键帧的指定，在页面上产生更复杂的动画效果，以方便制作逐帧动画。

9.6 思考和练习

1. ________属性能够为任何元素指定单一实体色背景。

2. 如果同时使用 background-image 属性与 background-color 属性，则________属性拥有优先权。

3. “盒子模型”(box model)是 CSS 中一个很重要的概念，因为它决定了元素在浏览器窗口中如何定位，每个盒子都有 3 个重要的属性________、________和________。

4. 使用 border-radius 属性时，可以省略部分值，省略时采用什么原则？不同数目的值对边框的角产生的影响如何？

5. CSS3 新增的__________属性，可以实现文字或图像的变形处理，主要包括旋转、__________、________和移动 4 种类型的变形处理。

6. 元素的移动通过_______ 函数来实现。

7. skew()函数可以带一个或两个参数，只有一个参数的 skew()函数会使元素在_______方向上扭曲。如果有第二个参数的话，那么第二个参数的值控制元素在_______方向上扭曲。

8. 在 CSS3 中，过渡动画通过哪个属性来实现？

9. _______属性用来指定元素过渡效果的持续时间，即设置从旧属性变换到新属性所花费的时间，单位为秒。

10. 请通过定义过渡属性、过渡时间、过渡延迟时间、过渡效果来实现过渡动画。

11. 关键帧动画使用关键字_________来定义动画。

12. _______属性用来指定动画的延迟播放时间。

第 10 章 网页布局

好的网页一定有好的布局，网页布局是指对页面中的标题、导航栏、主要内容、脚注、表单等各种构成元素进行合理排版。本章主要介绍多列布局、盒子的浮动与定位，以及弹性盒布局。实际开发中，一些复杂的网页可能会用到不止一种布局，通常是先整体使用一种布局设计，在局部可以使用另一种设计。通过本章的学习，读者应掌握使用 CSS 对网页进行布局的常用方法，深入了解盒子模型的设计思想和弹性盒布局的基本原理，能够对页面元素进行合理的排版布局。

本章的学习目标：

- 掌握多列布局相关的 CSS 属性的用法
- 进一步了解盒子模型的设计思想
- 掌握 position 属性的设置方式
- 理解 z-index 属性的作用
- 掌握 float 属性的基本用法
- 理解弹性盒布局中弹性容器和弹性子元素的关系
- 掌握弹性盒子的常用属性
- 掌握弹性子元素属性的用法

10.1 多列布局

我们知道，当一行文字太长时，读者读起来就比较费劲，容易读错行或读串行；当视点从文档的一侧移到另一侧，然后转换到下一行的行首时，如果眼球移动距离过大，注意力就会减退。因此，对于大屏幕显示器，在进行页面设计时，需要限制文本行的宽度，将文本多列呈现，就像报纸上的新闻排版一样。

在 CSS3 多列布局功能出现之前，如果想让文本呈多列显示，要么使用绝对定位，手动给文本分段落，要么使用 JavaScript 脚本进行控制。

CSS3 中新增的多列功能是对传统网页中块状布局模式的有力扩充。顾名思义，多列布局功能可以方便开发人员将文本排版成多列，实现报纸那样的多栏效果，如图 10-1 所示。

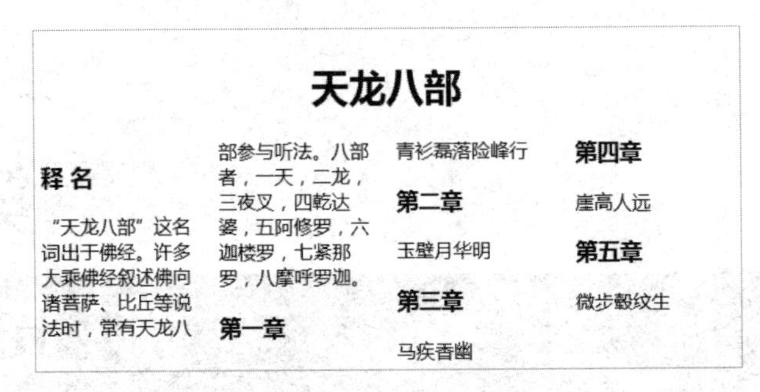

图 10-1　多列排版效果

CSS3 中与多列相关的属性如表 10-1 所示。

表 10-1　CSS3 多列属性

属　性	描　述
column-count	设置元素应该被分隔的列数
column-width	设置列的宽度
column-fill	设置如何填充列
column-gap	设置列之间的间隔
column-rule	设置列边框的样式，与 border 类似，这是 3 个 column-rule-*属性的简写属性
column-span	设置元素应该横跨的列数
columns	column-width 和 column-count 属性的简写形式

10.1.1　设置列宽和列数

column-width 属性用于给列定义最小宽度。默认值为 auto，表示将根据 column-count 属性指定的列数自动计算列宽。column-count 属性用于指定文本显示的列数。

在实际应用中，通常使用简写形式 columns，一起指定这两个属性的值。

【例 10-1】 设置列宽和列数。

新建一个名为 10-1.html 的页面，保存在 Apache 的 htdocs/exam/ch10 目录下，输入如下代码：

```
<!DOCTYPE html>
<html>
  <head>
      <meta charset="GB2312" />
      <title>设置列宽和列数</title>
    <style type="text/css">
      div{border: 1px solid #0c0;
         padding: 5px;
         margin: 5px;
      }
      .four{
         columns: auto 4;
      }
      .auto{
```

```
            columns: 120px auto;
        }
    </style>
</head>
<body>
    <div class="four">
        <h1>天龙八部</h1>
        <h3>释 名</h3>
        <p>“天龙八部”这名词出于佛经。许多大乘佛经叙述佛向诸菩萨、比丘等说法时，常有天龙八部参与听法。八部者，一天，二龙，三夜叉，四乾达婆，五阿修罗，六迦楼罗，七紧那罗，八摩呼罗迦。“天”是指天神。在佛教中，天神的地位并非至高无上，只不过比人能享受到更大、更长久的福报而已。佛教认为一切事物无常，天神的寿命终了之后，也是要死的。天神临死之前有五个征状：衣裳垢腻、头上花萎、身体臭秽、腋下汗出、不乐本座（第五个征状或说是“玉女离散”），这就是所谓“天人五衰”，是天神最大的悲哀。帝释是众天神的领袖。“龙”是指龙神。佛经中的龙，和我国传说中的龙大致差不多，不过没有脚，有时大蟒蛇也称为龙。</p>
    </div>
    <div class="auto">
        <h1>三国演义</h1>
        <h3>简介</h3>
        <p>滚滚长江东逝水，浪花淘尽英雄。吕布赵云关羽，官渡赤壁街亭，斩华雄空城计长坂坡七擒七纵，一看三叹，三国风云起，几度夕阳红。该剧展现了历史上一个豪强们为攫取最高统治权而进行的政治斗争和频繁混战的动乱时代。展示了魏、蜀、吴纵横捭阖、逐鹿争雄的历史画卷！</p>
    </div>
</body>
</html>
```

本例中为两个<div>元素设置了不同的列宽和列数，第 1 个 div 元素占 4 列，自动调整列宽；而第 2 个<div>元素使用固定列宽 120px，根据窗口大小自动调整列宽，当窗口较窄时可能占 3 列或 2 列，如图 10-2 所示。

图 10-2　窗口较窄时第 2 个 div 元素占 3 列

如果窗口宽度变大，第 1 个<div>元素始终占 4 列，而第 2 个<div>元素可能会占更多的列，如图 10-3 所示。

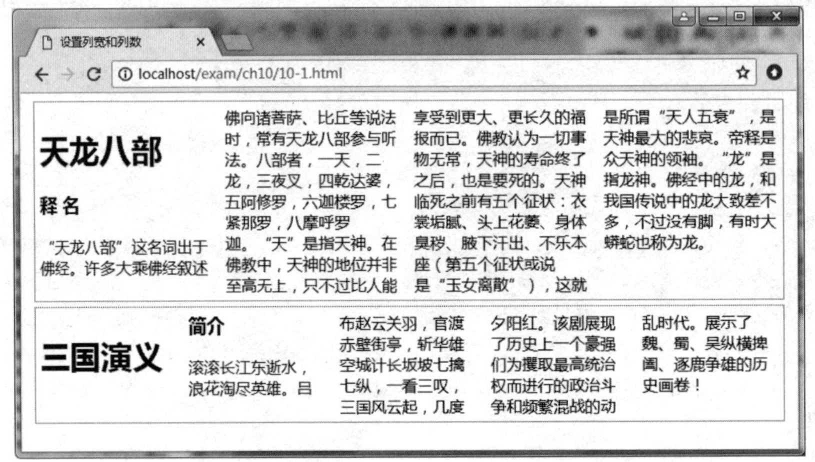

图 10-3　窗口变宽后第 2 个<div>元素占用的列数发生变化

10.1.2　设置列间距

默认情况下，浏览器根据列数和列宽来计算列间距。但在实际项目中，默认列间距用得比较少，更多时候需要指定列间距。这就用到 column-gap 属性，该属性的默认值为 normal，相当于 1em。需要注意的是，如果 column-gap 与 column-width 加起来大于总宽度，就无法显示 column-count 指定的列数，会由浏览器自动调整列数和列宽。

10.1.3　设置列边框

由于浏览器宽度有限，当列数过多时，列与列之间的间隔就会比较窄，不方便阅读。这时可以在列与列之间设置一条边框线，使版面看起来更清晰。

column-rule 用于设置列边框，类似于 border 属性，所不同的是，列边框不占用任何空间，因此设置 column-rule 不会导致列宽发生变化。它也包含 3 个子属性：column-rule-width、column-rule-style 和 column-rule-color，分别用来设置列之间边框的宽度、样式和颜色。

边框的宽度通常需要小于 column-gap 属性的值，否则可能会导致边框覆盖部分文字。

例如，为例 10-1 中的多列布局添加边框样式，修改后的规则定义如下：

```
.four{
  columns: auto 4;
  column-rule: 3px dotted red;
}
.auto{
  columns: 120px auto;
  column-rule: 2px inset blue;
}
```

此时的页面显示效果如图 10-4 所示。

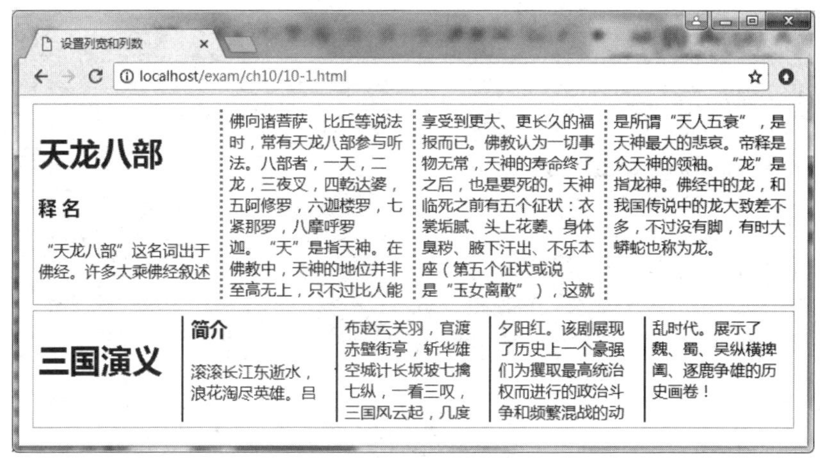

图 10-4　设置列之间的边框

10.1.4　设置跨列标题

很多时候，一篇文章需要以多栏的方式显示内容，但有共同的标题，标题不属于任何一列。因此，在排版时，需要将标题放在顶部并跨列显示。这可以通过跨列属性 column-span 来实现。

column-span 属性有两个取值：默认值 none 表示不跨列，all 表示跨越所有列。例如，对于文章标题可以设置成 all 以实现跨列。

【例 10-2】 将标题跨列显示。

新建一个名为 10-2.html 的页面，输入如下代码：

```
<!DOCTYPE html>
<html>
  <head>
      <meta charset="GB2312" />
      <title>设置跨列标题</title>
    <style type="text/css">
      p {
        padding: 0;
        margin: 0;
      }
      div {
        border: 1px solid #ccc;
        padding: 5px;
        columns: auto 4;
        column-rule: 3px double green;
      }
      h1{
        text-align:center;
        column-span:all;
      }
    </style>
  </head>
```

```
    <body>
      <div>
        <h1>天龙八部</h1>
        <h3>第一章</h3><p>青衫磊落险峰行</p>
        <h3>第二章</h3><p>玉壁月华明</p>
        <h3>第三章</h3><p>马疾香幽</p>
        <h3>第四章</h3><p>崖高人远</p>
        <h3>第五章</h3><p>微步縠纹生</p>
        <h3>第六章</h3><p>谁家子弟谁家院</p>
        <h3>第七章</h3><p>无计悔多情</p>
      </div>
    </body>
</html>
```

在浏览器中的显示效果如图 10-5 所示。可以看出，<h1>标题居中跨列显示。

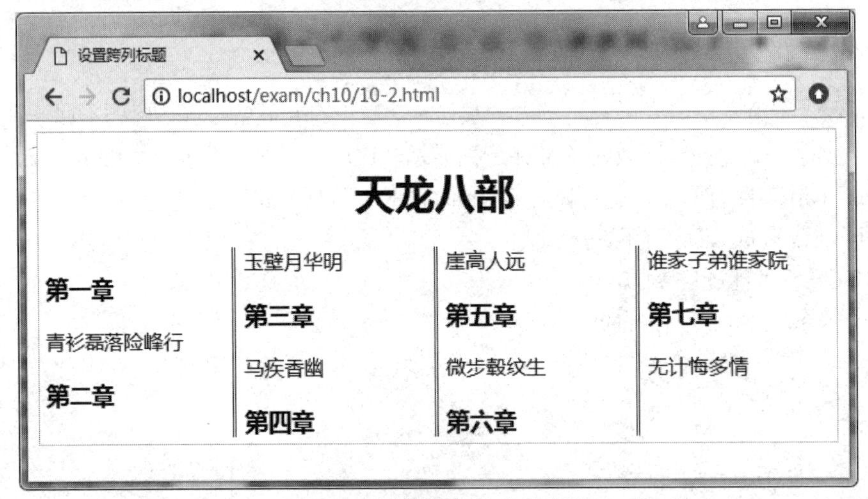

图 10-5　设置元素的内外边距

10.1.5　统一列高

column-fill 属性用于统一列高。默认值为 auto，各列的高度随内容自动调整；设置为 balance 时，所有列的高度都设为最高的列高。

10.2　使用 CSS 定位与布局

在上一章我们就提到过 CSS 中的“盒子模型”，也就是把 HTML 元素看成封装在盒子中，我们已经学习了如何使用 CSS 来设置盒子的边框和内外边距。本节将进一步学习如何控制盒子在页面中的定位。

在 CSS 中，一共有三种常用的“定位方案”(positioning scheme)用来布局页面中的元素：normal、float 以及 absolute。

默认情况下，元素使用“正常流”(normal flow)或“静态流”(static flow)在页面中进行布局。在正常流中，页面中的块级元素从顶部向底部流动(记住每个块级元素都以独占新行的形式出现)，而行内元素则从左向右流动(因为它们不会从新行开始显示)。

例如，每个标题以及段落应该在不同的行中显示，而<b>、<em>以及<span>这类元素的内容则位于段落或另一个块级元素中，它们并不从新行开始显示。

图 10-6 所示的三个段落展示了这一点。其中每个段落都是一个块级元素，从上到下，每个盒子独占一行；在每个段落中，各有一个行内元素，它们位于块级元素中。

如果希望元素的内容出现在与正常流中不同的位置，有两个属性可以帮助实现：position 和 float。

图 10-6　正常流布局

10.2.1　position 属性

position 的中文含义是位置。在 CSS 布局中，position 属性是一个使用较多的重要属性，很多特殊容器的定位必须使用 position 属性来完成。该属性有如下 4 个可能取值。

- static：与正常流相同，并且为默认值。因此实际使用 position 属性时，很少会指定该值。
- relative：盒子的位置可以相对其在正常流中的位置出现偏移，对象不可层叠，将根据 left、right、top 和 bottom 等属性的值在正常流中偏移。
- absolute：将盒子对象从正常流中拖出，完全使用 width、height、left、right、top、bottom 等属性进行绝对定位，绝对定位的元素可以有边界，但这些边界不压缩。元素的层叠通过 z-index 属性定义。
- fixed：固定在屏幕的某个位置，位置通过 left、top、right 和 bottom 属性指定，并且不随用户滚动窗口而改变位置。

1. 盒子偏移属性

当盒子的 position 属性的值为 relative、absolute 或 fixed 时，它们同时会使用“盒子偏移”属性指定盒子应如何定位，这几个盒子偏移属性的含义如下。

- top：指定元素的顶部边缘。该属性定义了定位元素的上外边距边界与其包含块上边界之间的偏移。
- left：指定元素的左边缘。该属性定义了定位元素的左外边距边界与其包含块左边界之间的偏移。
- bottom：对于绝对定位元素，bottom属性设置单位高于/低于包含它的元素的底边；对于相对定位元素，bottom属性设置单位高于/低于其正常位置的元素的底边。
- right：指定元素的右边缘。该属性定义了定位元素的右外边距边界与其包含块右边界之间的偏移。

每个属性的取值可以是长度值、百分比或 auto。

对于相对定位(position 属性值为 relative)元素，left 属性的计算值始终等于 right 属性。如果 bottom 属性和 top 属性都是 auto，则计算值都是 0；如果其中之一是 auto，则取另一个值的相反数；如果二者都不是 auto，bottom 属性将取 top 属性值的相反数。

2. 相对定位

相对定位能够将盒子移动到与其在正常流中的位置相关联的某个位置。例如，将一个盒子从其在正常流中应该出现的位置下移 30 像素或右移 100 像素，它将会根据盒子偏移属性从其在正常流中的位置进行转移。

当容器的 position 属性为 relative 时，就对盒子应用相对定位。使用相对定位的盒子的 top、bottom、left 和 right 属性的参照对象是其父容器的 4 条边框，而不是浏览器窗口。

【例 10-3】 使用相对定位。

新建一个名为 10-3.html 的页面，输入如下代码：

```
<!DOCTYPE html>
<html>
  <head>
        <meta charset="GB2312" />
        <title>相对定位</title>
     <style type="text/css">
        div {
           width: 200px;height: 50px;
           border: 2px solid red;
           padding: 5px;
           margin: 3px;
        }
        #relative{
           position: relative;
           left: 225px;
           bottom: 65px;
        }
     </style>
  </head>
  <body>
     <div><p>青衫磊落<b>险峰行</b></p>
     </div>
     <div id="relative"><p>玉壁<i>月华明</i></p>
     </div>
     <div><p>马疾<strong>香幽</strong></p>
     </div>
  </body>
</html>
```

如果不对第 2 个<div>元素使用相对定位，则 3 个<div>元素按正常流显示，如图 10-6 所示。当对第 2 个<div>元素使用相对定位后，该元素在原位置的基础上向右偏移 225px、向上偏移 66px，结果如图 10-7 所示。

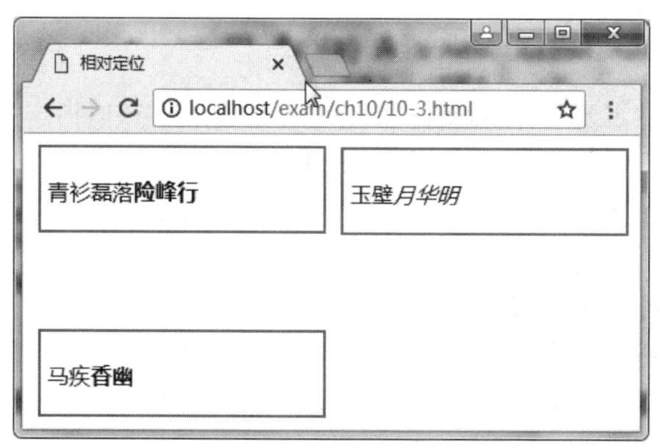

图 10-7　相对定位

3. 绝对定位

绝对定位是使用最广泛的一种定位方案，它能够精准地将元素移动到想要的位置。使用绝对定位的方法是将 position 属性设置为 absolute，然后可以使用盒子偏移属性对其进行所需的定位。

需要注意的是，因为绝对定位的盒子要从正常流中取出，即使两个垂直外边距相遇，它们的外边距也不会折叠。

绝对定位的元素总是出现在相对定位的元素之上，除非使用 z-index 属性进行设置。

例如，将上例中的第 2 个盒子改为绝对定位，修改样式规则如下：

```
#relative{
   position:absolute;
   left: 225px;
   top: 5px;
}
```

修改后的效果如图 10-8 所示。

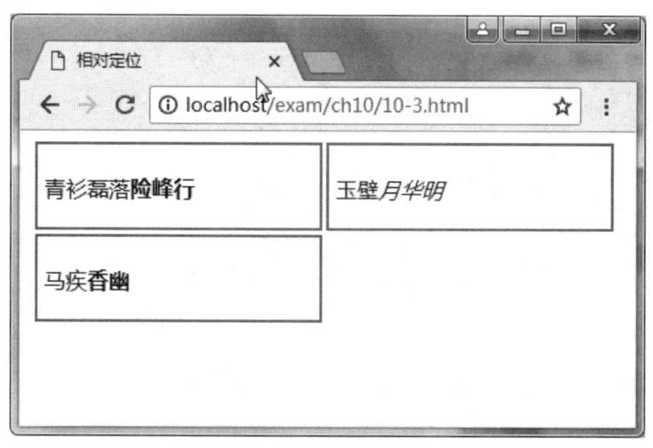

图 10-8　绝对定位

从图 10-8 中可以看出，对第 2 个盒子使用绝对定位后，第 3 个盒子出现在正常流中的第 2 个位置了，这是因为第 2 个<div>元素已经从正常流中取出。

4. 固定定位

对于 position 属性，需要了解的最后一个可取值是 fixed。该值指定不仅元素的内容应完全从正常流中移除，盒子在用户上下滚动页面时也不应该移动。

这里的固定定位是指元素的位置相对于浏览器窗口是固定位置。

【例 10-4】 使用固定定位。

新建一个名为 10-4.html 的页面，输入如下代码：

```
<!DOCTYPE html>
<html>
  <head>
      <meta charset="GB2312" />
      <title>固定定位</title>
    <style type="text/css">
      #menu{
        width: auto;height: auto;
        background-color :aliceblue;
        position:fixed;
        right: 30px;
        top: 5px;
      }
      p{text-indent: 2em;}
    </style>
  </head>
  <body>
    <div id="menu">
      <a href="index.html">目录</a> |
      <a href="bbs.html">留言</a>
    </div>
    <h1>三国演义</h1>
    <h3>第一回  宴桃园豪杰三结义   斩黄巾英雄首立功</h3>
    <pre>
    滚滚长江东逝水，浪花淘尽英雄。是非成败转头空。
    青山依旧在，几度夕阳红。
    白发渔樵江渚上，惯看秋月春风。一壶浊酒喜相逢。
    古今多少事，都付笑谈中。
                                            ——调寄《临江仙》
    </pre>
    <p>话说天下大势，分久必合，合久必分。周末七国分争，并入于秦。及秦灭之后，楚、汉分争，又
并入于汉。汉朝自高祖斩白蛇而起义，一统天下，后来光武中兴，传至献帝，遂分为三国。推其致乱之由，殆
始于桓、灵二帝。桓帝禁锢善类，崇信宦官。及桓帝崩，灵帝即位，大将军窦武、太傅陈蕃共相辅佐。时有宦
官曹节等弄权，窦武、陈蕃谋诛之，机事不密，反为所害，中涓自此愈横。</p>
    <p>建宁二年四月望日，帝御温德殿。方升座，殿角狂风骤起。只见一条大青蛇，从梁上飞将下来，
蟠于椅上。帝惊倒，左右急救入宫，百官俱奔避。须臾，蛇不见了。忽然大雷大雨，加以冰雹，落到半夜方止，
坏却房屋无数。建宁四年二月，洛阳地震；又海水泛溢，沿海居民，尽被大浪卷入海中。光和元年，雌鸡化雄。
六月朔，黑气十余丈，飞入温德殿中。秋七月，有虹现于玉堂；五原山岸，尽皆崩裂。种种不祥，非止一端。
```

```
帝下诏问群臣以灾异之由，议郎蔡邕上疏，以为蜺堕鸡化，乃妇寺干政之所致，言颇切直。帝览奏叹息，因起更衣。曹节在后窃视，悉宣告左右；遂以他事陷邕于罪，放归田里。后张让、赵忠、封谞、段珪、曹节、侯览、蹇硕、程旷、夏恽、郭胜十人朋比为奸，号为“十常侍”。帝尊信张让，呼为“阿父”。朝政日非，以致天下人心思乱，盗贼蜂起。</p>
    </body>
</html>
```

本例中 id 为 menu 的 div 元素使用了固定定位，无论窗口怎么滚动，该元素始终位于屏幕的右上角，如图 10-9 所示。

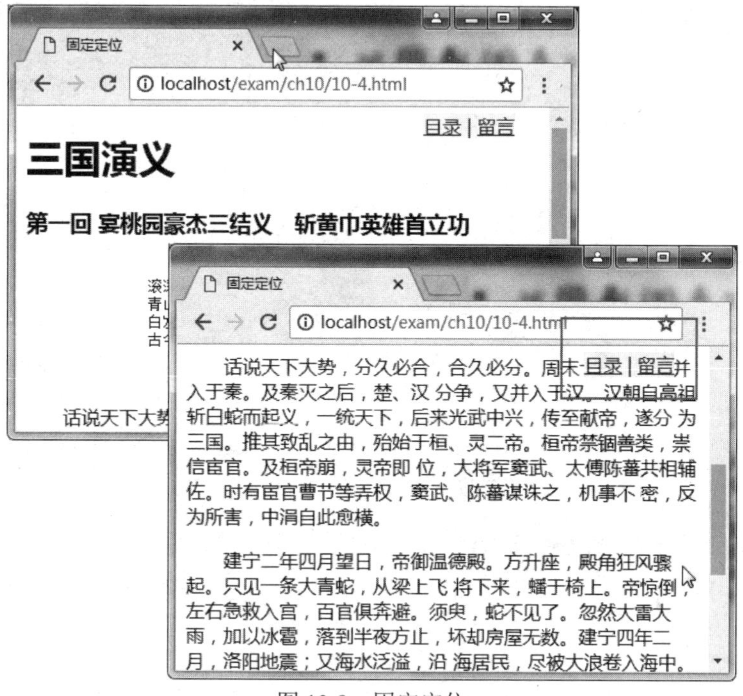

图 10-9　固定定位

10.2.2　z-index 属性

z-index 是一个专门针对网页显示的特殊属性。显示器显示的图案是二维的，用 x 轴和 y 轴来表示位置属性。为了表示三维立体中的层叠顺序，引入 z-index 属性以表示两个元素 z 轴的不同，从而表示元素在叠加顺序上的立体关系。

使用绝对和相对定位的元素经常会与其他元素出现重叠。当发生这种情况时，默认的行为是第一个元素位于后来元素之下。这被称作“堆叠上下文”(stacking context)。z-index 属性就用来指定重叠部分的上下层关系。

z-index 属性的值是数字，数字越大，就越接近元素显示位置的顶部(例如，z-index 属性值为 10 的元素会出现于 z-index 属性值为 5 的元素之上)。

【例 10-5】 使用 z-index 属性。

新建一个名为 10-5.html 的页面，输入如下代码：

```
<!DOCTYPE html>
```

```
<html>
  <head>
      <meta charset="GB2312" />
      <title>z-index 属性</title>
    <style type="text/css">
      img.x{
        position:absolute;
        left:0px;
        top:0px;
        z-index:1
      }
      img.y{
        position:absolute;
        left:200px;
        top:100px;
        z-index:-1
      }
    </style>
  </head>
  <body>
    <h1>使用 z-index 属性</h1>
    <img class="x" src="images/bg.jpg" width="130px"/>
    <p>默认的 z-index 是 0。z-index 1 拥有更高的优先级。图片在文字上方</p>
    <img class="y" src="images/bg1.jpg" width="130px" />
    <p>默认的 z-index 是 0。z-index -1 拥有更低的优先级。图片在文字下方</p>
  </body>
</html>
```

在浏览器中的显示效果如图 10-10 所示。

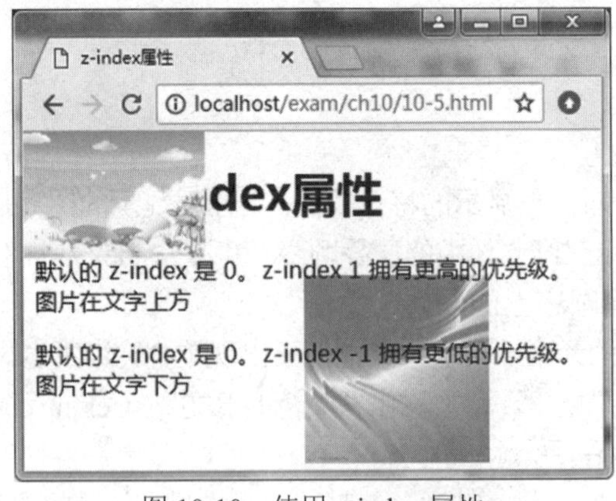

图 10-10　使用 z-index 属性

10.2.3　float 属性

float 属性能够将某个元素从正常流中抽取出来，并将其尽可能远地放置在包含盒子的左侧或右侧。包含元素中的其他内容则会围绕关联有 float 属性的元素进行流动(就如文本与其他元素能够围绕图片流动一样)。

float 属性的最初目的是实现图文混排，使文本围绕在图像周围。不过在 CSS 中，任何元素都可以浮动。浮动元素会生成块级框，而不论本身是何种元素。

当为元素指定 float 属性时，必须设置 width 属性以指定盒子应该占据的宽度。否则，元素将自动占据包含盒子 100%的宽度，不会给围绕它流动的内容留任何空间，从而使元素的显示效果如同普通的块级元素。

使用 float 属性，除了可以建立网页的横向多列布局，还可以实现网页内容的其他许多布局。该属性的可取值有如下几个。

- none：默认值，盒子不发生浮动，并保持在正常流中应处的位置。
- left：盒子浮动到包含元素的左侧，而包含元素的其他内容浮动至其右侧。
- right：盒子浮动到包含元素的右侧，而包含元素的其他内容浮动至其左侧。
- inherit：从父元素继承 float 属性的值。

【例 10-6】 使用 float 属性让盒子浮动。

新建一个名为 10-6.html 的页面，输入如下代码：

```
<!DOCTYPE html>
<html>
  <head>
      <meta charset="GB2312" />
      <title>浮动</title>
    <style type="text/css">
      div {
        width: 120px;height: 120px;
        border: 2px solid red;
        padding: 5px;
        margin: 3px;
      }
      #div1{
        float:left;
      }
      #div2{
        float:left;
      }
      #div3{
        float:right;
        width: 220px;height: 150px;
      }
      img{
        float: inherit;
      }
    </style>
  </head>
  <body>
    <div id="div1">第 1 个 div</div>
```

```
    <div id="div2">第 2 个 div</div>
    <div id="div3"><img src="images/bg.jpg" width="150" alt="一个图片"/>
      <p>第 3 个 div 带图片</p>
      <p>注意这里面的图文混排效果</p>
    </div>
  </body>
</html>
```

本例中共有 3 个<div>元素，如果按正常流布局，效果将类似图 10-6 那样从上往下，每个<div>元素占据一行。使用 float 属性后，元素将根据窗口大小，依次停靠在左侧或右侧，如图 10-11 所示，当浏览器窗口较窄时，一行放不下，所以显示为两行；而当浏览器窗口足够宽时，第 3 个<div>元素会靠右浮动，如图 10-12 所示。而且在第 3 个<div>元素内部，图片也是浮动的，浮动的方向继承自父元素 div3。

图 10-11　窗口较窄时的显示效果

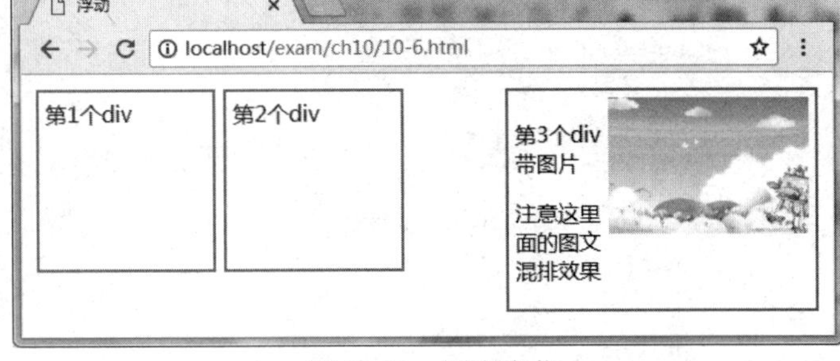

图 10-12　固定定位

10.2.4　clear 属性

在使用浮动盒子时，内容能够围绕浮动元素流动，然而有时候，可能更希望浮动元素旁边没有任何内容，而周围的内容被推至浮动元素之下。这时就可以使用 clear 属性。

clear 属性定义元素的哪边不允许出现浮动元素。在 CSS 1.0 和 CSS 2.0 中，这是通过自动为清除元素(即设置了 clear 属性的元素)增加上外边距实现的。在 CSS 2.1 中，会在元素上外边距之上增加清除空间，而外边距本身并不改变。不论发生哪种改变，最终结果都一样。如果声明为左边或右边清除，会使元素的上外边框边界刚好在浮动元素的下外边框边界之下。

clear 属性的可取值如下。

- left：具有 clear 属性的元素在其左侧不能有任何内容。
- right：具有 clear 属性的元素在其右侧不能有任何内容。
- both：具有 clear 属性的元素在其左右两侧都不能有任何内容。
- none：默认值，允许两侧出现浮动内容。

例如，在例 10-6 中，对第 2 个<div>元素应用 clear 属性，指定在其左侧不能有任何内容，修改相应的规则如下：

```
#div2{
  float:left;
  clear:left;
}
```

这样，第 2 个<div>元素就不能和第 1 个<div>元素都出现在第一行，而是位于新行的最左侧，效果如图 10-13 所示。

图 10-13　使用 clear 属性

10.3 弹性盒布局

在实际项目中，网站的布局要比我们想象的复杂，光靠前面介绍的多栏布局和盒布局还远远不够。本节将介绍 CSS3 中新增的一种布局方式——弹性盒布局。

CSS3 弹性盒是一整套布局规范，是一种当页面需要适应不同的屏幕大小及设备类型时，确保元素拥有恰当行为的布局方式。引入弹性盒布局模型的目的是提供一种更加有效的方式，对容器中的子元素进行排列、对齐和分配空白空间。

10.3.1 定义弹性容器

CSS 弹性盒由弹性容器和弹性子元素组成。弹性容器通过设置 display 属性的值为 flex 而定义为弹性容器。

弹性容器内包含一个或多个弹性子元素。弹性容器外及弹性子元素内是正常渲染的。CSS 弹性盒只定义弹性子元素如何在弹性容器内布局。弹性子元素通常在 CSS 弹性盒的一行中显示。默认情况下每个容器只有一行。

【例 10-7】 定义弹性容器。

新建一个名为 10-7.html 的页面，输入如下代码：

```
<!DOCTYPE html>
<html>
```

```
<head>
    <meta charset="GB2312" />
    <title>定义弹性容器</title>
  <style type="text/css">
    .flex-container {
      display: -webkit-flex;
      display: flex;
      width: 400px;
      height: 250px;
      background-color: lightgrey;
    }
    .flex-item {
      background-color: cornflowerblue;
      width: 100px;
      height: 100px;
      margin: 10px;
    }
  </style>
</head>
<body>
  <div class="flex-container">
    <div class="flex-item">弹性子元素 1</div>
    <div class="flex-item">弹性子元素 2</div>
    <div class="flex-item">弹性子元素 3</div>
  </div>
</body>
</html>
```

本例中定义 flex-container 类的元素为弹性容器，在容器中有 3 个子元素。默认情况下，弹性子元素在一行内显示，从左到右，如图 10-14 所示。

当然也可以修改排列方式。如果设置 direction 属性为 rtl(right-to-left)，弹性子元素的排列方式也会改变，页面布局也跟着改变，如图 10-15 所示。

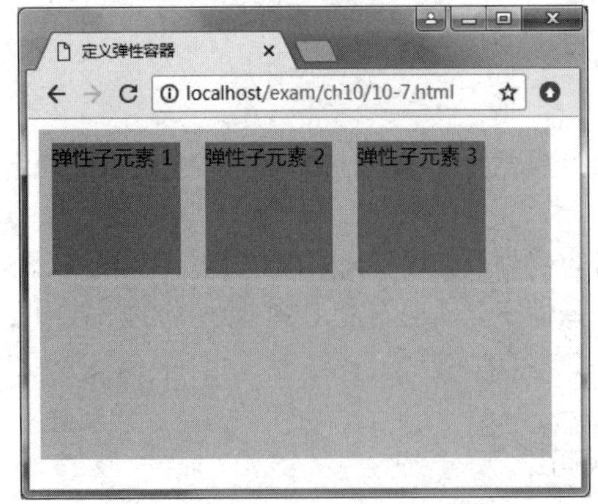

图 10-14　弹性子元素在一行内显示

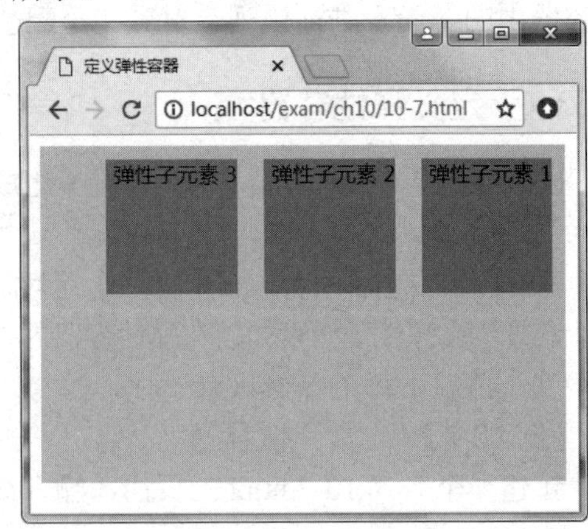

图 10-15　修改弹性子元素的排序方式

10.3.2 CSS 弹性盒布局的常用属性

CSS 弹性盒布局包含多个 CSS 属性，包括弹性盒属性和弹性子元素属性两类。本节主要介绍弹性盒属性，如表 10-2 所示。

表 10-2 弹性盒属性

属 性	描 述
flex-direction	指定弹性子元素的排列方式
flex-wrap	设置弹性子元素超出父容器时是否换行
flex-flow	flex-direction 和 flex-wrap 的简写
align-items	设置弹性子元素在侧轴(纵轴)方向上的对齐方式
align-content	在弹性子元素没有占用交叉轴上所有可用的空间时对齐弹性子元素(垂直)
justify-content	设置弹性子元素在主轴(横轴)方向上的对齐方式

1. flex-direction 属性

flex-direction 属性规定弹性子元素的排列方向。如果不是弹性子元素，则 flex-direction 属性不起作用。

该属性的可取值如下，对应的排列效果如图 10-16 所示。

- row：默认值。元素将水平显示。
- row-reverse：与 row 相同，但是以相反的顺序显示。
- column：元素将垂直显示。
- column-reverse：与 column 相同，但从后往前排，最后一项排在最上面。

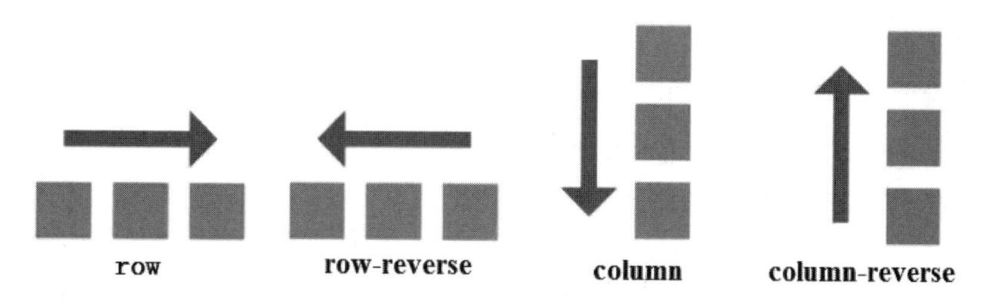

图 10-16 flex-direction 属性的不同取值效果

2. flex-wrap 属性

flex-wrap 属性规定弹性容器是单行还是多行，同时横轴的方向决定了新行堆叠的方向。

该属性的可取值如下。

- nowrap：默认值，弹性容器为单行，弹性子元素可能会溢出容器，如图 10-17 所示。
- wrap：弹性容器为多行。弹性子元素溢出的部分会被放置到新行，弹性子元素内部会发生断行，如图 10-18 所示。
- wrap-reverse：与 wrap 类似，但是顺序相反，如图 10-19 所示。

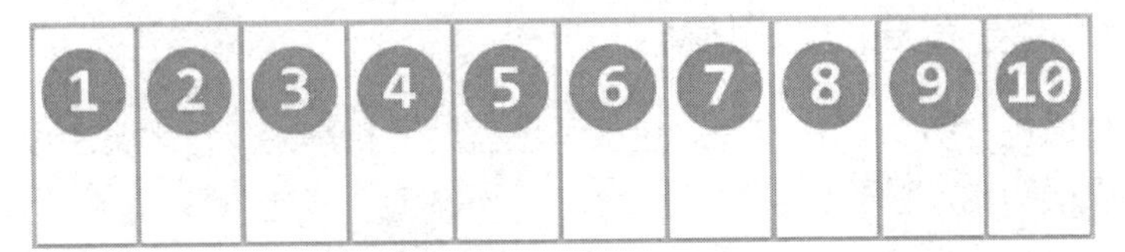

图 10-17　flex-wrap 属性取值 nowrap

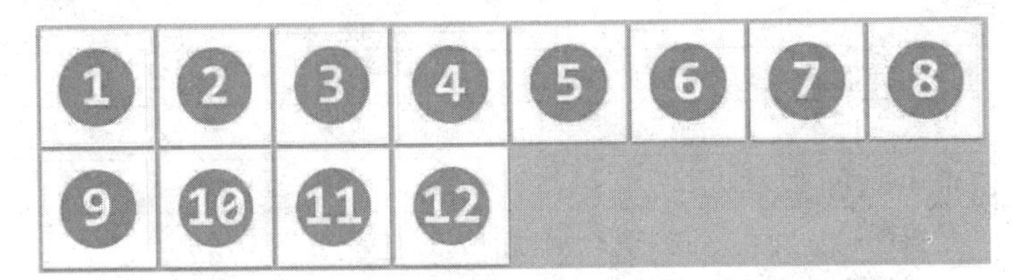

图 10-18　flex-wrap 属性取值 wrap

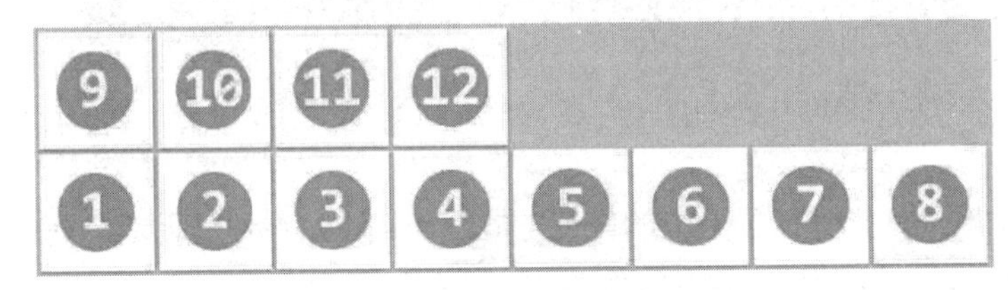

图 10-19　flex-wrap 属性取值 wrap-reverse

3. flex-flow 属性

flex-flow 属性是 flex-direction 属性和 flex-wrap 属性的简写形式，默认值为 row nowrap。

4. align-items 属性

align-items 属性定义弹性子元素在弹性容器的当前行的侧轴(纵轴)方向上的对齐方式。
align-items 属性的可取值如下。

- stretch：默认值。子元素被拉伸以适应容器。
- center：子元素位于容器的中心。
- flex-start：子元素位于容器的开头。
- flex-end：子元素位于容器的结尾。
- baseline：子元素位于容器的基线上。

取不同值时的对齐效果如图 10-20 所示。

5. justify-content 属性

justify-content 属性用于设置或检索弹性子元素在主轴(横轴)方向上的对齐方式。
justify-content 属性的可取值如下。

- flex-start：默认值，弹性子元素向行首紧挨着填充。第一个弹性子元素的 main-start 外边距边线被放置在该行的 main-start 边线，后续弹性子元素依次平齐摆放。
- flex-end：弹性子元素向行尾紧挨着填充。第一个弹性子元素的 main-end 外边距边线被放置在该行的 main-end 边线，后续弹性子元素依次平齐摆放。

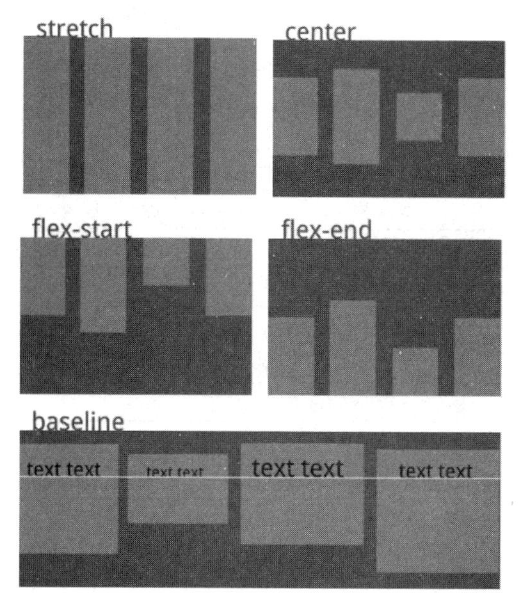

图 10-20 align-items 属性取不同值时的对齐效果

- center：弹性子元素居中紧挨着填充。如果剩余的自由空间是负的，则弹性子元素将在两个方向上同时溢出。
- space-between：弹性子元素平均分布在该行上。如果剩余空间为负或者只有一个弹性子元素，则该值等同于 flex-start。否则，第 1 个弹性子元素的外边距和行的 main-start 边线对齐，而最后 1 个弹性子元素的外边距和行的 main-end 边线对齐，然后剩余的弹性子元素分布在该行上，相邻弹性子元素的间隔相等。
- space-around：弹性子元素平均分布在该行上，两边留有一半的间隔空间。如果剩余空间为负或者只有一个弹性子元素，则该值等同于 center。否则，弹性子元素沿该行分布，且彼此间隔相等，同时首尾两边和弹性容器之间留有一半的间隔(如弹性子元素间隔为 20px，则首尾两边与弹性容器的间隔为 1/2*20px=10px)。

取不同值时的效果如图 10-21 所示。

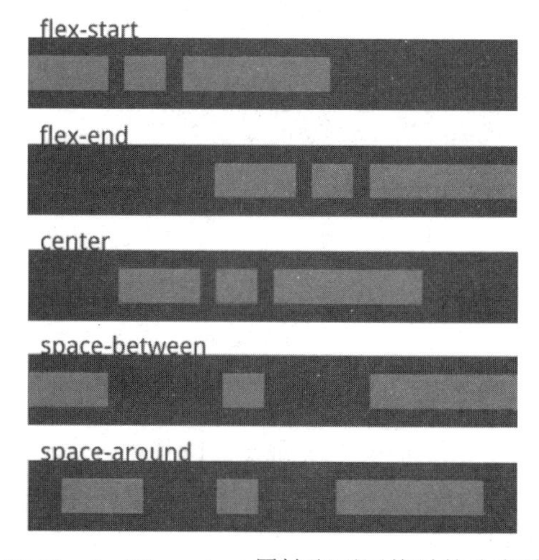

图 10-21 justify-content 属性取不同值时的分布效果

10.3.3 弹性子元素属性

用来控制弹性子元素的属性如表 10-3 所示。

表 10-3 弹性子元素属性

属性	描述
order	设置弹性子元素的排列顺序
flex-grow	设置或检索弹性子元素的扩展比率
flex-shrink	指定弹性子元素的收缩规则。弹性子元素仅在默认宽度之和大于弹性容器的时候才会发生收缩，收缩的大小主要依据 flex-shrink 的值
flex-basis	用于设置或检索弹性盒的伸缩基准值
flex	设置弹性子元素如何分配空间
align-self	在弹性子元素上使用，会覆盖弹性容器的 align-items 属性

1. order 属性

使用弹性盒布局时，可以通过 order 属性来改变各元素的显示顺序。可以在每个元素的样式中加入 order 属性，浏览器在显示元素的时候将根据 order 属性的值，按从小到大的顺序排列。该属性的默认值为 0，可以为负值。

2. flex-grow 属性

flex-grow 属性用于设置或检索弹性盒的扩展比率。默认值为 0。例如，下面的规则将第二个元素的宽度设置为其他元素的三倍：

```
div:nth-of-type(1) {flex-grow: 1;}
div:nth-of-type(2) {flex-grow: 3;}
div:nth-of-type(3) {flex-grow: 1;}
```

显示效果如图 10-22 所示。

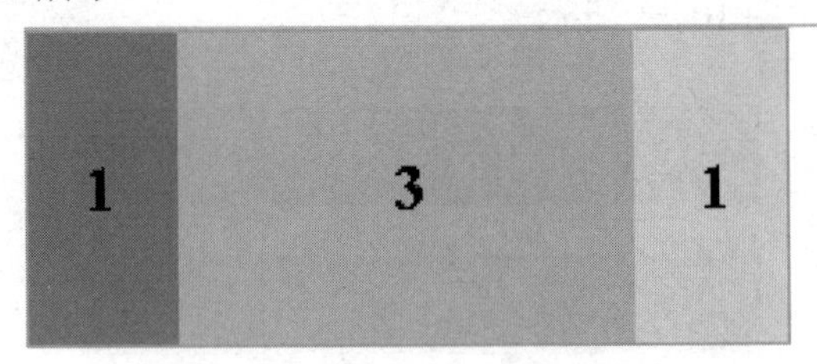

图 10-22　使用 flex-grow 属性

3. flex-shrink 属性

flex-shrink 属性指定弹性子元素的收缩规则。弹性子元素仅在默认宽度之和大于容器的时候才会发生收缩，收缩的大小主要依据 flex-shrink 的值。

flex-shrink 属性和 flex-grow 属性的区别在于：当元素横向排列时，如果弹性子元素的 width 属性值之和小于容器元素的宽度，就必须通过 flex-grow 属性来调整弹性子元素的宽度；如果弹性子元素的 width 属性值之和大于容器元素的宽度，就必须通过 flex-shrink 属性来调整弹性子元素的宽度；当元素纵向排列时，如果弹性子元素的 height 属性值之和小于容器元素的高度，就必须通过 flex-grow 属性来调整弹性子元素的高度；如果弹性子元素的 height 属性值之和大于容器元素的高度，就必须通过 flex-shrink 属性来调整弹性子元素的高度。

4. flex-basis 属性

flex-basis 属性用于设置或检索弹性盒的伸缩基准值。默认值为 auto，长度等于元素的长度。如果元素未指定长度，则长度将根据内容决定。flex-basis 属性的值通常是长度单位或百分比。

【例 10-8】 使用 flex-shrink 和 flex-basis 属性。

新建一个名为 10-8.html 的页面，输入如下代码：

```
<!DOCTYPE html>
<html>
  <head>
      <meta charset="GB2312" />
      <title>使用 flex-shrink 和 flex-basis</title>
    <style type="text/css">
      #main {
        width: 350px;
        height: 100px;
        border: 1px solid #c3c3c3;
        display: flex;
      }
      div {
        flex-shrink: 1;
        flex-basis: 300px;
        background-color:red;
      }
      #myBlueDiv{
        background-color:lightblue;
        animation:mymove 5s infinite;
      }
      @keyframes mymove{
        50% {flex-shrink:8;}
        100% {flex-shrink:1;}
      }
    </style>
  </head>
  <body>
    <p>"蓝色 DIV"的 flex-shrink 属性逐渐地从 1 变化到 8，然后再变回 1：<p>
    <div id="main">
      <div >红色 DIV</div>
      <div id="myBlueDiv">蓝色  DIV</div>
    </div>
  </body>
```

```
</html>
```

本例的弹性容器中有两个弹性子元素，其中“蓝色 DIV”的 flex-shrink 属性逐渐地从 1 变化到 8，然后再变回 1，动画过程如图 10-23 所示。

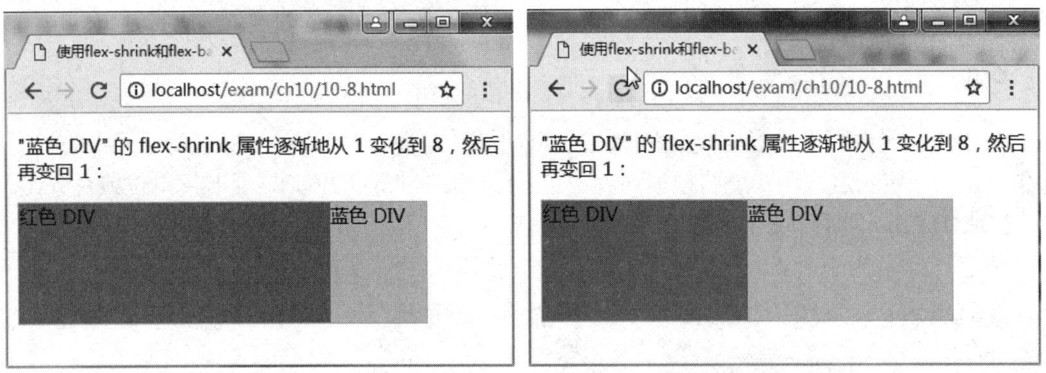

图 10-23　flex-shrink 属性值的动态变化过程

5. flex 属性

flex属性用于设置或检索弹性盒模型对象的弹性子元素如何分配空间，它是flex-grow、flex-shrink和flex-basis属性的简写属性。默认值为“0 1 auto”，后两个属性可选。

flex 属性还有两个快捷值：auto(与 1 1 auto 相同)和 none(与 0 0 auto 相同)。建议优先使用这个属性，而不是单独写 3 个分离的属性，因为浏览器会推算相关值。

6. align-self 属性

align-self 属性允许单个弹性子元素拥有与其他弹性子元素不一样的对齐方式，可覆盖 align-items 属性。默认值为 auto，表示继承父元素的 align-items 属性。如果没有父元素，则等同于 stretch。

【例 10-9】 使用 align-self 属性。

新建一个名为 10-9.html 的页面，输入如下代码：

```
<!DOCTYPE html>
<html>
  <head>
      <meta charset="GB2312" />
      <title>使用 align-self</title>
    <style type="text/css">
      .flex-container {
        display: -webkit-flex;
        display: flex;
        width: 400px;
        height: 250px;
        background-color: lightgrey;
      }
      .flex-item {
```

```
            background-color: cornflowerblue;
            width: 70px;
            min-height: 100px;
            margin: 10px;
        }
        .item1 {
            align-self: flex-start;
        }
        .item2 {
            align-self: flex-end;
        }
        .item3 {
            align-self: center;
        }
        .item4 {
            align-self: baseline;
        }
        .item5 {
            align-self: stretch;
        }
    </style>
</head>
<body>
    <div class="flex-container">
        <div class="flex-item item1">flex-start</div>
        <div class="flex-item item2">flex-end</div>
        <div class="flex-item item3">center</div>
        <div class="flex-item item4">baseline</div>
        <div class="flex-item item5">stretch</div>
    </div>
</body>
</html>
```

本例所示的弹性盒中有 5 个弹性子元素，为每个弹性子元素指定了不同的 align-self 属性值，显示效果如图 10-24 所示。

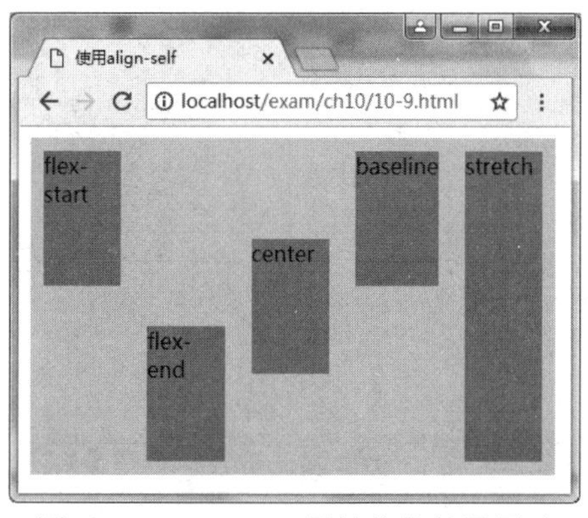

图 10-24　align-self 属性值的效果展示

10.4 本章小结

本章主要介绍了使用CSS进行网页布局的方法，包括多列布局、盒子的浮动和定位以及弹性盒布局。首先介绍的是多列布局，多列布局是CSS3新增的功能，只需要几个简单的CSS属性设置，即可实现报纸那样的多栏效果；然后讲述了CSS的定位与布局功能，主要是position和float属性的使用，这两个属性也是CSS布局中使用最广泛的属性；最后讲述了CSS3新增的弹性盒布局，包括弹性盒属性和弹性子元素属性的使用，引入弹性盒布局模型的目的是提供一种更加有效的方式，对容器中的子元素进行排列、对齐和分配空白空间。通过本章的学习，读者应掌握使用CSS进行网页布局的各种方法，在合适的场合下使用正确的布局方式。

10.5 思考和练习

1. column-width属性值为auto，表示将根据________属性指定的列数自动计算列宽。

2. column-rule属性用于设置列边框，类似于border属性，所不同的是列边框不占用任何空间。它也包含3个子属性：_________、_______和_______。

3. 在多列布局中，要实现标题跨列显示，可以使用_______属性。

4. 在CSS布局中，position属性是一个使用较多的重要属性，很多特殊容器的定位必须使用position属性来完成。该属性有4个可能的取值：static、_________、________和________。

5. 实现盒子的浮动时使用的是什么属性？该属性有哪几个取值，分别是什么含义？

6. 使用浮动盒子时，如果希望浮动元素的旁边没有任何内容，而把周围的内容推至浮动元素之下，可以使用_______ 属性。

7. CSS弹性盒由_______和_______组成。

8. 如何定义弹性容器？

9. _______属性是flex-direction属性和flex-wrap属性的简写形式。

10. 简述flex-shrink属性和flex-grow属性的区别。

第 11 章 JavaScript语法基础

JavaScript 是一种属于网络的脚本语言，已经被广泛用于 Web 应用开发，常用来为网页添加各式各样的动态功能，为用户提供更流畅美观的浏览效果。JavaScript 同其他语言一样，有自身的语法、表达式、运算符及流程控制语句。本章将从 JavaScript 的发展历程和特点讲起，介绍 JavaScript 的基本语法、运算符、流程控制语句等。通过本章的学习，读者应掌握 JavaScript 的基本语法，能够在 HTML 页面中使用 JavaScript 实现简单的操作。

本章的学习目标：

- 了解 JavaScript 的起源与发展历程
- 掌握在 HTML 中使用 JavaScript 的方法
- 掌握常用的 DOM 方法和属性
- 理解 JavaScript 中的变量和数据类型
- 掌握 JavaScript 中运算符的用法
- 掌握 JavaScript 中的选择语句
- 掌握 JavaScript 中的循环语句和跳转语句

11.1 JavaScript 简介

JavaScript 一种直译式脚本语言，是一种动态、弱类型、基于原型的语言，内置支持类型。它可以嵌入到 HTML 中，在客户端执行，是动态特效网页设计的最佳选择，同时也是浏览器普遍支持的网页脚本语言。

11.1.1 JavaScript 的发展历程

在 JavaScript 出现之前，Web 浏览器不过是一种能够显示超文本文档的软件的基本部分。而在 JavaScript 出现之后，网页的内容不再局限于枯燥的文本，它们的可交互性得到显著改善。

JavaScript 最初由 Netscape 的 Brendan Eich 在 1995 年设计，在 Netscape 导航者浏览器上首次实现，最初的名称为 LiveScript，后来因为 Netscape 与 Sun 合作，Netscape 管理层希望它外

观看起来像 Java，因此取名为 JavaScript。但实际上它的语法风格与 Self 及 Scheme 较为接近。

JavaScript 1.0 获得了巨大的成功，Netscape 随后在 Netscape Navigator 3 浏览器中发布了 JavaScript 1.1。之后作为竞争对手的微软在自家的 IE3 中加入了名为 JScript(名称不同是为了避免侵权)的 JavaScript 实现。而此时市面上有 3 个不同的 JavaScript 版本：IE 的 JScript、Netscape 的 JavaScript 和 ScriptEase 的 CEnvi。当时还没有标准规定 JavaScript 的语法和特性。随着版本不同暴露的问题日益加剧，JavaScript 的规范化最终被提上日程。

1997 年，以 JavaScript 1.1 为蓝本的建议被提交给欧洲计算机制造商协会(ECMA，European Computer Manufactrues Association)，该协会指定 39 号技术委员会(TC39)负责对其进行标准化，由来自 Netscape、Sun、微软、Borland 和其他一些对脚本编程感兴趣的公司的程序员组成的 TC39 锤炼出了 ECMA-262，定义了一种名为 ECMAScript 的新的脚本语言标准。第二年，ISO/IEC(国标标准化组织/国际电工委员会)也采用 ECMAScript 作为标准(即 ISO/IEC-16262)。从此，Web 浏览器就开始努力将 ECMAScript 作为 JavaScript 实现的基础。

1998 年 6 月，ECMAScript 2.0 发布。

1999 年 12 月，ECMAScript 3.0 发布，成为 JavaScript 的通行标准，得到广泛支持。

2000 年，ECMAScript 4.0 开始酝酿。这个版本最后没有通过，但是它的大部分内容被 ECMAScript 6.0 继承了。因此，ECMAScript 6.0 的制定起点其实是 2000 年。

随后的几年，ECMAScript 相继推出了 ECMAScript 5.0 和 ECMAScript 5.1，到 2015 年 6 月，ECMAScript 6.0(ES6)正式通过，成为国际标准，正式名称是“ECMAScript 2015”(简称 ES2015)。2016 年 6 月，经过小幅修订的“ECMAScript 2016”(简称 ES2016 或 ES7)标准发布，相当于 ES6.1，因为两者的差异非常小。

目前，各大浏览器的最新版本都支持 ES6。

完整的 JavaScript 实现包含 3 个部分：ECMAScript、文档对象模型(DOM)和浏览器对象模型(BOM)。

- ECMAScript 是核心，提供核心语言功能。
- 文档对象模型提供访问和操作网页内容的方法和接口。
- 浏览器对象模型提供与浏览器交互的方法和接口。

11.1.2 JavaScript 的特点

JavaScript 是一种属于网络的解释性脚本语言，主要用来向 HTML 页面添加交互行为。在绝大多数浏览器的支持下，可以在多种平台上运行，比如 Windows、Linux、Mac、Android、iOS 等。具有以下特点:

(1) 脚本语言。JavaScript 是一种解释性的脚本语言，提供了十分简易的开发过程。C、C++ 和 Java 等语言都是先编译后执行，而 JavaScript 是在程序的运行过程中逐行进行解释。

(2) 基于对象。JavaScript 是一种基于对象的脚本语言，不仅可以创建对象，而且可以使用现有的对象。

(3) 简单。JavaScript 语言采用了一种基于 Java 基本语句和控制流的简单而紧凑的设计，变量类型采用的是弱类型，对使用的数据类型未做严格要求。

(4) 动态性。JavaScript 是一种采用事件驱动的脚本语言，不需要经过 Web 服务器就可以对用户的输入做出响应。在访问网页时，用鼠标在网页中进行单击或上下移、窗口移动等操作，JavaScript 都可直接对这些事件做出相应的响应。

(5) 跨平台性。JavaScript 脚本语言不依赖于操作系统，只需要浏览器提供支持即可。因此，JavaScript 脚本在编写后可以带到任意机器上使用。目前，JavaScript 已被大多数的浏览器所支持。

与服务器端脚本语言不同，JavaScript 主要被作为客户端脚本语言在用户的浏览器上运行，不需要服务器的支持。所以在早期，程序员比较青睐于 JavaScript 以减少服务器的负担，而与此同时也带来另一个问题：安全性。

随着服务器变得强壮，虽然程序员更喜欢运行于服务器端的脚本以保证安全，但 JavaScript 仍然以跨平台、容易上手等优势大行其道。同时，有些特殊功能(如 AJAX)必须依赖 Javascript 在客户端得到支持。

11.1.3　在 HTML 中使用 JavaScript

JavaScript 程序本身不能独立运行，必须依附于某个 HTML 页面，在浏览器端解释执行。JavaScript 可以直接放在 HTML 页面中，也可以像 CSS 那样独立成外部文件，然后在 HTML 页面中使用标签引入外部 JavaScript 文件。

1. 使用<script>标签

在 HTML 中输入 JavaScript 时，需要使用<script>标签，然后通过 type 属性指定脚本的 MIME 类型。对于 JavaScript，MIME 类型是"text/javascript"。

【例 11-1】　一个简单的 JavaScript 示例程序。

新建一个名为 11-1.html 的页面，保存在 Apache 的 htdocs/exam/ch11 目录下，输入如下代码：

```
<!DOCTYPE html>
<html>
  <head>
      <meta charset="GB2312" />
      <title>一个简单的 JavaScript 示例程序</title>
    <script type="text/javascript">
      document.write("在&lt;head&gt;标签内的脚本输出的内容!")
    </script>
  </head>
  <body>
    <h1>JavaScript 入门</h1>
    <h3>Hello World!</h3>
    <script type="text/javascript">
      document.write("在&lt;body&gt;标签内的脚本输出的内容!")
    </script>
  </body>
</html>
```

JavaScript 在页面中放置的位置很重要。<script>标签可以位于<head>标签内，也可位于<body>标签内。在本例中，分别在这两个地方各添加一段 JavaScript 代码，使用 write()方法向网页中添加一个新的文本行(网页使用 document 对象表示)。将文本加入页面中的位置与脚本写在页面中的位置相同。首先是<head>标签内的 JavaScript 代码被执行，输出一行文本到页面中，然后在<body>标签内加载<h1>和<h3>元素，接着在下方执行<body>元素内的 JavaScript 脚本，输出另一文本行，图 11-1 所示是这一简单页面的显示效果。

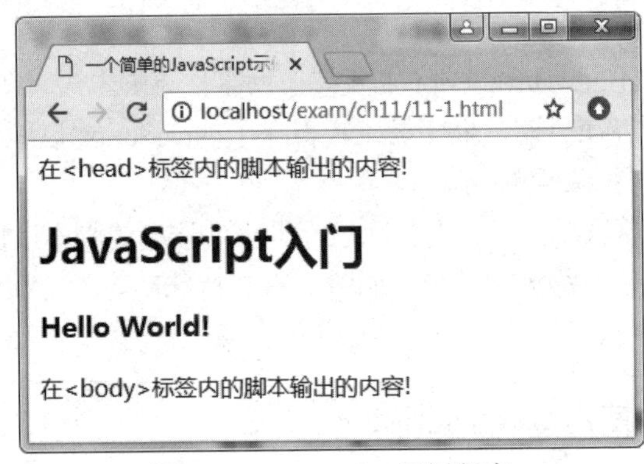

图 11-1　JavaScript 示例程序

2. 使用外部 JavaScript

虽然可以直接将脚本代码写在 HTML 页面中，但在大型项目开发中，很少这样做，因为这样做会导致页面性能及可维护性都比较差。

更好的做法是将 JavaScript 代码写在文件扩展名为.js 的外部文档中，就像编写外部样式表文件那样，然后在需要使用这些脚本的 HTML 页面中通过<script>标签的 src 属性链接外部文件。在运行时，整个外部.js 文件的代码全被嵌入包含它的页面内，页面程序可以自由使用。

使用外部 JavaScript 文件有如下好处：

- 实现代码的复用。如果脚本用于的页面多于一个，就不需要在每个使用该脚本的页面中重复其内容。
- 易于修改和维护。如果需要更新脚本，则只需要修改一处内容。
- 结构清晰。它使 HTML 页面更整洁、易读。

在.js文件中，不需要<script>标签。所以，只需要将<script>标签对中的代码移入一个独立的文件，并保存为扩展名为.js的文件(如main.js)即可。

在需要引用该.js 文件的 HTML 页面中使用类似下面的<script>元素即可：

```
<script type="text/javascript" src="scripts/main.js"></script>
```

3. 添加到事件中

除了以上两种使用 JavaScript 代码的方法以外，对于简单的脚本还可以直接写在事件处理中。例如，下面是一个“打开”按钮，在这个按钮的 onClick 事件中，直接添加 JavaScript 代码，以弹出窗口的形式打开 11-1.html 页面：

```
<input type="button" value="打开"
        onClick="window.open('11-1.html','big','height=200, width=400,menubar=no')"
```

11.2 文档对象模型

在网页的上下文环境中，JavaScript 所做的仅仅是进行计算以及操作基本字符串。为使文档更吸引人，脚本需要访问文档的内容，并且知道用户何时与其交互。这就需要使用文档对象模型(Document Object Model，DOM)设置的属性、方法以及事件，进而与浏览器进行交互，以实现上述功能。

DOM 使用一系列对象表示浏览器载入的网页。其中的主对象是 document 对象，在例 11-1 中我们使用的就是 document 对象的 write()方法。

DOM 解释了脚本可以从一个文档中获取哪些属性，以及哪些属性可以修改。它还定义了一些方法，用于当调用时在文档中执行某种动作。

11.2.1 使用点符号访问值

为了访问在 JavaScript 中遇到的不同对象的属性和方法，需要依次列出对象、方法或属性。每个对象、属性或方法应使用一个句点或完全停止符进行分隔。因此，这被称为点符号。

例如，要访问<body>元素中的 CSS 类名，可以使用下面的代码：

```
document.body.className
```

该语句具有 3 个使用句点分隔的部分以得到 CSS 类名：

- document 指明正在访问 document 对象。
- body 对应 HTML 页面中的<body>元素。
- className 指定需要访问的附加到 body 的任何 CSS 类。

每一个对象都具有可以访问的不同属性、对象以及方法。

11.2.2 常用的 DOM 方法和属性

HTML DOM 定义了所有 HTML 元素的对象和属性，以及访问它们的方法。

1. 常用的 HTML DOM 方法

方法是我们能够执行的动作，如访问、添加或修改元素。常用的方法如下。

- getElementById(id)：获取带有指定 id 的节点(元素)。
- getElementsByClassName(className)：获取文档中所有指定类名的元素集合，作为 NodeList 对象。
- getElementsByName(name)：获取带有指定名称的对象集合。
- appendChild(node)：插入新的子节点(元素)。
- removeChild(node)：删除子节点(元素)。

2. 常用的 HTML DOM 属性

属性是能够获取或设置的元素的值，常用的属性如下。

- innerHTML：节点的文本值，即 HTML 元素的内容。

- nodeName：节点的名称。元素节点的 nodeName 就是标签名，属性节点的 nodeName 是属性名。
- nodeValue：节点的值。元素节点的 nodeValue 是 undefined 或 null；文本节点的 nodeValue 是文本本身；属性节点的 nodeValue 是属性值。
- parentNode：节点的父节点。
- childNodes：节点的子节点。
- attributes：节点的属性节点。

3. 使用 HTML DOM 修改页面元素

使用 HTML DOM 可以对页面元素进行修改，包括改变元素的内容、属性、CSS 样式，以及新增或删除元素等。

【例 11-2】 使用 HTML DOM 修改页面元素。

新建一个名为 11-2.html 的页面，输入如下代码：

```
<!DOCTYPE html>
<html>
  <head>
      <meta charset="GB2312" />
      <title>使用 HTML DOM 对象</title>
    <script type="text/javascript">
      function changetext(id,text=null){
        if(text==null)
          text="在源内容后追加文本";
        id.innerHTML+=" " + text;
      }
      function addOption(){
        var x=document.getElementById("myColor");
        var option=document.createElement("option");
        option.text=newText.value;
        option.nodeValue=newValue.value;
        try{
          x.add(option,x.options[null]);
        }catch (e){
          x.add(option,null);
        }
      }
      function changeColor(){
        document.getElementById("p1").style.color=myColor.value;
      }
    </script>
  </head>
  <body>
    <h3 onClick="changetext(this)">单击将修改文本内容</h3>
    <p id="p1">通过下面的下拉列表修改这里的文本颜色</p>
```

```
        <form>
            颜色：<select id="myColor">
                <option value="red">红色</option>
                <option value="blue">蓝色</option>
                <option value="green">绿色</option>
            </select>
            <input type="button" value="修改颜色" onClick="changeColor()"><br>
            value：<input type="text" id="newValue" size=10> <br>
            text：<input type="text" id="newText" size=10>
            <input type="button" value="添加新项" onClick="addOption()">
        </form>
    </body>
</html>
```

本例中用 function 关键字定义的是函数，有关函数的相关知识将在第 12 章详细介绍。这里读者只需要了解函数中修改元素内容的语句即可。

在浏览器中的显示效果如图 11-2 所示。单击第 1 行文本，可以修改文本内容，这里是在其后追加几个文字，如图 11-3 所示。

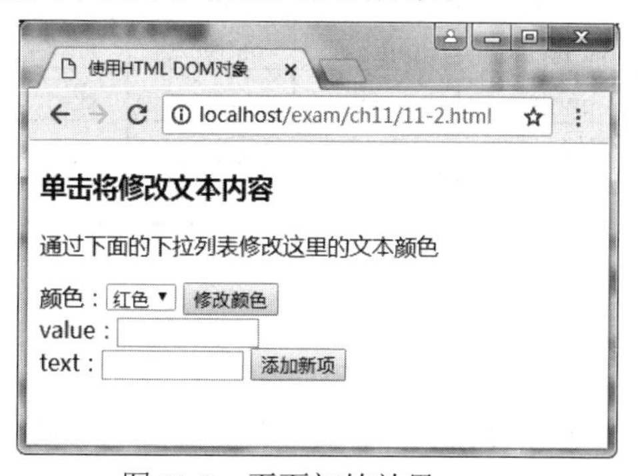

图 11-2　页面初始效果

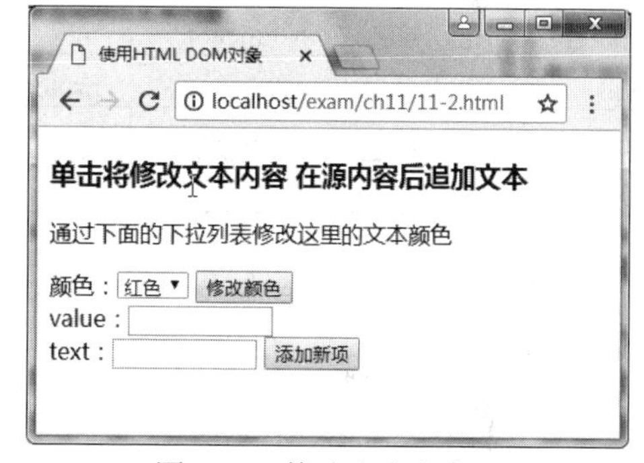

图 11-3　修改文本内容

在“颜色”下拉列表中选择一种颜色，然后单击“修改颜色”按钮，将修改第 2 行文本的字体颜色，如图 11-4 所示。如果要添加新的颜色到“颜色”下拉列表中，可以在后面的 value 和 text 文本框中输入相应的颜色值，然后单击“添加新项”按钮，即可将其添加到“颜色”下拉列表中，如图 11-5 所示。

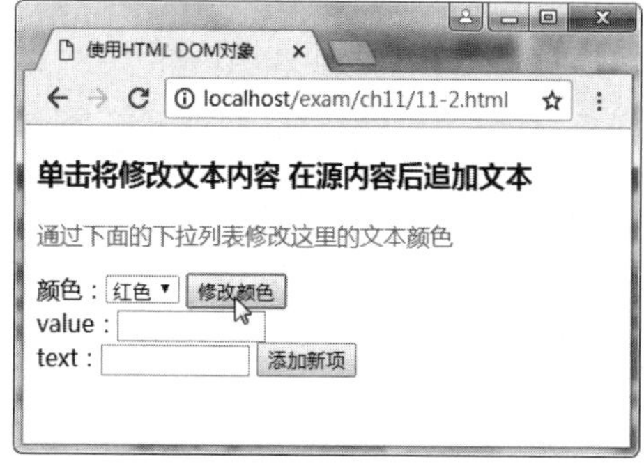

图 11-4　修改文本的颜色

图 11-5　添加新的颜色到“颜色”下拉列表中

11.3 变量与数据类型

变量是存储信息的容器。在例 11-2 的 addOption()方法中，我们使用变量 x 来存储使用 getElementById()方法得到的节点对象，然后就可以使用变量 x 来对节点进行操作了。

本节将详细介绍 JavaScript 中的变量和数据类型。

11.3.1 关键字

在 JavaScript 中，有多个关键字在起作用，如 break、for、if 以及 while，所有这些都有特殊含义。因此，这些单词不应该作为变量、函数、方法或对象的名称使用。表 11-1 中是 JavaScript 的保留关键字。

表 11-1 JavaScript 的保留关键字

abstract	boolean	break	byte	case	catch	char	class
const	continue	default	do	double	else	extends	false
final	finally	float	for	function	goto	if	implements
import	in	instanceof	int	interface	long	native	new
null	package	private	protected	public	return	short	static
super	switch	synchronized	this	throw	throws	transient	True
try	var	void	while	with			

11.3.2 变量

JavaScript 变量用于保存值或表达式。可以给变量起简短的名称，比如 x；也可以起更有含义的名称，比如 length、age 等。

变量的命名需要遵循以下规则：

- 变量名必须以字母、$或下画线(_)开头。
- 变量名是区分大小写的。但是不建议使用不同的大小写形式区分两个变量(例如 username 与 UserName)，因为这样很容易混淆，出现错误。
- 变量名不能是 JavaScript 关键字。
- 尽量使用描述性名称定义变量。这样做将使代码更易于维护和阅读。

1. 变量的声明与赋值

在 JavaScript 中，可以通过 var 语句来声明变量，例如：

```
var x;
var carname;
```

变量声明结尾处的分号表示一条语句的结束。在以上声明之后，变量并没有值。也可以在声明它们时向变量赋值，例如：

```
var x = 5;
```

```
var carname = "Volvo";
```

这里的第 1 个变量 x 存储的是数值 5；而第 2 个变量 carname 存储的是文本值，为其赋值时，需要加引号。

也可以先声明，然后通过赋值语句为变量赋值：

```
var x;
var carname;
x = 5;
carname = "Volvo";
```

这里的等号(=)是赋值运算符。如果一个变量在声明之后，没有赋予任何值，则它的值将为 undefined。

还可以在一条语句中同时声明多个变量。此时，只需要一个 var 关键字即可，并使用逗号分隔变量：

```
var lastname="Doe", age=30, job="carpenter", x,y;
```

上面的语句声明了 5 个变量，前 3 个变量都有具体的值，最后两个变量没有赋值，所以 x 和 y 的值都是 undefined。

因为 JavaScript 变量类型采用的是弱类型，所以变量声明不是必需的。如果未声明变量就直接赋值，那么变量会自动声明。

2. 变量的生命周期

在函数中声明一个变量时，它只能够在该函数中被访问(下一章将介绍函数)。在函数执行过后，则无法再访问该变量。函数中的变量被称为局部变量。

因为局部变量仅在函数内部工作，所以可以在不同函数中声明名称相同的变量(因为每个变量仅于所在函数内部能够识别)。

在函数内声明的变量，仅在函数被调用时使用内存，并且在函数运行完毕后不再占用任何内存。

在所有函数之外声明的变量，称为全局变量，因为它对于页面中的全部脚本全局可用，页面中的所有函数都可以访问它。这类变量的生命周期从变量声明开始，至页面关闭结束。

11.3.3　数据类型

11.3.2 节声明的变量中，有的存储数字，有的存储文本值，不同类型的数据完成不同的工作。在声明变量时，JavaScript 对变量的数据类型未做严格要求，它会自动处理类型间的转换。

JavaScript 中包含以下 3 种简单的数据类型。

- 数字类型：被用于进行算术操作(加法、减法、乘法以及除法)。任何不在引号之间的整数或小数都将作为数字对待。
- 字符串类型：用于处理文本。字符串是字符的集合(包括数字、空格以及标点符号)，包含在两个引号之间。
- 布尔类型：布尔类型只有两种可能的取值—— true 和 false。此类数据主要用来进行逻辑操作，并检查某项事物为真或假。

除此之外，还有另外两种特殊的数据类型。

- 空类型：指明该值不存在。使用关键字 null 表示。用于明确声明未赋予任何值。
- 未定义类型：指明该值在之前的代码中没有定义，使用关键字 undefined 表示。前面提到过，如果声明一个变量但不赋值，则该变量的值为 undefined。

以上 5 种类型都是基本数据类型，JavaScript 还有 3 种主要的引用数据类型：对象、数组和函数。这些将在第 12 章中详细介绍。

11.4 运算符

运算符也叫操作符，是在表达式中用于对值进行某些操作的关键字或符号。例如，算术运算符“+”会将两个值相加。

JavaScript 的运算符包括算术运算符、赋值运算符、比较运算符、逻辑运算符、条件运算符和字符串运算符。

11.4.1 算术运算符

算术运算符对操作数进行数学运算操作，如表 11-2 所示。

表 11-2 JavaScript 的算术运算符

符　号	描　述	示例(x=10)	结　果
+	相加	x+5	15
-	相减	x - 2	8
*	相乘	x*3	30
/	相除	x/2	5
%	取模(取余)	x%3	1
++	自增(变量值加 1)	x++	x 的值为 11，表达式的值为 10
--	自减(变量值减 1)	x--	x 的值为 9，表达式的值为 10

需要说明的是，自增和自减运算符有两种形式：一种是操作数在前(如x++)，另一种是操作数在后(如++x)。这两种写法的区别是：操作数在前的话，先引用变量的值，再进行自增或自减操作；操作数在后的话，先进行自增或自减操作，再引用变量的值(此时变量的值已经是自增或自减操作后的新值)。

例如，下面的语句中：

```
var x=10;
y = x++;
z=++x;
```

第 1 条语句声明变量 x 且赋值为 10；第 2 条语句先将 x 变量的值 10 赋值给变量 y，所以变量 y 的值为 10，再对变量 x 进行自增操作，变量 x 变为 11；第 3 条语句中的操作数在自增运算符的后面，所以先自增，变量 x 由前面的 11 变为 12，再将 12 赋值给变量 z。所以，最后 x=12，y=10，z=12。

11.4.2　赋值运算符

在前面的示例中，我们曾使用过基本的赋值运算符，它的作用是将值赋予等号左侧的变量。

除了等号以外，还可以与前面的简单算术运算符相结合，从而允许将值赋予某个变量，并且同时进行某些操作。例如，下面的语句中带有赋值运算符和算术运算符：

```
total = total - profit;
```

上述语句可精简为以下形式：

```
total -= profit;
```

这里的-=就是复合赋值运算符，类似的还有+=、*=、/=和%=，含义和用法都类似。

11.4.3　比较运算符

比较运算符用于比较两个操作数的大小，根据比较结果返回 true 或 false，如表 11-3 所示。

表 11-3　JavaScript 的比较运算符

操　作　符	描　　述	示　　例
==	等于	1==2 返回 false　　3==3 返回 true
!=	不等于	1!=2 返回 true　　3!=3 返回 false
>	大于	1>2 返回 false　　3>2 返回 true
<	小于	1<2 返回 true　　3<3 返回 false
>=	大于或等于	1>=2 返回 false　　3>=3 返回 true
<=	小于或等于	1<=2 返回 true　　3<=2 返回 false

当进行比较的两个操作数是不同数据类型时，JavaScript 会自动进行类型转换。因此“1=="1"”的比较结果是 true，因为 JavaScript 会首先将字符串"1"转换为数字 1。类似地，1 == true 的比较结果也是 true，因为 true 转换为数字也是 1。

如果需要对操作数的类型和值都进行比较，并且希望上面这种情况的比较结果是 false，可以使用另一种检测相等性的方法，即恒等比较操作符“===”(3 个等号)。

恒等比较操作符对类型与值都进行检测，而且不进行任何类型转换。下面的比较结果为 false：

```
1 === "1"
1 === true
```

11.4.4　逻辑运算符

逻辑运算符用来比较两个布尔值，返回结果也是布尔值，如表 11-4 所示。

表 11-4　JavaScript 的逻辑运算符

操 作 符	描　述	示例(其中 x=1 且 y=2)
&&	与，只有当两个条件都是 true 时才返回 true	(x < 2 && y > 1)返回 true (x < 2 && y < 1)返回 false
||	或，两个条件中只要有一个条件为 true，结果就为 true	(x < 2 || y < 1)返回 true (x > 2 || y < 1)返回 false
!	非，只有一个操作数，结果与原操作数相反	! (x < y)返回 false ! (x == y)返回 true

11.4.5　条件运算符

条件运算符是一种比较特殊的运算符，需要 3 个操作数，语法格式如下：

```
(condition)?value1:value2
```

其中，第 1 个操作数 condition 是布尔值或返回布尔值的表达式。如果其值为 true，则条件表达式的结果为 value1，否则结果为 value2。

例如，下面的语句用来判断某年是否为闰年：

```
val=(year%4==0&&year%100!=0||year%400==0)?"闰年":"平年";
```

11.4.6　字符串运算符

字符串运算符“+”用于将两个字符串连接为一个。例如，在下面的语句中：

```
var firstName = "赵";
var lastName = "一凡";
name = firstName + lastName;
```

变量 name 的值为“赵一凡”。

还可以使用前面的比较运算符比较两个字符串。例如，在提交表单时，可以检查用户是否在文本框中输入了某个特定值。

11.5 流程控制语句

JavaScript 提供了多种用于程序流程控制的语句，这些语句可以分为选择语句、循环语句和跳转语句等类型。下面分别介绍这些语句的使用。

11.5.1　选择语句

选择语句也叫条件语句，用于基于不同的条件执行不同的动作。在 JavaScript 中，可使用以下条件语句。

- if 语句：用于当某个条件为 true 时，就执行一段脚本的情况。
- if...else 语句：当条件为 true 时执行一操作，当条件为 false 时执行另一操作。

- if...else if...else 语句：用于多个条件分支的选择。
- switch 语句：用于多个条件分支的选择。

1. if 语句

if 语句允许代码在某个特定条件成立时得到执行。如果条件为 true，则花括号中的代码段被执行。语法格式如下：

```
if ( condition ){
    //这里是要执行的代码块
}
```

例如，下面是判断某年是否为闰年的 if 语句的写法；

```
if ( year%4==0&&year%100!=0||year%400==0){
    alert(year+"年是闰年");
}
```

alert 语句将弹出一个提示框，提示信息为括号内指定的内容。

2. if…else 语句

如果希望在某个条件成立和不成立时执行不同的操作，可以使用 if…else 语句。具体功能是：如果指定的条件成立，则运行第一个代码块，否则运行第二个代码块。语法格式如下：

```
if ( condition ){
  //条件为 true 时执行
}
else{
  //条件为 false 时执行
}
```

仍使用判断闰年的示例。如果某年不是闰年，则弹出提示框，提示该年为平年，代码如下；

```
if ( year%4==0&&year%100!=0||year%400==0){
    alert(year+"年是闰年");
else{
    alert(year+"年是平年");
}
```

功能与前面学习的条件运算符十分相似。事实上，如果 if 和 else 分支的语句块是一条简单的赋值语句，也可以使用条件运算符来实现相同的功能。但是 if…else 结构更清晰，可读性更强。

3. if...else if...else 语句

if...else if...else 语句用来从多个条件中选择一个执行，语法格式如下：

```
if (condition1){
    当 condition1 为 true  时执行
}
```

```
else if (condition2){
    当 condition2 为 true 时执行
}
…
else if (conditionN){
    当 conditionN 为 true 时执行
}
else{
  当所有条件都不为 true 时执行
}
```

【例 11-3】 根据输入的分数，给出相应的等级。

新建一个名为 11-3.html 的页面，输入如下代码：

```
<!DOCTYPE html>
<html>
  <head>
      <meta charset="GB2312" />
      <title>if...else if...else 多分支</title>
    <script type="text/javascript">
      function getGrade(){
        var x=score.value;
        if(x>=90){
          grade.value="优秀";
        }else if(x>=80){
          grade.value="良好";
        }else if(x>=70){
          grade.value="还行";
        }else if(x>=60){
          grade.value="及格";
        }else{
          grade.value="不及格";;
        }
      }
    </script>
  </head>
  <body>
    <h3>输入分数，得出等级</h3>
    <form>
      分数：<input type="number" id="score" max="100" min="0"> <br>
      等级：<input type="text" id="grade" size=10 readonly>
      <input type="button" value="计算等级" onClick="getGrade()">
    </form>
  </body>
</html>
```

在浏览器中打开该页面，输入一个分数值，单击“计算等级”按钮即可得到相应的等级，如图 11-6 所示。

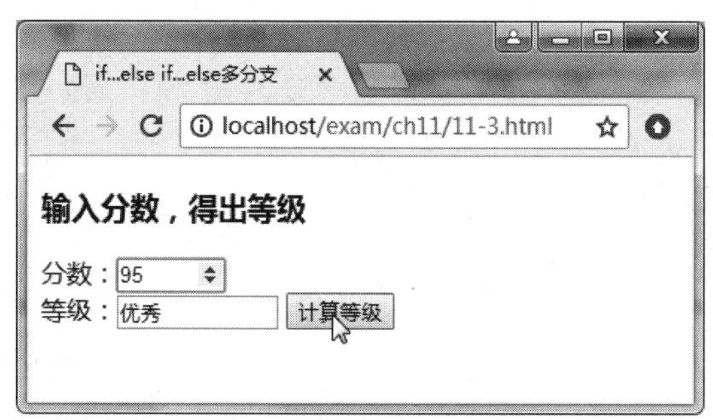

图 11-6　多条件选择示例

4. switch 语句

switch 语句也是多条件选择结构，需要一个表达式或变量，根据这个表达式或变量的取值情况，与后面的 case 分支进行比较。如果有匹配的值，则开始执行相应的代码块；如果所有 case 分支都不匹配，则执行 default 分支。

switch 语句的语法格式如下：

```
switch ( expression ){
case option1:
    //与 option1 匹配时执行
    break;
case option2:
    //与 option2 匹配时执行
    break;
case option3:
    //与 option3 匹配时执行
    break;
…
default:
    //所有分支都不匹配时执行
}
```

前面例 11-3 中的多条件选择结构可以改用 switch 语句实现，相应的代码如下：

```
var x=score.value;
switch(Math.trunc(x/10)){
  case 10:
  case 9:
    grade.value="优秀";
    break;
  case 8:
    grade.value="良好";
    break;
  case 7:
    grade.value="还行";
    break;
  case 6:
```

```
        grade.value="及格";
        break;
    default:
        grade.value="不及格";
}
```

上述程序中，Math.trunc(x/10)的含义是将分数值除以 10，并去除结果的小数部分，只保留整数部分。每个分支中的 break 语句是为了跳出 switch 结构，防止自动执行下一分支中的代码。例如，case 10 分支中没有任何语句，但是如果输入的分数值为 100，得到的等级仍然是优秀，这是因为 switch 语句在匹配到 case 10 后，开始执行，case 10 分支中没有任何语句，就继续执行下面的 case 9 分支，最后通过 break 语句跳出 switch 结构。如果 case 9 分支中没有 break 语句，那么程序将继续执行下面的分支，直至遇到 break 语句或 switch 语句结束为止。

另外，switch 结构中的 default 语句是可选的。但是，如果有 default 语句，那么 default 语句必须是 switch 结构的最后一个分支。

11.5.2 循环语句

循环语句用于按指定的次数执行相同的操作，JavaScript 支持如下几种类型的循环。

- while 循环：只要指定的条件为 true，就循环执行指定的代码块。
- do...while 循环：与 while 循环不同，该循环先执行一次循环结构，再检查条件是否为 true。如果条件为 true，则继续执行直到条件为 false，否则退出循环。
- for 循环：通常用于指定了循环次数的循环。
- for/in 循环：用来循环遍历对象的属性。

1. while 循环

在 while 循环中，只要条件保持为 true，就会重复执行一段代码块。语法格式如下：

```
while ( condition ){
  //循环代码块
}
```

循环条件 condition 通常是一个条件表达式，当这个条件表达式的值为 true 时，开始执行循环代码块。在循环代码块中通常会修改循环变量的值，执行完循环代码块后，会再次判断循环条件。如果循环条件为 true，则继续执行循环代码块，直至循环条件为 false，退出循环结构。

下面的语句用来计算 1~100 的累加和：

```
i=1;  sum=0 ;
while ( i<=100){
  sum+= i ++ ;
}
```

2. do…while 循环

在 while 循环中，如果条件表达式一开始就为 false，则循环可能一次也不执行。而 do…while 循环先执行一次代码块，然后才检查循环条件。只要循环条件保持为 true，循环就会继续执行。

因此，无论循环条件如何，循环都将至少执行一次，这是 while 循环和 do…while 循环的重要区别。

do…while 循环的语法格式如下：

```
do {
 //循环代码块
}
while (condition);
```

前面计算 1~100 的累加和的代码可改用 do…while 循环来实现：

```
i=1;   sum=0 ;
do{
   sum+= i ++ ;
} while ( i<=100);
```

3. for 循环

for 循环是用得最多的一种循环结构，常用在已知循环次数的情况下。

for 循环的语法格式如下：

```
for (语句 1; 语句 2; 语句 3) {
   循环代码块
}
```

其中：

- 语句 1 在循环开始前执行，并且只执行一次。这是变量初始化的理想位置。例如，可以使用它将循环计数变量设置为 0，如 i=0。也可以是以逗号分隔的多个表达式。
- 语句 2 是循环条件，通常是一个条件表达式，当这个条件表达式的值为 true 时，执行循环代码块，否则退出循环。
- 语句 3 在每次循环代码块结束后才执行，可在此处修改循环计数器的值，并且能够包含以逗号分隔的多个表达式(如 i++和 j++)。

同样，计算 1~100 的累加和的代码也可改用 for 循环来实现：

```
for ( var i=1,sum=0; i<101; i++ ) {
   sum+=i;
}
```

for 循环的写法非常灵活，语句 1、语句 2 和语句 3 都是可选的，但是括号内的两个分号是必需的。例如，上面计算 1~100 的累加和的 for 循环也可以这样写；

```
for ( var i=1,sum=0; i<101;) {
   sum+=i++;
}
```

或者

```
var i=1,sum=0;
for (; ;) {
```

```
    if(i>100)
        break;
    sum+=i++;
}
```

这里的 break 语句用来跳出循环。

4. for/in 循环

在 JavaScript 中，for/in 循环用来遍历对象的属性。例如，下面的代码执行后，txt 的值为“赵艳铎 38”。

```
var x, txt="";
var person={fname:"赵",lname:"艳铎",age:38};
for (x in person){
   txt=txt + person[x];
}
```

11.5.3 跳转语句

跳转语句包括 break 和 continue 语句。break 语句在前面已经使用过，可以用来跳出 switch 结构和循环结构。本节主要介绍 continue 语句。

continue 语句只能用于循环结构，用来跳过本次循环中 continue 后面的语句。

例如，下面的循环用来计算 1~100 之间所有偶数的和：

```
for ( var i=1,sum=0; i<101; i++ ) {
   if(i%2==1)
        continue;
   sum+=i;
}
```

11.6 本章小结

本章主要介绍了 JavaScript 的基本语法，包括 JavaScript 的发展历程及特点、在 HTML 中使用 JavaScript 的方法、使用 DOM 访问和操作 HTML 元素、变量和数据类型、JavaScript 运算符以及流程控制语句。首先介绍的是 JavaScript 的发展历程及特点，以及如何在 HTML 中使用 JavaScript；然后讲述了文档对象模型 DOM，包括常用的 DOM 方法、属性，以及使用 DOM 修改 HTML 元素；接着介绍了 JavaScript 的变量和数据类型，以及常用的运算符，包括算术运算符、赋值运算符、比较运算符、逻辑运算符、条件运算符和字符串运算符；最后讲述了流程控制语句，包括选择语句、循环语句和跳转语句。本章涉及的是 JavaScript 的基础知识，下一章将继续介绍 JavaScript 的更多语法和编程技巧。

11.7 思考和练习

1. 完整的 JavaScript 实现包含 3 个部分：ECMAScript、________和浏览器对象模型(BOM)。
2. 在 HTML 中输入 JavaScript 时，需要使用________标签。
3. 获取带有指定 id 的节点(元素)的 DOM 方法是________。
4. 在下面的变量声明语句中，哪个变量的命名是正确的？(　　)

A. var default　　B. var my_bouse　　C. var my dog　　D. var 2cats

5. 下面哪个不是 JavaScript 运算符？(　　)

A. =　　B. ==　　C. &&　　D. $#

6. 表达式 123%7 的计算结果是(　　)。

A. 2　　B. 3　　C. 4　　D. 5

7. 下列表达式中，值为 true 的是(　　)。

A. (3==4)&&(11>1)　　B. !(3<4)

C. (1==true)||(5<2)　　D. "1"===1

8. 以下代码运行后弹出的结果是(　　)。

```
var a = 888;
++a;
alert(a++);
```

A. 888　　B. 889　　C. 890　　D. 891

9. 关于变量的命名规则，下列说法中不正确的是(　　)。

A. 首字符必须是大写或小写字母、下画线(_)或美元符号($)

B. 除首字母的字符可以是字母，数字，下画线或美元符号

C. 变量名不能是关键字

D. 变量名不区分大小写

10. 下面代码中 k 的结果是(　　)

```
var i = 0,j = 0;
for(;i<10,j<6;i++,j++){
  k = i + j;
}
```

A. 16　　B. 10　　C. 6　　D. 12

11. 用 JavaScript 向页面中输出乘法口诀表。
12. _______语句只能用于循环结构，用来跳过本次循环中后面的语句。

第 12 章

JavaScript高级技巧

你在上一章学习了 JavaScript 的基本语法和流程控制语句，本章将介绍 JavaScript 的高级编程技巧，包括函数、事件和对象。JavaScript 是一种基于对象的编程语言，对象在 JavaScript 中无处不在。函数本身也是对象。通过本章的学习，读者应掌握 JavaScript 中对象的思想和内置对象的使用，能够使用 JavaScript 实现更复杂的操作。

本章的学习目标：

- 掌握 JavaScript 中函数的定义和调用
- 了解事件的基本概念
- 掌握常用事件的应用
- 掌握 JavaScript 中浏览器对象的用法
- 掌握 JavaScript 中 String、Date、Math 和 Array 对象的用法

12.1 函数

JavaScript 中的函数是可以完成某种特定功能的相关代码的集合。例如，可以编写一个函数来计算圆形的面积，然后就可以在脚本中的其他地方或当事件发生时调用该函数。

函数是进行模块化程序设计的基础。要编写复杂的应用程序，必须对函数有更深入的了解。JavaScript 中的函数不同于其他语言，每个函数都是作为对象被维护和运行的。

12.1.1 函数的定义

JavaScript 中的函数有 3 种定义方法：函数定义语句、函数表达式和 Function()构造函数。

1. 函数定义语句

函数定义语句是最常用的方式，形式和其他语言类似。基本语法格式如下：

```
function 函数名(参数 1,参数 2,...){
    //这里是要执行的代码
```

```
    return [表达式]
}
```

其中：

- function 是必需的，它是定义函数的关键字。
- 函数名也是必需的，要求是合法的 JavaScript 标识符，命名规则与变量名相同。
- 参数是可选的，在调用函数时，通过参数向函数传递数据。如果没有参数，那么函数名后是一对空括号；如果有多个参数，参数之间用逗号分隔。
- return 语句也是可选的，如果希望函数将值返回到调用它的地方，可以使用该语句。

在上一章的例 11-2 中，我们使用过 function 关键字以定义函数。这里不再举例。

2. 函数表达式

与函数定义语句一样，函数表达式也用到了关键字 function。一般这种定义方式适用于将函数作为大的表达式的一部分，比如在赋值和调用过程中定义函数。通过函数表达式生成的函数，函数名称可以省略，此时就是匿名函数，这样可以使代码更为紧凑。

下面定义了一个返回两个数的乘积的函数，并将该函数赋给变量 x：

```
var x = function (a, b) {return a * b};
```

在把函数表达式存储到变量中之后，该变量也可作为函数使用，下面的语句将把 12 赋值给变量 z：

```
var z = x(4, 3);
```

以这种方式创建的函数与使用函数定义语句创建的函数相比，工作方式相同。它仍是 JavaScript 语句的集合，不同之处在于可以原地创建，而且是在执行到代码时才加载函数。

3. Function()构造函数

前面提到过，JavaScript 中的函数是对象，属于内置的 Function 对象。因此，可以像创建其他对象一样，使用构造函数来创建函数对象。

Function()构造函数可以传入任意数量的字符串实参，最后一个字符串实参所表示的文本就是函数体，可以包含任意数量的 JavaScript 语句。如果要创建的函数不包含任何参数，只需要传入一个表示函数体的参数即可。与前两种方式不同的是，Function()构造函数允许 JavaScript 在运行时动态地创建并翻译函数。每次调用 Function()构造函数都会解析函数体，并创建新的函数对象。因而，在循环或多次调用的函数中使用这种方式，执行效率会受影响。相比之下，循环中的嵌套函数和函数表达式则不会每次执行时都重新编译。

下面是使用 Function()构造函数创建的返回两个数的乘积的函数：

```
var myFunction = new Function("a", "b", "return a * b");
var x = myFunction(4, 3);
```

12.1.2　调用函数

函数不会自己执行，必须被调用才能执行。调用时需要使用函数名，如果需要传递参数，那么参数的数量和顺序必须与函数定义中的数量和顺序一致。如果函数定义中有可选参数，那么调用时可以不指定它们。

【例 12-1】 函数调用。

新建一个名为 12-1.html 的页面，保存在 Apache 的 htdocs/exam/ch12 目录下，输入如下代码：

```
<!DOCTYPE html>
<html>
  <head>
      <meta charset="GB2312" />
      <title>函数调用</title>
    <script type="text/javascript">
      function myFun(name){
        alert("你好,"+name);
      }
    </script>
  </head>
  <body>
    <button onClick="myFun('YiFan')">单击按钮调用函数</button>
    <p>函数表达式和调用函数</p>
    <p id="define"></p>
    <p id="result"></p>
    <script>
      var x = function (a, b) {return a * b};
      document.getElementById("define").innerHTML = "定义： " +x;
      document.getElementById("result").innerHTML = "调用：x(4, 3)=" +x(4, 3);
    </script>
  </body>
</html>
```

程序的运行结果如图 12-1 所示，单击按钮将调用函数 myFun，弹出如图 12-2 所示的信息提示。

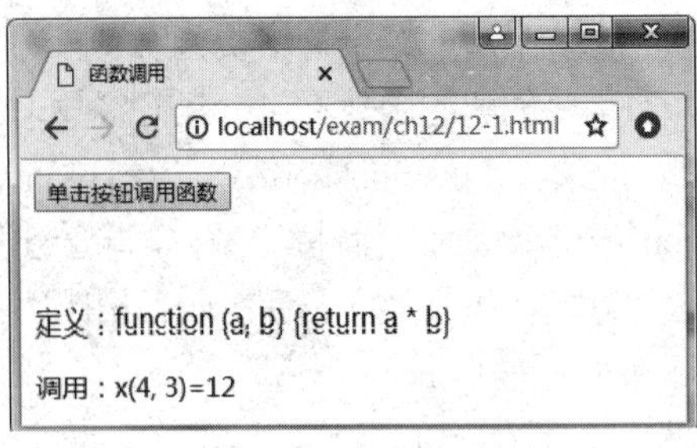

图 12-1 调用函数

图 12-2 信息提示框

12.2 JavaScript 中的事件

JavaScript 使我们有能力创建动态页面。事件是可以被 JavaScript 侦测到的行为。网页中的每个元素都可以产生某些可以触发 JavaScript 函数的事件。例如，在用户单击某按钮时产生 onClick 事件来触发某个 JavaScript 函数。

12.2.1 事件概述

事件就是文档或浏览器窗口中发生的一些特定的交互瞬间。可以用侦听器预订事件，以便事件发生时执行相应的代码。

用户可以通过多种方式与浏览器载入的页面进行交互，而事件是交互的桥梁，开发人员通过 JavaScript 脚本内置的和自定义的事件来响应用户的行为，就可以开发出更有交互性、动态性的页面。

所有浏览器都应支持一组称为内置事件的事件，如 onload 事件在页面完成加载时发生，onclick 事件在用户单击某个元素时发生，onsubmit 事件在表单提交时发生。这些事件可用于触发脚本。

有两种类型的事件可用于触发脚本。

- 窗口事件：当窗口发生某种情况时触发。例如，页面加载或卸载(被另一页面取代或关闭)，或者焦点移进或移出窗口或框架。
- 用户事件：当用户使用鼠标(或其他指示设备)或键盘与页面中的元素进行交互时发生。例如，将鼠标悬浮于某元素之上、单击某元素或将鼠标从某元素中移出等。

比较常用的内置事件如表 12-1 所示。

表 12-1 内置事件

事 件	描 述
onload	文档完成加载后发生(如果在框架集中使用，则在所有框架完成加载后发生)
onunload	文档从窗口或框架集中卸载或移除时发生
onclick	用鼠标单击某元素时发生
ondblclick	用鼠标双击某元素时发生
onmousedown	鼠标左键在元素上被按下(但未释放)时发生
onmouseup	鼠标左键在元素上释放时发生
onmouseover	将鼠标指针移动到元素上时发生
onmousemove	鼠标指针在元素上被移动过时发生
onmouseout	将鼠标指针从元素上移出时发生
onkeypress	鼠标左键被按下并释放时发生
onkeydown	鼠标左键被按下未释放时发生
onkeyup	鼠标左键被释放时发生
onfocus	元素获得焦点时发生
onblur	元素失去焦点时发生
onsubmit	表单被提交时发生
onreset	表单被重置时发生
onselect	用户在文本域中选择某文本时发生
onchange	控件失去输入焦点，并且值自获得焦点后曾被修改过时发生

12.2.2　常用事件的应用

事件的产生和响应都是由浏览器完成的。使用HTML可以设置哪些元素响应什么事件，使用JavaScript可以告诉浏览器怎么处理这些事件。本节将通过具体的实例来介绍几个常用事件，看看如何响应事件，如何通过事件处理实现简单的交互。

1. onload 事件

onload 事件会在页面或图像加载完毕后立即发生。支持 onload 事件的标签有：<body>、<frame>、<frameset>、<iframe>、<img>、<input type="image">、<link>、<script>和<style>。

以body元素为例，加载事件是指整个文档在浏览器窗口中加载完毕后所触发的事件，与之对应的还有卸载事件onunload，通常当关闭浏览器窗口或从当前页面跳转到其他网页时触发卸载事件。

【例 12-2】 响应 onload 事件。

新建一个名为12-2.html的页面，输入如下代码：

```
<!DOCTYPE html>
<html>
  <head>
        <meta charset="GB2312" />
        <title>onload 事件</title>
    <script type="text/javascript">
        function showMsg(){
            var msg="";
            var time=new Date().getHours();
            if (time<12){
               msg="上午好";
            }else if(time<18) {
               msg="下午好";
            }else{
               msg="晚上好";
            }
        document.getElementById("hello").innerHTML=msg + "，欢迎访问一凡科技的网页";
        }
    </script>
  </head>
  <body onload="showMsg()">
     <p id="hello"></p>
  </body>
</html>
```

本例在<body>标签内使用了 onload 事件，调用 showMsg 函数，显示效果如图 12-3 所示。

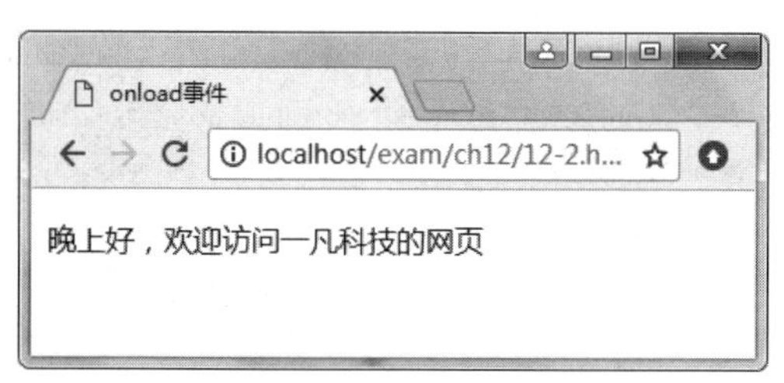

图 12-3　使用 onload 事件

2. onclick 事件

onclick 鼠标单击事件是用得最多的事件，这里的单击是指按下鼠标左键并释放的完整过程。该事件主要应用于按钮的单击，但其他大部分 HTML 标签也支持该事件。

前面很多示例中已经使用过该事件，这里不再举例。

3. onfocus 和 onblur 事件

onfocus 是指元素获得焦点，通常用于表单输入元素，与之对应的 onblur 则指元素失去焦点。例如，当某个输入元素获得焦点时，可以修改元素的背景色，提示用户正在输入信息；当元素失去焦点时，恢复元素的背景色，并对输入内容进行有效性校验等。

【例 12-3】 响应 onfocus 和 onblur 事件。

新建一个名为 12-3.html 的页面，输入如下代码：

```
<!DOCTYPE html>
<html>
  <head>
      <meta charset="GB2312" />
      <title>onfocus 和 onblur 事件</title>
    <script type="text/javascript">
      function setStyle(x,mycolor){
        x.style.backgroundColor=mycolor;
      }
      function doCheck(x){
        setStyle(x,"white");
        if(x.value.length>0){
          document.getElementById("img1").style.display="inline";
          document.getElementById("img2").style.display="none";
        }else{
          document.getElementById("img1").style.display="none";
          document.getElementById("img2").style.display="inline";
        }
      }
    </script>
  </head>
  <body>
    <h3>使用 onfocus 和 onblur 事件</h3>
    <form>
```

```
        登录名:<input type="text" onfocus="setStyle(this,'yellow')" id="fname" onblur="doCheck(this)" />
        <img id="img1" hidden="true" src="images/right.png" alt="输入正确">
        <img id="img2" hidden="true" src="images/false.png" alt="输入错误">
      </form>
    </body>
</html>
```

本例有一个输入文本框，页面加载后的显示效果如图 12-4 所示。该输入文本框同时响应 onfocus 和 onblur 事件，当这个输入文本框获得焦点时，背景色变为黄色，如图 12-5 所示。

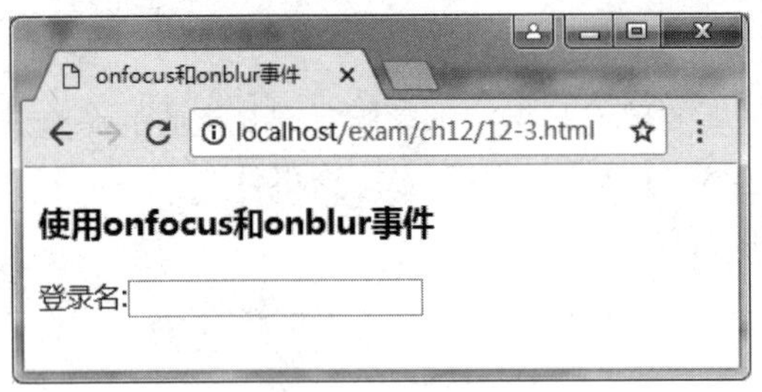

图 12-4　初始页面

图 12-5　输入文本框获得焦点

在输入文本框中输入内容后，单击页面其他部分，使输入文本框失去焦点，此时调用 onblur 事件的处理函数 doCheck，当输入文本框中内容非空时，显示验证成功的图片，如图 12-6 所示。如果未输入任何内容，输入文本框失去焦点后，会显示验证失败的图片，如图 12-7 所示。

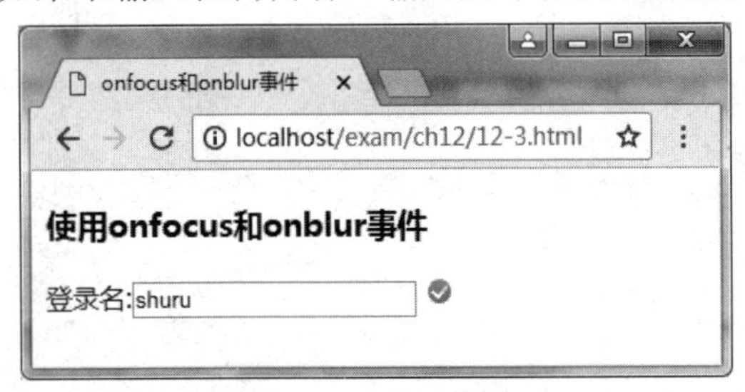

图 12-6　验证成功

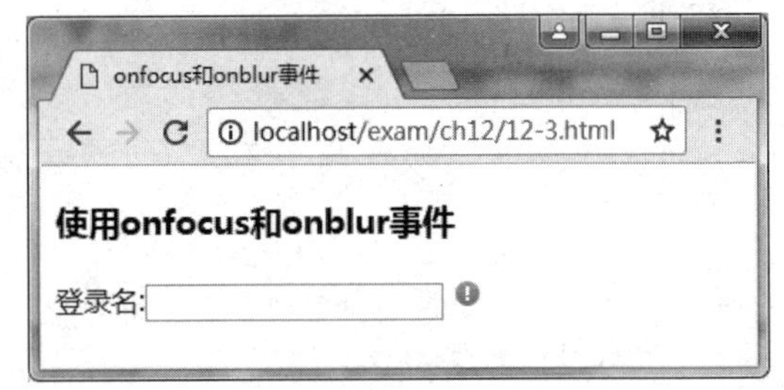

图 12-7　验证失败

4. onchange 事件

onchange 事件最常用于下拉列表框中的选项发生改变时，也可用于文本框，在文本框中的内容被修改并失去焦点时触发。

【例 12-4】 响应 onchange 事件。

新建一个名为 12-4.html 的页面，输入如下代码：

```
<!DOCTYPE html>
<html>
  <head>
      <meta charset="GB2312" />
      <title>onchange 事件</title>
    <script type="text/javascript">
      function setStyle(){
        document.getElementById("id1").style.color=colors.value;
```

```
        }
    </script>
  </head>
  <body>
    <h3 id="id1">从下拉列表中选择文本的颜色</h3>
    <select id="colors" onChange="setStyle()">
      <option >选择颜色</option>
      <option value="red">红色</option>
      <option value="yellow">黄色</option>
      <option value="blue">蓝色</option>
      <option value="green">绿色</option>
    </select>
  </body>
</html>
```

本例只有一个<h3>元素和一个下拉列表框，从下拉列表框中选择一种颜色，可修改<h3>元素的文本颜色，如图 12-8 所示。

图 12-8　通过下拉列表框修改文本颜色

12.3 对象

JavaScript 中的所有事物都是对象，JavaScript 提供了多个内置对象，如 String、Date、Array，以及前面提到的 Function 构造函数等。对象只是一种特殊的数据，拥有属性和方法。

12.3.1　对象的声明和引用

对象由属性和方法两个基本的元素构成。前者是对象在实施所需行为的过程中实现信息的装载单位，从而与变量相关联；后者是指对象能够按照设计者的意图执行，从而与特定的函数相关联。

1. 声明和实例化

除了可以使用 JavaScript 内置的对象，还可以定义并创建自己的对象。创建新对象的方法有多种，比较常用的有如下两种：

- 定义并创建对象的实例。
- 使用构造函数定义对象，然后创建新的对象实例。

定义并创建对象实例的方法比较简单，对于只包含属性的对象，这种方法比较方便快捷。例如，下面的代码使用 Object 构造函数创建了一个表示学生的对象实例，并为其添加了 4 个属性：

```
var student=new Object();
student.name="赵智暄";
student.gender="女";
student.phone="18031760170";
student.addr="河北省沧州市";
```

更简便的一种写法是直接使用对象字面量来创建，例如上述代码与下面的代码是等价的：

```
var student={ name: "赵智暄", gender: "女", phone: "18031760170", addr: "河北省沧州市" }
```

这种写法在上一章中介绍 for/in 循环时使用过。

使用构造函数定义对象时，先定义构造函数，然后通过构造函数可以创建多个新对象。例如，下面是创建与前面类似的 student 对象的构造函数：

```
function Student(name,gender,phone,addr){
   this.name=name;
   this.gender=gender;
   this.phone=phone;
   this.addr=addr;
}
```

使用该构造函数，可以创建新的对象实例：

```
var stu1=new Student("赵智暄","女","18031760170","河北省沧州市");
var stu2=new Student("李知诺","女","15231705804","北京市海淀区");
```

除了属性以外，还可以为对象添加方法，方法只不过是附加到对象上的函数。可以在构造函数内部定义对象的方法，例如，增加用于修改电话号码的方法 changePhone：

```
function Student(name,gender,phone,addr){
   this.name=name;
   this.gender=gender;
   this.phone=phone;
   this.addr=addr;
   this.changePhone=changePhone;
   function changePhone(newPhone){
      this.phone=newPhone;
   }
}
```

下面的语句将调用 changePhone()方法来修改 stu2 对象的电话号码：

```
stu2.changePhone("15910806516");
```

2. 对象的引用

对象的引用其实就是对象的地址，通过这个地址可以找到对象。对象有如下几种来源：

(1) 引用 JavaScript 内部对象

(2) 在浏览器环境中提供

(3) 创建新对象

通过取得对象的引用即可对对象进行操作，如调用对象的方法或读取/设置对象的属性等。也就是说，对象在被引用之前必须存在，否则引用将毫无意义，并出现错误信息。例如：

```
var date;
date=new Date();
date=date.toLocaleString();
alert(date);
```

这里首先声明了变量 date，然后用它引用一个日期对象，接着通过 date 变量调用这个日期对象的 toLocaleString()方法并返回一个字符串对象，将这个字符串对象赋给 date 变量，此时 date 变量的引用发生了改变，它指向一个字符串对象。

【例 12-5】 创建和使用对象。

新建一个名为 12-5.html 的页面，输入如下代码：

```
<!DOCTYPE html>
<html>
  <head>
      <meta charset="GB2312" />
      <title>创建和使用对象</title>
    <script type="text/javascript">
      function Student(name,gender,phone,addr){
        this.name=name;
        this.gender=gender;
        this.phone=phone;
        this.addr=addr;
        this.changePhone=changePhone;
        function changePhone(newPhone){
          this.phone=newPhone;
        }
        this.println=println;
        function println(){
          info1="姓名： "+this.name+"<br>";
          info2="性别： "+this.gender+"<br>";
          info3="电话： "+this.phone+"<br>";
          info4="地址： "+this.addr+"<br><br>";
          document.writeln(info1,info2,info3,info4);
        }
      }
    </script>
  </head>
```

```
  <body>
    <script type="text/javascript">
      var stu1=new Student("赵智暄","女","18031760170","河北省沧州市");
      stu1.println();
      var stu2=stu1;
      stu2.println();
      stu2.changePhone("15910806516");
      stu2=stu2.phone;
      document.writeln("更新后的电话："+stu2);
    </script>
  </body>
</html>
```

运行结果如图 12-9 所示。

图 12-9　使用对象

12.3.2　浏览器对象

浏览器对象使 JavaScript 有能力与浏览器“对话”。它的作用是将相关元素组织包装起来，供开发人员调用，从而减轻编程人员的工作，提高 Web 页面的开发效率。

浏览器对象主要包括：浏览器对象 navigator、窗口对象 window、位置对象 location、历史对象 history 和屏幕对象 screen。

下面分别介绍这几个对象的常用属性和方法。

1. navigator 对象

navigator 对象包含有关浏览器的信息。虽然这个对象显而易见支持的是 Netscape 的 Navigator 浏览器，但其他实现了 JavaScript 的浏览器也支持这个对象。

navigator 对象的常用属性如表 12-2 所示。

表 12-2　navigator 对象的常用属性

属　　性	描　　述
appName	浏览器的名称
appVersion	浏览器的平台和版本信息
browserLanguage	浏览器的语言
cookieEnabled	浏览器中是否启用 cookie
platform	运行浏览器的操作系统平台
systemLanguage	操作系统使用的默认语言
userAgent	由客户端发送给服务器的 user-agent 头部的值
plugins	可以使用的插件信息，这是一个集合，该集合是 Plugin 对象的数组，其中的元素代表浏览器已经安装的插件

【例 12-6】 使用 navigator 对象获取浏览器信息。

新建一个名为 12-6.html 的页面，输入如下代码：

```
<!DOCTYPE html>
<html>
  <head>
      <meta charset="GB2312" />
      <title>navigator 对象</title>
  </head>
  <body>
    <div id="info"></div>
    <script type="text/javascript">
      txt = "<p>浏览器代号: " + navigator.appCodeName + "</p>";
      txt+= "<p>浏览器名称: " + navigator.appName + "</p>";
      txt+= "<p>浏览器版本: " + navigator.appVersion + "</p>";
      txt+= "<p>启用 Cookies: " + navigator.cookieEnabled + "</p>";
      txt+= "<p>硬件平台: " + navigator.platform + "</p>";
      txt+= "<p>用户代理: " + navigator.userAgent + "</p>";
      txt+= "<p>用户代理语言: " + navigator.systemLanguage + "</p>";
      document.getElementById("info").innerHTML=txt;
    </script>
  </body>
</html>
```

运行结果如图 12-10 所示。

2. window 对象

window 对象处于对象层次的顶端，提供了处理浏览器窗口的方法和属性。所有 JavaScript 全局对象、函数以及变量均自动成为 window 对象的成员。全局变量是 window 对象的属性，全局函数是 window 对象的方法。甚至 HTML DOM 的 document 也是 window 对象的属性之一。

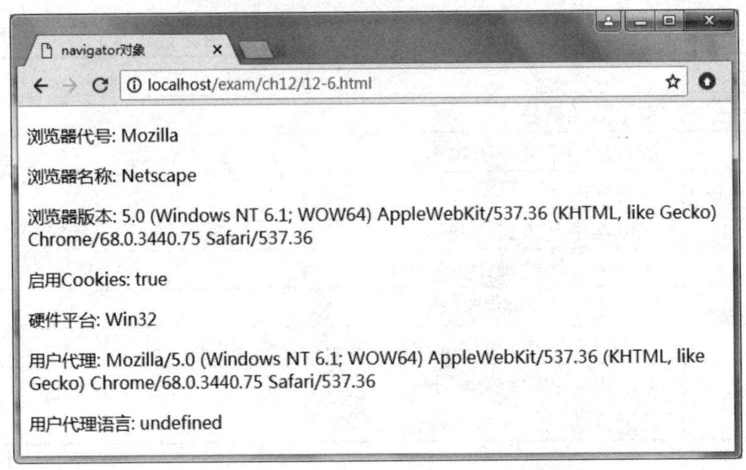

图 12-10　使用 navigator 对象

window 对象的常用方法如表 12-3 所示。

表 12-3　window 对象的常用方法

方　法	描　述
alert()	显示带有一段消息和确认按钮的警告框
blur()	把键盘焦点从顶层窗口移开
confirm()	显示带有一段消息以及确认按钮和取消按钮的对话框
prompt()	显示可提示用户输入的对话框
close()	关闭浏览器窗口
moveBy()	相对窗口的当前坐标移动指定的像素
moveTo()	把窗口的左上角移动到指定的坐标
open()	打开新的浏览器窗口或查找已命名的浏览器窗口
print()	打印当前窗口的内容
resizeBy()	按照指定的像素调整窗口的大小
resizeTo()	把窗口的大小调整到指定的宽度和高度

window 对象表示浏览器窗口或框架。在客户端 JavaScript 中，window 对象是全局对象，所有的表达式都在当前的环境中计算。也就是说，引用当前窗口根本不需要使用特殊的语法，可以把那个窗口的属性作为全局变量使用。例如，可以只写 document，而不必写 window.document。同样，可以把当前窗口对象的方法当作函数使用，如只写 alert()，而不必写 window.alert()。

window 对象的 window 属性和 self 属性引用的都是自身。当希望明确地引用当前窗口，而不仅仅是隐式地引用时，可以使用这两个属性。除了这两个属性之外，parent 属性、top 属性以及 frame[]数组都引用了与当前 window 对象相关的其他 window 对象。

一般来说，window 对象的方法都是对浏览器窗口或框架进行某种操作；而 alert()方法、confirm()方法和 prompt()方法则不同，它们通过简单的对话框与用户进行交互。

3. location 对象

location 对象存储在 window 对象的 location 属性中，表示那个窗口中当前显示的文档的 URL 地址。它的 href 属性存放的是文档的完整 URL，其他属性则分别描述 URL 的各个部分。当一个 location 对象被转换成字符串时，得到的是其 href 属性的值。因此，可以使用表达式 location 来替代 location.href。

location 对象有两个常用的方法。

- reload()：可以重新装载当前文档，相当于浏览器中的“刷新”功能。
- replace()：打开一个 URL，并取代历史对象中当前位置的地址。

结合对象前面的 navigator 对象的 platform 或 userAgent 属性，可以知道客户端是手机还是电脑，从而可以使用 location.replace()方法为客户打开不同的页面。

例如：

```
if ((navigator.platform== "X11") || (navigator.platform.indexOf("Linux") == 0))
   location.replace("mobile.html");
if (navigator.platform.indexOf("Win") == 0)
   location.replace("winpc.html");
```

4. history 对象

history 对象包含用户在浏览器窗口中访问过的 URL。这些信息存储在 history 对象列表中，通过 history 对象的引用，可以让客户端的浏览器返回到它曾经访问过的网页。功能类似于浏览器中的“后退”和“前进”功能。

history 对象最初被设计用来表示窗口的浏览历史。但出于隐私方面的原因，history 对象不再允许脚本访问已经访问过的实际 URL。唯一保持使用的功能只有 back()、forward()和 go()方法。

5. screen 对象

screen 对象包含有关客户端显示屏幕的信息。常用属性如表 12-4 所示。

表 12-4　screen 对象的常用属性

属　　性	描　　述
availHeight	显示屏幕的可用高度(除 Windows 任务栏外)
availWidth	显示屏幕的可用宽度(除 Windows 任务栏外)
bufferDepth	调色板的比特深度
colorDepth	目标设备或缓冲器上调色板的比特深度
height	显示屏幕的高度
pixelDepth	显示屏幕的颜色分辨率
updateInterval	屏幕的刷新率
width	显示屏幕的宽度

每个 window 对象的 screen 属性都引用一个 screen 对象。screen 对象中存放着有关显示浏览屏幕的信息。JavaScript 程序将利用这些信息来优化它们的输出，以达到用户的显示要求。例

如，程序可以根据显示器的尺寸选择使用大图像还是小图像，还可以根据显示器的颜色深度选择使用 16 位色还是 8 位色的图形。另外，JavaScript 程序还能根据有关屏幕尺寸的信息将新的浏览器窗口定位在屏幕中间。

12.3.3 内置对象

JavaScript 提供了一些非常有用的内置对象作为语言规范的一部分，每个内置对象都有一些属性和方法，使用这些方法和属性可以方便实现各种常用功能。

本节将介绍使用最广泛的 4 个内置对象：字符串对象 String、时间对象 Date、数学对象 Math 和数组对象 Array。

1. String 对象

String 对象用于处理字符串，需要创建对象实例后才可以引用它的属性和方法。要创建一个 String 对象的实例，可以通过为其赋予一个变量来实现，例如：

```
var myString = new String('Here is some text');
```

String 对象现在包含文本 Here is some text，并且存储在一个变量中，名为 myString。在将对象存储于变量中之后，可以将字符串写入文档中或者在其基础上进行某些操作。

也可以直接使用引号创建字符串，例如：

```
var myString = 'Here is some text';
```

在实际开发中，这种模式更常见。

字符串是 JavaScript 的一种基本数据类型。String 对象的 length 属性返回字符串中的字符数，也就是字符串的长度。

String 类定义了大量操作字符串的方法，例如从字符串中提取字符或子串，或者检索字符或子串等。常用方法如表 12-5 所示。

表 12-5 String 对象的常用方法

方　法	描　述
blink()	显示闪动的字符串
charAt()	返回指定位置的字符(例如，对于值为 banana 的字符串，charAt(2)为字母 n，因为索引值从 0 开始)
charCodeAt()	返回指定位置的字符的 Unicode 编码
concat()	合并两个或多个字符串，并返回一个新的字符串
fontcolor()	使用指定的颜色显示字符串
fontsize()	使用指定的尺寸显示字符串
indexOf()	检索字符串，例如，要在 banana 中找到字母 n 第一次出现的位置，应使用 indexOf('n')。也可指定搜索的起始位置，indexOf('n', 4)从第 4 个字符之后开始搜索，如果用于搜索的字符串没有出现，则返回 - 1
lastIndexOf()	从后向前搜索字符串
match()	找到一个或多个匹配
replace()	替换与正则表达式匹配的子串

(续表)

方　法	描　述
slice()	基于从 0 开始的起始索引以及可选的结束索引，截取字符串片段，并作为新的字符串返回。如果第二个参数被忽略，将截取至字符串结尾
split()	把字符串分割为字符串数组
substr()	从起始索引提取字符串中指定数目的字符
substring()	提取字符串中两个指定的索引之间的字符
toLowerCase()	把字符串转换为小写
toUpperCase()	把字符串转换为大写
trim()	截掉字符串两端的空格

需要注意的是，与 Java 中的字符串一样，JavaScript 的字符串也是不可变的。String 类定义的方法都不能改变字符串的内容。像 String.toUpperCase()这样的方法，返回的是全新的字符串对象，而不是修改原始字符串。

2. Date 对象

Date 对象用于处理日期和时间。可以通过 new 关键字使用 Date()构造函数创建一个新的 Date 对象，例如：

```
new Date()
```

也可以创建设置为指定日期或时间的 Date 对象，这种情况下需要传入以下 4 种参数之一。

- milliseconds：自 1970 年 1 月 1 日起的毫秒数。
- dateString：可以是 parse()方法可识别格式的任何日期。
- year、month、day：表示年、月和日。
- year、month、day、hour、minute、seconds、ms：表示年、月、日、时、分、秒以及毫秒。

例如，下面是分别用上述 4 种形式创建的不同 Date 对象：

```
var date1 = new Date( 8298400000 );
var date2 = new Date("April 29, 1981");
var date3 = new Date( 2017, 2, 8 );
var date4 = new Date( 2018, 10, 18, 20, 22, 17, 10 );
```

需要注意的是：这里表示月份的数字 2 对应的月份是 3 月，也就是说 1 月份对应数字 0。

Date 对象提供了使用日期和时间的公用方法的集合，这些方法主要是一些 get 和 set 方法，以及 to*String 方法等。通过 get 和 set 方法可以获取或设置日期和时间对象的年、月、日、时、分、秒、毫秒、星期等各分量的值；to*String 方法则将 Date 对象转换为相应格式的字符串。

3. Math 对象

Math 对象用于执行数学任务，包含用于表示数学常量的属性，以及计算对数、三角函数、幂函数等常用数学函数的方法。

例如，下面的代码将变量 pi 的值设置为常量 PI(π)，而将 sqrt_value 变量的值设置为 15 的平方：

```
var pi=Math.PI;
var sqrt_value=Math.sqrt(15);
```

Math 并不像 Date 和 String 那样是对象的类，因此没有构造函数 Math()，像 Math.sin() 这样的函数只是函数，不是某个对象的方法。因此在使用时，无须创建新的实例，直接使用 Math.方法名或属性名即可。

Math 对象包括几个表示常用的数学常量的属性，如表 12-6 所示。

表 12-6 Math 对象的常用属性

属　性	描　述
E	自然对数的底数(约等于 2.718)
LN2	2 的自然对数(约等于 0.693)
LN10	10 的自然对数(约等于 2.302)
LOG2E	以 2 为底的 e 的对数(约等于 1.414)
LOG10E	以 10 为底的 e 的对数(约等于 0.434)
PI	圆周率(约等于 3.14159)
SQRT1_2	2 的平方根的倒数(约等于 0.707)
SQRT2	2 的平方根(约等于 1.414)

Math 对象的常用方法如表 12-7 所示。

表 12-7 Math 对象的常用方法

方　法	描　述	方　法	描　述
abs(x)	返回 x 的绝对值	log(x)	返回 x 的自然对数
acos(x)	返回 x 的反余弦	max(x,y,z,...,n)	返回 x,y,z,...,n 中的最大数
asin(x)	返回 x 的反正弦	min(x,y,z,...,n)	返回 x,y,z,...,n 中的最小数
atan(x)	返回 x 的反正切	pow(x,y)	返回 x 的 y 次幂
atan2(y,x)	返回从 x 轴到某一点的角度	random()	返回 0~1 之间的一个随机数
ceil(x)	返回大于或等于 x 的最近整数	round(x)	将 x 精确到最近整数
cos(x)	返回 x 的余弦	sin(x)	返回 x 的正弦
exp(x)	返回 e 的 x 次幂	sqrt(x)	返回 x 的平方根
floor(x)	返回小于或等于 x 的最近整数	tan(x)	返回 x 的正切

4. Array 对象

数组是一种特殊的变量。数组之所以特殊，是因为它可以有多于一个的值，并且这些值可以独立访问。当需要将一组数据存储于同一变量中，而不是将每个值存储在各自的变量中时，数组就特别有用。在 JavaScript 中，Array 对象负责数组的定义和管理。

Array 对象的一个重要属性就是 length 属性，它表示数组可以包含的元素个数。如果需要增加数组的大小，可以为 length 属性赋予一个大于数组当前长度的新值，或者直接通过索引访问新的数组元素并为其赋值即可。

数组也是一种对象，使用前需要先创建。可以使用 Array 对象的构造函数，并通过 new 运算符来返回数组对象，有如下 3 种形式的构造函数：

```
Array()
Array(len)
Array([item0[,item1[,item2,…]]])
```

其中，第 1 种形式创建一个空的数组，它的长度为 0；第 2 种形式创建一个长度为 len 的数组，len 的数据类型必须是数字，否则会被认为是第 3 种形式；第 3 种形式通过具体的元素值列表创建数组对象，多个元素之间用逗号分隔。

例如，下面是一个使用 3 个元素创建的数组：

```
var arr= new Array("guitar", "drums", "piano");
```

除了使用以上方式以外，还可以直接使用数组字面量创建数组，这时需要使用方括号“[ ]”，效果与上面第 3 种形式相同，都以一定的元素列表来创建数组。例如，下面的代码都能创建数组对象：

```
var arr1= [];    //创建空的数组对象
var arr2=[6];  //创建包含 1 个元素的数组对象，元素是数字 6
var arr3=["guitar", "drums", "piano"];    //创建包含 3 个元素的数组对象
```

使用哪种形式完全是个人喜好。但与字符串的情况类似，多数开发人员都使用更加简洁的字面量形式。

数组中的元素可以通过一个数字来引用。这个数字是索引，从 0 开始计算，它反映了元素在数组中的存储顺序。例如，可以通过 arr3[0]引用 guitar，通过 arr3[1]引用 drums，以此类推。

对于未初始化元素的数组，可以通过索引形式为数组元素赋值，例如：

```
arr1[0]= "赵智暄";
arr1[1]= "邱舒娅";
```

这样，arr1 的长度就变为 2，也可以跳过前面的元素，为后面的元素赋值，例如：

```
arr2[8]= 78.3;
```

因为 arr2 中最初只有元素 6，上面的语句直接为数组的第 9 个元素赋值(第 1 个元素是 arrr2[0]，所以 arr2[8]表示第 9 个元素)，所以此时 arr2.length 的值为 9。

Array 对象的常用方法如表 12-8 所示。

表 12-8　Array 对象的常用方法

方　法	描　述
concat()	联合(或连接)两个或更多个数组，产生一个新的数组
join(separator)	将数组的所有元素联合到一起，使用指定的分隔符分隔(默认为逗号)
pop()	移除数组中的最后一个元素，并返回该元素
push()	在数组中加入一个元素，并返回新数组的长度
reverse()	以倒序返回数组
shift()	从数组中移除第一个元素，并返回该元素

(续表)

方　法	描　述
slice()	返回数组中选定的一部分(在不需要完整数组时)
sort()	返回排序后的数组，按字母或数字顺序排列
splice(index, howMany, [elements])	返回修改后的数组。修改从 index 表示的元素开始，从数组中移除 howMany 个元素，并使用自第 3 个参数起的所有元素取代移除的元素
toString()	返回表示数组及其组成元素的字符串
unshift()	在数组起始处添加一个或多个元素，返回新数组的长度

下面以数组 list 为例，介绍表 12-8 中各个方法的使用情况。list 初始声明如下：

```
var list = [0,1,2]
```

list.shift()：删除数组的第一个元素，返回删除的值。返回值为 0，数组 list 中剩下 1 和 2。

list.unshift(3,4)：把参数添加到数组的最前面，返回数组的长度。返回值为 4，现在数组 list 包含 3、4、1、2。

list.pop()：删除数组的最后一个元素，返回删除的值。返回值为 2，现在数组 list 中包含 3、4、1。

list.push(3)：将参数添加到数组的最后，返回数组的长度。返回值为 4，现在数组 list 中包含 3、4、1、3。

list.concat(3,4)：把两个数组拼接起来，返回新数组，数组 list 不变，仍包含 3、4、1、3。

list.splice(2,1,5,6,7)：从索引 2 开始删除一项，并从该位置起插入 5、6、7，现在数组 list 中包含 3、4、3、5、6、7。

list.reverse：将数组反序，返回反序后的数组，现在数组 list 中包含 7、6、5、3、4、3。

list.sort(function(a,b){return b-a})：按指定的参数对数组进行排序，这里按数字降序，现在数组 list 中包含 7、6、5、4、3、3。

list.slice(2,4)：返回一个新的数组，这个新数组由原始数组中指定的开始下标到结束下标之间的元素组成，这里返回的新数组包含 5、4、3，list 数组不变。

list.join("|")：用数组的元素组成一个字符串，以"|"作为分隔符。如果不指定分隔符，默认以逗号为分隔符。这里返回"7|6|5|4|3|3"，list 数组不变。

list.toString()：将 list 数组转换成一个字符串，返回"7,6,5,4,3,3"，list 数组不变。

12.4　本章小结

本章主要介绍了 JavaScript 的高级编程技能，包括函数、事件和对象。首先介绍的是 JavaScript 函数的定义和调用，函数本身也是一种对象，属于内置的 Function 对象。因此，可以像创建其他对象一样，使用构造函数来创建函数对象；然后讲述 JavaScript 中的事件，重点介绍了常用事件的应用；最后讲述的是对象，包括对象的声明、浏览器对象和常用的内置对象的用法。

12.5 思考和练习

1. JavaScript 中的函数有 3 种定义方法：函数定义语句、函数表达式和________。

2. ________事件在页面完成加载时发生、________事件在用户单击某个元素时发生。

3. ________对象处于对象层次的顶端，提供了处理浏览器窗口的方法和属性。

4. 出于隐私方面的原因，history 对象不再允许脚本访问已经访问过的实际 URL。唯一保持使用的功能只有 back()、________和 go()方法。

5. 使用数组存放学生的 10 门课的成绩, 然后输出 10 门课成绩中的最高分、最低分、总分和平均分。

6. 创建 100 个介于 10 到 60 之间的随机整数，然后分别统计每个数字出现的次数。

第 13 章 使用jQuery

jQuery 是继 Prototype 之后出现的又一个优秀的 JavaScript 框架。jQuery 能够改变开发人员编写 JavaScript 脚本的方式，降低学习和使用 Web 前端开发的复杂度，提高网页开发效率。无论是对于 JavaScript 初学者，还是对于 Web 开发资深专家，jQuery 都是必备的工具。本章主要介绍 jQuery 的基本语法和具体应用。通过本章的学习，读者应掌握 jQuery 的基本语法，能够通过 jQuery 简化传统的 JavaScript 代码，为自己的开发带来便利。

本章的学习目标：

- 掌握在页面中使用 jQuery 的方法
- 理解文档就绪函数
- 掌握常用的选择器
- 掌握基本筛选器的用法和作用
- 掌握 css 方法的使用
- 掌握 jQuery 的对象遍历方法
- 掌握 jQuery 的事件处理方法
- 掌握 jQuery 的文档处理方法

13.1 jQuery 概述

jQuery 是目前世界上 JavaScript 领域最受欢迎的库。最早由 John Resig 在 2006 年 1 月发布，为使用者编写自己的客户化 JavaScript 提供了多种优势特性。目前，几乎所有的大型网站都使用了 jQuery。

13.1.1 为什么使用 jQuery

jQuery 是一个轻量级的、“写的少，做得多”的 JavaScript 库。它具有如下特点：

- 语法简练、语义易懂、学习快速、文档丰富。
- jQuery 是一个轻量级的脚本，其代码非常小巧，最新版的 jQuery 框架文件仅有 80KB 左右。

- jQuery 支持 CSS 1.0~CSS3 定义的属性和选择器，以及基本的 xPath 技术。
- jQuery 是跨浏览器的，支持几乎所有主流的浏览器，包括 IE 6.0+、FireFox 1.5+、Safari 2.0+和 Opera 9.0+等。
- 可以很容易地为 jQuery 扩展其他功能。
- 能将 JavaScript 脚本与 HTML 源代码完全分离，便于后期编辑和维护。
- 插件丰富，除了 jQuery 自身带有的一些特效外，可以通过插件实现更多功能，如表单验证、拖放效果、表格排序、DataGrid、树型菜单、图像特效以及 Ajax 上传等。

jQuery 的主要关注点一直是简化访问页面元素的方法、帮助处理客户端事件、提供视觉效果(如动画)支持，以及使得在应用程序中使用 Ajax 变得更加简单。2006 年 1 月，John Resig 公布了 jQuery 的第一版，然后在 2006 年 8 月正式发布了 jQuery 1.0。后来又陆续发布了许多版本，目前 jQuery 官方可下载的最新版本是 jQuery 3.3.1。

对于很多人而言，特别是那些刚开始接触编程的人，使用 jQuery 最重要的原因是 jQuery 语法简单，功能却很强大，使用一种读起来像普通英语那样的风格编写。因此，对于编程初学者来说更易于理解。

除此之外，jQuery 同时还集合有大量的教程、代码示例以及插件，使创建网站变得简单得多。当选择 jQuery 时，你所选择的不只是一个库，还选择了一个充满生机的社区，能够为你提供教程、建议以及示例等帮助。

13.1.2　在页面中加入 jQuery

jQuery 是一个轻量级的脚本，本质上是一个.js 文件，可以像使用其他外部.js 文件一样在页面中引入该文件，然后就可以使用 jQuery 的强大功能了。

可以从 jQuery 的官方网站下载最新版本的 jQuery 库(http://www.jquery.com/download)，然后在页面中使用<script>元素引入该文件即可。

有两个版本的 jQuery 可供下载。

- 生产版本：用于实际的网站，已被精简和压缩，文件名中带有 min。
- 开发版本：用于测试和开发，未压缩，是可读代码。

下载生产版本后会得到一个名为 jquery-3.3.1.min.js 的文件，将该文件复制到网站的根目录，或新建 js 子目录以存放该.js 文件。

接下来，需要在使用 jQuery 的页面中使用<script>标签引用该.js 文件：

```
<script src="jquery-3.3.1.min.js"></script>
```

【例 13-1】 使用 jQuery。

新建一个名为 13-1.html 的页面，保存在 Apache 的 htdocs/exam/ch13 目录下，输入如下代码：

```
<!DOCTYPE html>
<html>
  <head>
      <meta charset="GB2312" />
      <title>使用 jQuery</title>
    <script src="jquery-3.3.1.min.js"></script>
  </head>
```

```
  <body>
      <h3>鼠标经过和离开时文本颜色会变化</h3>
      <input id="name" type="text" />
      <input id="Button1" type="button" value="提交" /> </form>
    <script type="text/javascript">
      $(document).ready(function () {
          $('#Button1').click(function () {
              alert("欢迎你  "+$('#name').val());
          });
          $("h3").hover(
              function () {
                  $(this).css("color", "red");
              },  function () {
                  $(this).css("color", "blue");
              }
          );
      });
    </script>
  </body>
</html>
```

本例中包括一个<h3>元素、一个文本框和一个按钮，使用 jQuery 的核心代码位于<body>元素的<script>标签中。这是一个“文档就绪函数”，它将在浏览器加载完页面后触发，这里为按钮添加了单击事件处理程序，为<h3>标签添加了鼠标经过事件处理程序。当鼠标经过<h3>标题内容时，文本颜色变为红色，如图 13-1 所示，鼠标离开后，文本颜色变为蓝色；在文本框中输入内容，单击“提交”按钮，将弹出如图 13-2 所示的信息提示框。

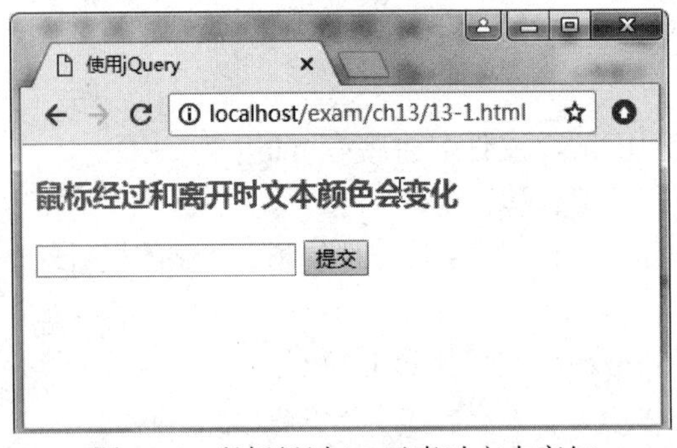

图 13-1　鼠标经过 h3 元素时文本变红

图 13-2　信息提示框

读者只需要了解 jQuery 的实际应用即可，接下来将详细介绍 jQuery 的语法。

13.2 jQuery 语法基础

要想理解和使用 jQuery，需要掌握一些基础知识。本节将介绍 jQuery 的核心功能，包括前面看到的$函数以及$函数的 ready 方法。接下来介绍 jQuery 的选择器和筛选器，这样就可以在页面中查找指定的元素。当获得指向页面中一个或多个元素的引用后，就可以对它们应用多种方法了，如前面提到的 css 方法。

13.2.1　文档就绪函数

大部分 jQuery 代码都是在浏览器完成页面加载后执行。等到页面完成 DOM 加载后再执行代码十分重要。DOM 是包含所有 HTML 元素、脚本文件、CSS 的树型结构。如果过早执行 jQuery 代码(例如，在页面的顶端)，那么 DOM 可能还没有加载完脚本中引用的全部元素就产生错误。幸运的是，可以使用 jQuery 中的文档就绪函数 ready，将代码的执行推迟到 DOM 就绪。

ready 函数的声明格式如下：

```
$(document).ready(function() {
  // DOM 就绪后执行此处的代码
});
```

当页面准备就绪，可以执行 DOM 操作时，添加到起始和结束大括号之间的全部代码都将执行。jQuery 还提供了 ready 函数的一种快捷方式，下面的代码段与前面的效果相同：

```
$(function() {
  // DOM 就绪后执行此处的代码
});
```

需要注意的是，ready 后面的一对括号里是匿名函数 function() { }，任何需要执行的语句都包含于匿名函数中，并且将在$(document).ready()事件触发时得到执行。

13.2.2　基本选择器

在 jQuery 中，可以使用美元符号($)作为在页面中查找元素的快捷方式，找到并返回的元素称为匹配集。$方法的基本语法如下所示：

```
$('选择器')
```

在引号(可以使用单引号或双引号，只要在两端使用相同的类型即可)之间，可输入一个或多个选择器，接下来就将讨论这方面的内容。

通过 jQuery 选择器可以找到页面的文档对象模型中的一个或多个元素，以便向它们应用各种类型的 jQuery 方法。jQuery 的设计者并没有开发出一种新技术来查找页面元素，而是使用与 CSS 选择器完全相同的选择器。

1. 通用选择器

和对应的 CSS 选择器一样，通用选择器使用通配符*匹配页面中的全部元素；$方法返回零个或多个元素，然后可以使用多种 jQuery 方法操作返回的这些元素。例如，要将页面中每个元素的字体系列设置为 Arial，可以使用下面的代码：

```
$('*').css('font-family', 'Arial');
```

2. ID 选择器

和对应的 CSS 选择器一样，ID 选择器通过 id 来查找和获取元素。例如，要为名为 tabel1 的表格设置 CSS 类，可以使用如下代码：

```
$('#table1').addClass('myClass');
```

当这行代码使用 addClass()方法设置 CSS 类时，将会遵循标准的 CSS 规则，即需要通过外部 CSS 文件或嵌入式样式表定义名为 myClass 的类。

通过选择器选中元素后，可以直接使用点运算符应用 jQuery 方法(例如 css 方法)。但是，如果要修改元素的某个标准属性，则需要通过索引方式，因为所有的 jQuery 选择器都返回一个对象的集合。尽管 ID 选择器返回的对象只有一个(一个文档中元素的 id 必须唯一)，但它也是一个集合，需要使用[0]得到第一个元素。例如，要修改 Button1 的值为“提交”，需要使用下面的代码：

```
$('#Button1')[0].value = '提交';
```

当然，也可以使用方法进行修改，如修改 value 属性时可使用 val 方法：

```
$('#Button1').val('提交');
```

3. 元素选择器

元素选择器获得与特定的标签名相匹配的零个或多个元素的引用。例如，下面的代码将页面中所有二级标题的文本颜色设置为红色。

```
$('h2').css('color', 'red');
```

4. 类选择器

类选择器获得与特定的类名相匹配的零个或多个元素的引用。例如，假设有下面的 HTML 代码段：

```
<h1 class="Highlight">在爱情中，谁都以为自己会是例外</h1>
<h2>我们一直认为</h2>
<p class="Highlight">思念的人</p>
<p>流过的泪</p>
```

上述 4 个元素中有两个元素使用了名为 Highlight 的 CSS 类。下面的 jQuery 代码将把第一个标题和第一个段落的背景色修改为红色，而其他元素保持不变：

```
$('.Highlight').css('background-color', 'red');
```

5. 分组和合并选择器

和 CSS 一样，可以分组和合并选择器。下面的分组选择器将修改页面中所有 h1 和 h2 元素的文本颜色为橙色：

```
$('h1, h2').css('color', 'orange');
```

通过使用合并选择器，可以找出被其他一些元素包含的特定元素。例如，下面的 jQuery 只修改 MainContent 元素中包含的二级标题，而其他的保持不变：

```
$('#MainContent h2').css('color', 'red');
```

6. 层级选择器

jQuery 支持 4 类层级选择器，分别如下。

- ancestor descendant：在指定的祖先元素下匹配所有的后代元素，与 CSS 中的后代选择器对应。
- parent > child：在给定的父元素下匹配所有的子元素，与 CSS 中的子选择器对应。
- prev + next：匹配所有紧跟 prev 元素的 next 元素，与 CSS 中的相邻兄弟选择器对应。
- prev ~ siblings：匹配 prev 元素之后的所有 siblings 元素。

假设有下面的代码：

```
<form>
  <label>Name:</label>
  <input name="name" />
  <fieldset>
      <label>Newsletter:</label>
      <input name="newsletter" />
 </fieldset>
</form>
<input name="none" />
```

使用层级选择器的 jQuery 代码如下：

```
$("form input")      //返回结果: <input name="name" />, <input name="newsletter" />
$("form > input")    //返回结果: <input name="name" />
$("label + input")   //返回结果: <input name="name" />, <input name="newsletter" />
$("form ~ input")    //返回结果: <input name="none" />
```

为了更好地理解 jQuery 选择器以及可以对匹配集应用的效果，下面举例来说明。

【例 13-2】 使用 jQuery 选择器。

新建一个名为 13-2.html 的页面，输入如下代码：

```
<!DOCTYPE html>
<html>
  <head>
      <meta charset="GB2312" />
      <title>使用 jQuery 选择器</title>
    <script src="jquery-3.3.1.min.js"></script>
  </head>
  <body>
     <h1>H1 jQuery 选择器，单击看看有什么惊喜</h1>
     <div>
     <p>段落 1 忘记是一种精神代谢</p>
```

```
        <div id="slide">演示 slideUp 和 slideDown 效果
        <p>段落 2 无论去哪儿，记得带上自己的阳光</p></div>
        <h2 class="SampleClass">类选择器,5 秒渐渐隐藏</h2>
        <script type="text/javascript">
            $(function () {
                $('*').css('color', 'Green');
                $('#slide').css('border-bottom', '2px solid black');
                $('h1').on('click', function () { alert('Hello 有些事，问的太清楚就无趣了') });
                $('.SampleClass').hide(5000);
                $('#slide,p').css('color', 'red');
                $('#slide p').slideUp('slow').slideDown('slow');
            });
            </script>
        </div>
    </body>
</html>
```

本例中，使用选择器选择元素后，应用了一些 jQuery 方法和特效，这些在后面会介绍。这里重点理解选择器的使用，页面显示效果如图 13-3 所示。单击<h1>元素，将弹出一个对话框，如图 13-4 所示。

图 13-3　使用选择器

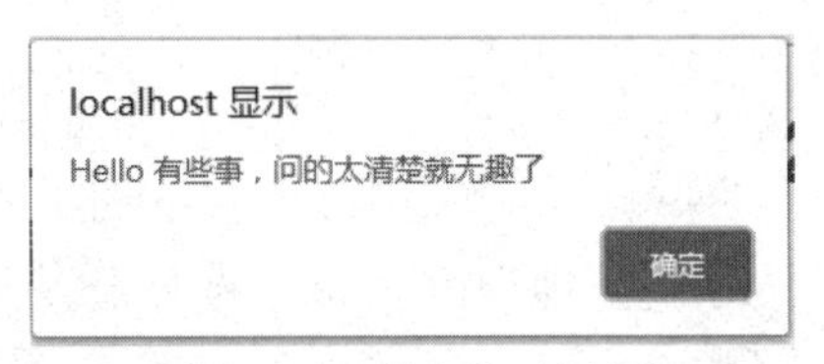

图 13-4　弹出的对话框

在上述 jQuery 代码部分，首先设置所有文本的颜色为绿色，slide 层的下方有一个额外的边框。接着为<h1>元素绑定 click 函数，当单击该元素时，将弹出一个对话框。然后通过类选择器设置<h2>元素的隐藏效果，随后通过分组选择器将 slide 和 p 元素的文本颜色设置为红色，最后为 slide 元素中的 p 元素设置淡入淡出动画效果。

13.2.3　筛选器

在 jQuery 中，可以使用筛选器进一步过滤选择器得到的结果集，从而可以找到特定的元素，如第一个元素、最后一个元素、所有奇数行元素、所有偶数行元素、所有的标题或特定位置的元素等。

1. 基本筛选器

jQuery 的基本筛选器如表 13-1 所示。

表 13-1 基本筛选器

筛 选 器	用 途	示 例
:first	选择第一个匹配的元素	$("tr:first")
:last	选择最后一个匹配的元素	$("tr:last")
:odd	选择匹配集中的奇数行元素	$("tr:odd")
:even	选择匹配集中的偶数行元素	$("tr:even")
:eq(index)	从返回的结果集中选择位于指定索引的元素	$("li:eq(2)")
:lt(index)	从返回的结果集中选择所有小于指定索引的元素	$("li:lt(2)")
:gt(index)	从返回的结果集中选择所有大于指定索引的元素	$("li:gt(2)")
:header	选择所有标题(从 h1 到 h6)	$(":header")
:parent	选择是另一元素的父元素的所有元素	$("p:parent")
:animated	选择处于某个 jQuery 动画中的所有元素	$("p:animated")
:hidden	匹配所有隐藏元素	$("p:hidden")
:visible	选择所有可见元素	$("p:visible")
:first-child	选择所有属于其父元素的第一个子元素	$("p:first-child")
:first-of-type	选择所有属于其父元素的第一个指定类型的元素	$("p:first-of-type")
:last-child	选择所有属于其父元素的最后一个子元素	$("p:last-child")
:last-of-type	选择所有属于其父元素的最后一个指定类型的元素	$("p:last-of-type")
:nth-child(n)	选择所有属于其父元素的第 n 个子元素	$("p:nth-child(2)")
:nth-last-child(n)	从后往前数，选择所有属于其父元素的第 n 个子元素	$("p:nth-last-child(2)")
:nth-of-type(n)	选择所有属于其父元素的第 n 个指定类型的元素	$("p:nth-of-type(2)")
:nth-last-of-type(n)	从后往前数，选择所有属于其父元素的第 n 个指定类型的元素	$("p:nth-last-of-type(2)")
:only-child	选择所有属于其父元素的唯一子元素	$("p:only-child")
:only-of-type	选择所有属于其父元素的唯一指定类型的子元素	$("p:only-of-type")

要了解更多的基本筛选器，可以阅读 jQuery 文档，网址为 http://api.jquery.com/category/selectors/。

2. 高级筛选器

除了刚才看到的基本筛选器以外，jQuery 还支持其他很多筛选器，它们可以用来根据元素包含的文本、是否可见以及包含的任意属性进行筛选。另外，还有一些筛选器可以获得表单元素(例如按钮、复选框、单选按钮等)，以及大量可以用来选择子元素、父元素、兄弟元素和后代元素的选择器。表 13-2 中列出了最常用的高级筛选器。

表 13-2　最常用的高级筛选器

筛 选 器	用　　途	示　　例
:contains(text)	通过包含的文本匹配元素	$('td:contains("Row 3")')
:has(element)	匹配至少包含一个给出元素的元素	$(':header:has("span")')
[attribute]	匹配具有给定属性的元素	$('[href]')
[attribute=value]	匹配具有指定属性和指定值的元素	$('[type=text]')
[attribute$=value]	匹配具有指定属性且属性值以指定值结尾的元素	$("[href$='.jpg']")
[attribute|=value]	匹配具有指定属性且属性值为某值或以该值后跟连字符开头的元素	$("[title|='Tomorrow']")
[attribute^=value]	匹配具有指定属性且属性值以指定值开头的元素	$("[title^='Tom']")
[attribute~=value]	匹配具有指定属性且属性值包含某单词的元素	$("[title~='hello']")
[attribute*=value]	匹配具有指定属性且属性值包含某字符串的元素	$("[title*='hello']")
:input :text :password :radio :checkbox :submit :image :reset :button :hidden :file	这些选择器可以用来匹配特定的客户端 HTML 表单元素	$(':button, :text') $(':checkbox')

下面举例说明高级筛选器的用法。借助这个示例，可以试验本章中的许多示例，读者可自行练习。虽然这些功能很强大，但是如果不能操作它们的结果，那么它们也就没有什么实际价值。下一节将讨论如何修改匹配集中元素的外观和行为。

【例 13-3】 使用 jQuery 选择筛选器。

新建一个名为 13-3.html 的页面，输入如下代码：

```
<!DOCTYPE html>
<html>
  <head>
      <meta charset="GB2312" />
      <title>使用 jQuery 筛选器</title>
    <script src="jquery-3.3.1.min.js"></script>
        <style type="text/css">
      .container {
        display: flex;
        width: 600px;
        height: 150px;
        background-color: lightgrey;
      }
```

```
            .item {
                background-color: cornflowerblue;
                width: 200px;
                height: 100px;
                margin: 10px;
            }
        </style>
    </head>
    <body>
        <h1 title="First Header">一级标题无 span</h1>
        <h2>二级标题<span>含 span,下边框带破折号</span></h2>
        <p>body 中的第一个段落。(body 元素的第三个子元素)</p>
    <div class="container">
        <div style="border:1px solid;">
          <span>div 中的一个 span 元素。</span>
          <p>div 中的第一个段落。</p>
          <p>div 中的第二个段落(div 的第三个子元素)。</p>
          <p>div 中的最后一个段落。</p>
        </div>
        <div>
         <table id="Table1">
            <tr><td>姓名</td><td>性别</td><td>电话</td></tr>
            <tr><td>赵艳铎</td><td>男</td><td>01082166054</td></tr>
            <tr><td>赵智暄</td><td>女</td><td>03173208842</td></tr>
            <tr><td>小石头</td><td>男</td><td>13831705800</td></tr>
            <tr><td>金百合</td><td>女</td><td>03172059033</td></tr>
         </table>
         </div>
    </div>
    <p>body 中的最后一个段落。</p>
        <script type="text/javascript">
            $(function () {
                $('#Table1').attr('border', '1');
                $('#Table1 tr:first').css('background-color', 'red');
                $('#Table1 tr:odd').css('background-color', 'green');
        $('tr:contains("男")').css('color','yellow');
                $(':header').css('color', '#30c080');
                $(':header:has("span")').css('border-bottom-style', 'dashed');
        $('div'>'div').addClass('item');
        $("p:nth-child(3)").css("background-color","yellow");
            });
        </script>
    </body>
</html>
```

在上述 jQuery 代码部分，首先设置 Table1 表格的边框，然后设置表格第一行的背景色为红色，设置偶数行的背景色为绿色，设置所有性别为“男”性的表格行的字体为黄色；接着，设置按钮和文本的颜色，并设置标题的颜色以及含有<span>元素的标题的样式；最后为 div 中的子 div 添加 CSS 类，并将第 3 个子元素为 p 元素的段落的背景色设置为黄色。页面显示效果如图 13-5 所示。

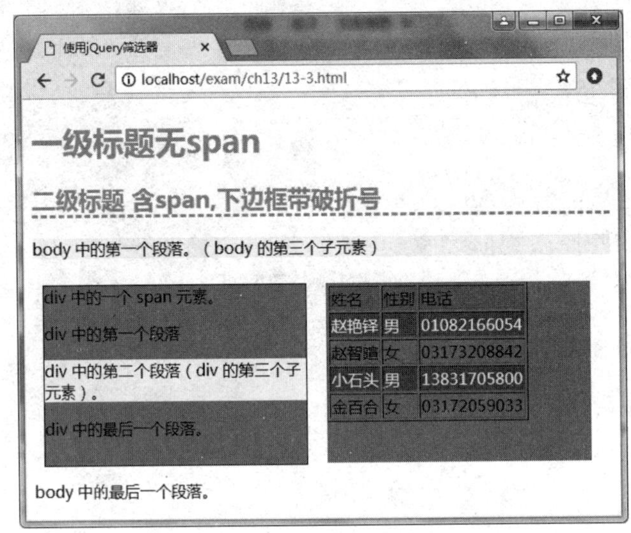

图 13-5　使用筛选器

13.2.4　应用 css 方法

有了匹配集之后，就需要对它执行一些操作，前面的实例中已经多次使用到 css 方法。本节将介绍如何对匹配集中的项应用 CSS 类或样式。

jQuery 以几种不同的方式支持 CSS。首先，可以使用 css 方法来检索特定的 CSS 值(如某项的颜色)，以及设置一组元素的一个或多个 CSS 属性。其次，使用 addClass()、removeClass()、toggleClass()和 hasClass()等方法可以修改或检查对元素应用的 CSS 类。

1. css(name,value)

这个方法用来设置某个匹配元素上特定的 CSS 属性。name 是引用 CSS 属性的名称(如 border、color 等)，value 定义要应用的样式。例如，设置 h1 元素的背景色为绿色：

```
$('h1').css('background-color', 'green');
```

2. css(name)

这个方法用于获取指定属性的 CSS 值。下面的示例将弹出对话框，内容是二级标题包含的 span 元素的 font-style 属性值。

```
alert($('h2 span').css('font-style'));
```

3. css(properties)

这是一个功能十分强大的方法，可以用来同时设置匹配元素的多个属性，每个属性与值之间用冒号分隔，多个属性/值对之间用逗号分隔，完整的属性集包含在一对花括号({})中。例如，下面的示例将表格中所有单元格的颜色修改为红色，将内边距设置为 10px，将字体修改为 Verdana。

```
$('#TableId td').css({'color' : 'red', 'font-family' : 'Verdana',   'padding' : '10px'});
```

4. addClass()、removeClass()和 toggleClass()方法

addClass()和 removeClass()方法分别用来在元素中添加和删除类，而 toggleClass()方法用来对被选元素进行添加/删除类的切换操作。和普通的 CSS 一样，使用这些方法，比使用 css(properties)方法进行内联 CSS 赋值更好。这样就更容易在某个集中的位置定义 CSS 类，从而更易于维护和重用。下面的代码将为<h2>元素添加新的 CSS 类：

```
$('h2').addClass('myClass');
```

如果希望再次删除类，则可以调用 removeClass()方法，如下所示：

```
$('h2').removeClass('myClass');
```

13.2.5　访问 jQuery 对象

通过选择器或筛选器得到的 jQuery 对象是一个集合，要访问该集合，除了使用索引值以外，还可以使用 jQuery 定义的几个方法和属性。另外，jQuery 还优化并扩展了很多筛选函数，这些函数作为 jQuery 对象的方法直接使用，这样就能够在选择器的基础上更加精确地控制对象。

1. each()方法

each()方法可迭代(或循环遍历)集合。当需要对匹配集中的项应用某种行为，但是无法使用 jQuery 函数完成设置时，就可以使用 each()方法，把希望对每一项执行的函数作为参数传递给 each()方法。例如，下面的 each()方法示例通过循环遍历匹配集中的每一项，然后调用 alert()方法，将每个单元格的内容显示出来。

```
$('#TableId td').each(function() {
    alert(this.innerHTML);
});
```

2. size()方法和 length 属性

size()方法能够返回 jQuery 对象中元素的个数，而 length 属性与 size()方法的功能相同。例如，下面的代码使用了 size()方法和 length 属性，返回值都为 2。

```
<span>文本块 1</span>
<span>文本块 2</span>
<script language="javascript" type="text/javascript">
    alert($("span").size()); //返回值为 2
    alert($("span").length); //返回值为 2
</script>
```

3. get()方法

get()方法能够把 jQuery 对象转换为 DOM 中的元素集合。例如，在下面的示例中，使用$()函数获取所有 span 元素，然后使用 get 方法把 jQuery 对象转换为 DOM 集合，再调用 JavaScript 数组方法 reverse 把数组元素的位置颠倒过来。对于数组中的第一个元素，将字体设置为红色，最终效果是文本“文本块 2”显示为红色。

```
<span>文本块 1</span><span>文本块 2</span>
<script language="javascript" type="text/javascript">
var spans = $("span").get().reverse(); //把当前 jQuery 对象转换为 DOM 对象并颠倒它们的位置
spans[0].style.color = "red"; //把当前 jQuery 对象设置为红色
</script>
```

也可以使用 get(index)方法获取指定索引值的元素对象。

4. index()方法

index()方法用于获取 jQuery 对象中指定元素的索引值。如果找到匹配的元素，从 0 开始返回；如果没有找到匹配的元素，则返回 - 1。

如果不给 index()方法传递参数，那么返回值就是这个 jQuery 对象集合中第一个元素相对于同辈元素的位置；如果参数是一组 DOM 元素或 jQuery 对象，那么返回值就是传递的元素相对于原先集合的位置；如果参数是选择器，那么返回值就是原先元素相对于选择器匹配元素中的位置。

例如，在下面这个示例中，所有的调用都返回 1。

```
<ul>
  <li id="foo">foo</li>
  <li id="bar">bar</li>
  <li id="baz">baz</li>
</ul>
<script language="javascript" type="text/javascript">
$('li').index(document.getElementById('bar'));  //1，返回这个对象在原先集合中的索引位置
$('li').index($('#bar'));  //1，传递一个 jQuery 对象
$('li').index($('li:gt(0)'));  //1，传递一组 jQuery 对象，返回这组对象中第一个元素在原先集合中的位置
$('#bar').index('li');  //1，传递一个选择器，返回#bar 在所有 li 元素中的索引位置
$('#bar').index();  //1，不传递参数，返回这个元素在同辈元素中的索引位置。
</script>
```

5. 其他过滤方法

jQuery 定义了很多能够从选取对象中过滤部分元素的方法，这些方法是对选择器功能的补充。表 13-3 列出了一些常用的过滤方法。

表 13-3　常用的过滤方法

方　法	描　述
eq(index)	获取指定索引位置的元素，索引值从 0 开始
hasClass(class)	检查当前元素是否含有某个特定的类，如果有，则返回 true
filter(expr)	筛选与指定表达式匹配的元素集合
filter(fn)	筛选与指定函数返回值匹配的元素集合
is(expr)	使用一个表达式来检查当前选择的元素集合，如果其中至少有一个元素符合给定的表达式，就返回 true
not(expr)	删除与指定表达式匹配的元素
slice(start,[end])	选取一个匹配的子集，与原来的 slice 方法类似
find(expr)	搜索所有与指定表达式匹配的元素，通常用于找出正在处理的元素的后代元素
next([expr])	取得包含匹配的元素集合中每个元素紧邻的后面同辈元素的元素集合
nextAll([expr])	查找当前元素之后的所有元素
parent([expr])	取得包含所有匹配元素的唯一父元素的元素集合
parents([expr])	取得包含所有匹配元素的祖先元素的元素集合(不包含根元素)
prev([expr])	取得包含匹配的元素集合中每个元素紧邻的前面同辈元素的元素集合
prevAll([expr])	查找当前元素之前所有的同辈元素，可以用表达式过滤
siblings([expr])	取得包含匹配的元素集合中每个元素的所有唯一同辈元素的元素集合。可以用可选的表达式进行筛选
end()	回到最近的一次“破坏性”操作之前，也就是将匹配的元素列表变为前一次的状态

例如，有如下 HTML 代码：

```
<p><span>早知道伤心总是难免的</span>，我是赵智暄</p>
```

那么$("p").find("span")的结果为：<span>早知道伤心总是难免的</span>。

13.2.6　使用 jQuery 管理事件

你在上一章已经学习了基本的 JavaScript 事件，相信读者对此事件并不陌生。jQuery 是为事件处理而特别设计的。

jQuery 事件处理方法是 jQuery 中的核心函数。事件处理方法指的是当 HTML 中发生某些事件时调用的方法。

你在本章前面的示例中看到了一些事件处理的例子。本节将进一步学习可以在 jQuery 中使用的众多事件。

1. 使用$().on()和$().off()绑定事件

jQuery 有两个用于管理事件的主要方法：$().on()和$().off()。$().on()用于将事件绑定到选择器返回的匹配元素或匹配集，它接收两个参数：所需监听的事件(如 click)以及当事件发生时触发的函数；而$().off()则用于将事件从元素中移除。

例如，为了使表格的外观美观一些，可以设置当鼠标移动到某行时，该行就改变颜色。如果不使用 jQuery，则需要对表格的每一行都编写 onmouseover 和 onmouseout 事件。有了 jQuery，则只需要使用如下代码：

```
$('#TableId tr').on('mouseover', function() { $(this).css('background-color', 'yellow') });
```

这行代码将找出#TableId 元素中全部的表格行，然后动态分配一个函数，当鼠标悬停在每一行上时，将会调用该函数。要将 onmouseout 事件绑定到一个新的函数，只需要对 bind()方法的第一次调用的返回值再次调用 on()方法即可。jQuery 方法的优点在于，除了应用某些设计或行为，它们会再次返回匹配集，这样就可以对相同的匹配集调用其他方法。这被称为链接，在这个概念中，使用一个方法的结果作为另一个方法的输入，从而产生效果链。

```
$('#TableId tr')
    .on('mouseover', function() { $(this).css('background-color', 'yellow') })
    .on('mouseout', function() { $(this).css('background-color', '') });
```

表 13-4 列出了 jQuery 中可用的常见事件。

表 13-4　常用的 jQuery 事件

事　件	描　述
blur	当元素(如输入元素、选择元素或锚元素)失去焦点时触发
change	当文本输入控件或选择输入控件中的数据发生变化时触发
click	当用户单击鼠标时触发
dblclick	当用户双击鼠标时触发
focus	当元素(如输入元素、选择元素或锚元素)获得焦点时触发
hover	创建“悬停”效果的快捷方式。附加两个事件处理器：一个用于当鼠标进入元素时执行，另一个当鼠标离开元素时触发
keydown	当用户按下某个键盘按键时触发。若用户保持按键为按下状态，则该事件会多次触发
keypress	当字符被插入文本输入控件或文本域时触发。只要用户保持按键为按下状态，该事件就会多次触发
keyup	当用户释放按键时触发
mousedown	当某个鼠标按钮被按下时触发
mouseenter	当鼠标进入某个元素时触发。这是一个增强的 jQuery 事件，它清除了一些与 mouseover 和 mouseout 事件相关的问题
mouseleave	当鼠标离开某个元素时触发。这是一个增强的 jQuery 事件，它清除了一些与 mouseover 和 mouseout 事件相关的问题
mousemove	当鼠标移动时触发
mouseout	当鼠标离开某元素时触发
mouseover	当鼠标位于某元素之上时触发
mouseup	当用户释放某个鼠标按钮的按下状态时触发
resize	当窗口或其他元素的尺寸发生调整时触发
scroll	当窗口或其他元素滚动时触发
select	当某元素被选定时触发
submit	当用户单击提交按钮或采用其他表单提交方式(例如通过按下 Enter 键)时触发

$().on()还有一个可选的选择器参数用于为事件绑定提供上下文环境。使用这个参数能够将

事件绑定到在页面创建时可能尚不存在的元素。例如，要为整个文档中的<a>元素绑定单击事件，可按如下所示使用$().on()：

```
$(document ).on("click", "a", function(){
    //code goes here
});
```

上述代码的含义是“监听整个文档中的每一次单击，如果单击发生于<a>元素之上，则触发事件”。这样做的唯一问题是，会迫使 jQuery 监听整个文档中发生的“每一次”单击。对于某些事件或页面来说，这样做可能非常缓慢。

为监听可能发生于动态生成的<a>元素上的单击事件，可以按下面的代码片段使用$().on()。其中，事件绑定以一个 ID 选择器开始。这样可以将搜索范围限制到某个单一的元素，从而减少一些额外开销。

```
$("#article" ).on("click", "a", function(){
    //code goes here
});
```

2. jQuery 的其他事件方法

$().on()和$().off()是在 jQuery 1.7 中引入的。它们简化并取代了其他一些用于绑定事件的方法。因此，今后的开发中，更建议使用$().on()和$().off()。但是其他事件方法也可以使用，下面简要介绍这些方法的功能和用法。

jQuery 的其他事件方法可分为以下几种基本类型：

- 事件特定方法，表 13-3 中的每个事件都对应一个事件方法，如$().click()，行为与使用标准的$().on()方法类似，也就是对文档中已经存在的元素的具体事件绑定函数。
- $().bind()和$().unbind()，行为与使用$().on()和$().off()完全一致。
- $().live()和$().die()，这两个方法把事件委托给 document，document 向下寻找符合条件的元素，不用等待 document 加载结束就可以生效。jQuery 1.9 及以上版本弃用了这两个方法。
- $().delegate()和$().undelegate()，它们在更精确的小范围内使用事件委托，性能优于$().live()和$().die()。
- $().one()，为被选元素附加一个事件方法。在每个对象上，这个事件方法只会被执行一次。其他规则与 bind()方法相同。

13.3 jQuery 文档处理

在第 11 章我们学习了使用 DOM 为元素节点增加子元素或文本节点，但是 DOM 提供的方法比较烦琐，需要先选中对象，再定义子节点，最后才能够使用 appendChild()方法实现插入子元素或文本。jQuery 提供的文档处理方法要比 DOM 简单得多，且功能更为强大和灵活。

13.3.1 插入内容

jQuery 把插入操作分为内部插入和外部插入两种。

1. 内部插入

所谓内部插入，就是把内容直接插入指定元素的内部。内部插入主要包含 4 个方法。

- append(content)：与 DOM 的 appendChild()方法功能类似，都是在元素内部增加子元素或文本。
- prepend(content)：与 append()方法作用相同，都是把指定内容插入 jQuery 对象元素中，但是 prepend()方法能够把插入的内容放置在最前面，而不是放置到末尾。
- appendTo(content)：把所有匹配的元素追加到另一个指定的元素或元素集合中。可以理解为 append()方法的反操作，比如$(A).append(B)操作，不是把 B 追加到 A 中，而是把 A 追加到 B 中。
- prependTo(content)：与 appendTo()方法对应，能够把所有匹配的元素前置到另一个指定的元素或元素集合中。

例如，有如下 HTML 代码：

```
<p>其实你不懂我的心</p>
<p>没有未完成的故事，只有未死的心</p>
<b class="foo">我不难过</b>
```

那么对于如下 jQuery 代码：

```
$("p").append("<b>赵智暄</b>");
```

执行结果为：

```
<p>其实你不懂我的心<b>赵智暄</b></p>
<p>没有未完成的故事，只有未死的心<b>赵智暄</b></p>
<b class="foo">我不难过</b>
```

2. 外部插入

所谓外部插入，就是把内容插入指定 jQuery 对象的相邻元素内。与内部插入基本类似，外部插入也包含 4 个方法。

- after(content)：在每个匹配的元素之后插入内容。
- before(content)：在每个匹配的元素之前插入内容。
- insertAfter(content)：把所有匹配的元素插入另一个指定的元素或元素集合的后面。
- insertBefore(content)：把所有匹配的元素插入另一个指定的元素或元素集合的前面。

例如，有如下<div>元素和<p>元素：

```
<p>我想</p>
<div id="box">你一定不知道</div>
```

可以使用如下任意一条 jQuery 代码，颠倒两个元素(<div>和<p>)的排列顺序：

```
$("div").after($("p"));
```

```
$("p").before($("#box")[0]);
$("p").insertAfter($("div"));
$("div").insertBefore($("p"));
```

上述 4 个方法可以实现相同的功能，但是它们的作用却各有侧重。

13.3.2　嵌套结构

嵌套与插入有几分相似，虽然它们都可以实现相同的操作，但是两者在概念上还是存在一些区别。嵌套重在结构的构建，而插入侧重内容的显示。jQuery 定义了 3 个实现嵌套的方法和一个取消嵌套的方法。

- wrap()：把所有匹配的元素分别用指定的内容或元素包裹起来。这种包装对于在文档中插入额外的结构化标记最有用，而且不会破坏原始文档的语义品质。参数可以是以下 3 种：HTML 代码(如"<div></div>")、新元素(如 document.createElement("div"))和已存在的元素(如$(".div1"))。
- wrapAll()：把所有匹配的元素用指定的内容或元素包裹起来。参数与 wrap()方法一样。
- wrapInner()：把匹配的每个元素的子内容(包括文本节点)用指定的内容或元素包裹起来。参数与前面两个方法一样。
- unwrap()：移除元素的父元素。这能快速取消 wrap()方法的效果。匹配的元素及其同辈元素会在 DOM 结构中替换它们的父元素。

例如，对于如下 3 个超链接文本：

```
<a href="~/Index.aspx">首页</a>
<a href="~/Info.aspx">概述</a>
<a href="~/About.aspx">关于</a>
```

如果希望为每个超链接包裹一个<div>标签，则可以使用如下 jQuery 语句：

```
$("a").wrap("<div></div>");
```

最终显示效果的代码结构如下：

```
<div><a href="~/Index.aspx">首页</a></div>
<div><a href="~/Info.aspx">概述</a></div>
<div><a href="~/About.aspx">关于</a></div>
```

如果已有如下包裹代码：

```
<div>
    <p>说过的话</p>
    <p>做过的事</p>
    <p>走过的路</p>
</div>
```

要移除<div>元素，则可以使用如下 jQuery 代码：

```
$("p").unwrap();
```

所得结果如下：

```
<p>说过的话</p>
<p>做过的事</p>
<p>走过的路</p>
```

13.3.3 替换结构

jQuery 提供了 replaceWith(content)和 replaceAll(selector)方法来实现 HTML 结构的替换。

replaceWith()能够将所有匹配的元素替换成指定的 HTML 或 DOM 元素。例如，对于下面的 3 个 span 元素，使用 replaceWith()把匹配的所有 span 元素及其包含的文本都替换为“<div>歌曲</div>”。

```
<span>天堂</span><span>爱情买卖</span><span>传奇</span>
<script language="javascript" type="text/javascript">
    $("span").replaceWith("<div>歌曲</div>");
</script>
```

最后，得到的效果如下：

```
<div>歌曲</div><div>歌曲</div><div>歌曲</div>
```

replaceAll(selector)与 replaceWith(content)的作用相同。差异在于语法：内容和选择器的位置。例如，要实现上面的替换效果，使用 replaceAll()方法的话就要这样写：

```
$("<div>歌曲</div>").replaceAll("span");
```

13.3.4 删除结构

删除结构可使用 3 个方法：empty()、remove([expr])和 detach([expr])。

1. empty()

使用 empty()方法可以删除匹配元素包含的所有子节点。例如，在下面的示例中将删除 div 元素中的所有子节点和文本，返回两对空标签。

```
<div>赵智暄</div>
<div><p>开心每一天</p></div>
<script language="javascript" type="text/javascript">
    $("div").empty();
</script>
```

2. remove([expr])

使用 remove([expr])方法可以删除匹配的元素，或者删除符合表达式要求的匹配元素。例如，在下面的示例中将删除 div 元素及其包含的子节点，最后返回的是“<p>这个段落保留</p>”。

```
<div>当看破一切的时候</div>
<div><p>才知道</p></div>
<p>这个段落保留</p>
<script language="javascript" type="text/javascript">
```

```
        $("div").remove();
</script>
```

3. detach([expr])

使用 detach ([expr])方法可以从 DOM 中删除所有匹配的元素。这个方法不会把匹配的元素从 jQuery 对象中删除，因而可以在将来继续使用这些匹配的元素。与 remove()不同的是，所有绑定的事件、附加的数据等都会保留下来。例如，在下面的示例中将删除具有 hello 类的<p>元素，最后返回的是“昆明湖畔的<p>小石头吗?</p>”。

```
<p class="hello">还记得</p>昆明湖畔的<p>小石头吗?</p>
<script language="javascript" type="text/javascript">
        $("p").detach(".hello");
</script>
```

13.3.5　复制结构

复制结构主要使用 clone()方法。该方法用来克隆匹配的 DOM 元素并选中克隆的元素。例如，在下面的示例中，先使用 clone()方法克隆 div 元素，然后再把它插入 p 元素内。

```
<div >被复制的结构</div>
<p>哈哈</p>
<script language="javascript" type="text/javascript">
        $("div").clone().appendTo("p");
</script>
```

最后，插入结果为：

```
<div 被复制的结构</div>
<p>哈哈<div>被复制的结构</div></p>
```

clone()方法其实有一个布尔参数，如果不指定的话，默认为 false；如果指定了为 true，那么 clone(true)方法不仅能够克隆元素，而且可以克隆元素定义的事件。例如，在上面的示例中，如果为 div 元素定义 onclick 属性事件，那么使用 clone(true)方法将会在克隆元素中也包含 onclick 属性事件。

```
<div onclick="alert('Hello 一凡')"> 被复制的结构</div>
<p>哈哈</p>
<script language="javascript" type="text/javascript">
        $("div").clone(true).appendTo("p");
</script>
```

克隆结果为：

```
<div onclick="alert('Hello 一凡')"> 被复制的结构</div>
<p>哈哈<div onclick="alert('Hello 一凡')"> 被复制的结构</div></p>
```

13.3.6 设置内容和属性

jQuery 用来设置或获取元素内容的方法有 3 个。

- text()：设置或获取所选元素的文本内容。如果指定参数，则表示将元素的文本内容设置为该值；如果不指定参数，则用于获取元素的文本内容。
- html()：设置或获取所选元素的内容(包括 HTML 标记)，与 innerHTML 属性类似。同样，使用参数的话表示设置元素内容，不使用参数的话表示获取元素内容。
- val()：设置或获取被选元素的值。该方法主要用于 input 元素，与 value 属性类似。同样，使用参数的话表示设置元素的值，不使用参数的话返回被选元素的当前值。

设置或获取属性的方法是 attr()，根据参数的不同，工作方式也不同：如果只有一个参数，则表示获取属性的值；如果有两个参数，则第 1 个参数是属性名，第 2 个参数是属性值，也可以同时设置多个属性的值，此时的参数是一对用大括号括起来的属性/值对。例如，下面的代码分别用于获取属性值、设置单个属性值和设置多个属性值：

```
$("img").attr("width");          //获取 width 属性的值
$("img").attr("width","180");  //设置 width 属性的值
$("img").attr({width:"50",height:"80"});  //同时设置 width 和 height 属性的值
```

13.4 jQuery 动画与特效

jQuery 最美好的事情之一就是提供了很多特效和动画方法。在例 13-2 中，为 slide 层使用 slideUp()和 slideDown()来隐藏和显示元素，这只是 jQuery 提供的诸多特效和动画方法中的两个。本节将介绍其他一些常用的动画方法，如表 13-5 所示。

表 13-5　常用的 jQuery 动画方法

方　法	描　　述
show() hide()	通过递减 height、width 和 opacity(使它们变为透明)隐藏或显示匹配元素。这两个方法都允许定义固定的速度(慢、快)或动画持续时间(单位为毫秒)。示例如下：$('h1').hide(1000); $('h1').show(1000);
toggle()	toggle()方法在内部使用 show()和 hide()来改变匹配元素的显示方式。换言之，可见元素将被隐藏，不可见元素将会显示。示例：$('h1').toggle(2000);
slideDown() slideUp(() slideToggle()	类似于 hide()和 show()，这些方法隐藏或显示匹配元素。但是，这是通过将元素的 height 从当前尺寸调整为 0，或者从 0 调整为初始尺寸来实现的。slideToggle()方法会展开隐藏的元素，卷起可见的元素，从而可以使用一个动作重复地显示和隐藏元素
fadeIn() fadeOut() fadeTo()	这些方法通过修改匹配元素的不透明度显示或隐藏它们。fadeOut()将不透明度设置为 0，使元素完全透明，然后将 CSS display 属性设置为 none，从而完全隐藏元素。fadeTo()允许指定不透明度(0 到 1 之间的数字)，以便决定元素的透明程度。这 3 个方法都允许定义固定的速度(慢、中、快)或动画持续时间(单位为毫秒)。示例如下：$('h1').fadeOut(1000); $('h1').fadeIn(1000); $('h1').fadeTo(1000, 0.5);
fadeToggle()	在 fadeIn()和 fadeOut()方法之间进行切换

(续表)

方　法	描　述
animate()	animate()方法执行 CSS 属性集的自定义动画。该方法通过 CSS 样式将元素从一种状态改为另一种状态。CSS 属性值是逐渐改变的，这样就可以创建动画效果。例如下面的样式在 1.5 秒的时间内平滑地进行动画显示： $('h1').animate({ opacity: 0.4, marginLeft: '50px', fontSize: '50px' }, 1500);
stop()	停止指定元素上正在运行的所有动画

【例 13-4】 使用 jQuery 动画特效。

新建一个名为 13-4.html 的页面，输入如下代码：

```
<!DOCTYPE html>
<html>
  <head>
        <meta charset="GB2312" />
        <title>jQuery 动画效果</title>
    <script src="jquery-3.3.1.min.js"></script>
        <style type="text/css">
            #photoShow{
                border: solid 1px #C5E88E;
                overflow: hidden; /*图片超出 div 的部分不显示*/
                width: 490px;
                height: 289px;
                background: #C5E88E;
                position: absolute;
            }
            .photo{
                position: absolute;
                top: 0px;
            }
            .photo img{
                width: 400px;
                height: 289px;
            }
            .photo span{
                padding: 5px 0px 0px 5px;
                width: 400px;
                height: 30px;
                position: absolute;
                left: 0px;
                bottom: -32px; /*介绍性内容在开始的时候不显示*/
```

```
                background: black;
                color: #FFFFFF;
            }
        </style>
    </head>
    <body>
        <div id="photoShow">
            <div class="photo">
                <img src="images/image1.jpg" />
                <span>小荷才露尖尖角</span>
            </div>
            <div class="photo">
                <img src="images/image2.jpg" />
                <span>飞流直下三千尺</span>
            </div>
            <div class="photo">
                <img src="images/image3.jpg" />
                <span>曲项向天歌</span>
            </div>
            <div class="photo">
                <img src="images/image4.jpg" />
                <span>两个黄鹂鸣翠柳</span>
            </div>
            <div class="photo">
                <img src="images/image5.jpg" />
                <span>万条垂下绿丝绦</span>
            </div>
        </div>
    <script type="text/javascript">
      $(document).ready(function () {
        var imgDivs = $("#photoShow>div");
        var imgNums = imgDivs.length; //图片数量
        var divWidth = parseInt($("#photoShow").css("width")); //显示宽度
        var imgWidth = parseInt($(".photo>img").css("width")); //图片宽度
        var minWidth = (divWidth - imgWidth) / (imgNums - 1); //其他图片的宽度
        var spanHeight = parseInt($("#photoShow>.photo:first>span").css("height")); //span 高度
         imgDivs.each(function (i) {
            $(imgDivs[i]).css({ "z-index": i, "left": i * (divWidth / imgNums) });
            $(imgDivs[i]).hover(function () {
             $(this).find("span").stop().animate({ bottom: 0 }, "slow");
             imgDivs.each(function (j) {
               if (j <= i) {
                 $(imgDivs[j]).stop().animate({ left: j * minWidth }, "slow");
               } else {
             $(imgDivs[j]).stop().animate({ left: (j - 1) * minWidth + imgWidth }, "slow");
               }
```

```
                });
            }, function () {
                imgDivs.each(function (k) {
                    $(this).find("span").stop().animate({ bottom: -spanHeight }, "slow");
                    $(imgDivs[k]).stop().animate({ left: k * (divWidth / imgNums) }, "slow");
                });
            });
        });
    });
  </script>
    </body>
</html>
```

在文档就绪函数中，首先定义了一些变量，然后使用each()方法对每一个匹配的元素进行事件处理。通过hover()方法来处理鼠标的hover事件。在这里，所有的动画效果都是通过animate()方法修改CSS，进而控制元素的显示位置来实现的。调用animate()方法前，调用stop()方法可停止当前元素正在执行的所有事件。

在浏览器中打开该页面，初始状态如图 13-6 所示。当鼠标进入图片区域后，将以大图显示当前所在的图片，相应的其他图片将缩小，如图 13-7 所示。

图 13-6　以平均大小显示所有图片

图 13-7　鼠标进入图片区域时动态显示图片

13.5　本章小结

本章主要介绍了 jQuery 的基本语法和使用技巧，包括 jQuery 概述、jQuery 语法基础和 jQuery 文档处理。首先介绍的是为什么使用 jQuery 以及如何在页面中加入 jQuery；然后讲述 jQuery 的基本语法，包括文档就绪函数 ready、选择器、筛选器、应用 css 方法、访问 jQuery 对象和使用 jQuery 管理事件等；接着对 jQuery 的文档处理进行简要说明，jQuery 提供的文档处理方法要比 DOM 简单得多，且功能更为强大和灵活；最后通过一个实例介绍 jQuery 的动画与特效功能。本章介绍的仅仅是 jQuery 的一小部分功能，是使用 jQuery 进行网页设计开发的基础，至于更多高级功能和技巧，读者可参考相关书籍或在线教程自行学习。

13.6 思考和练习

1. jQuery 是一个轻量级的脚本，本质上是一个________文件，可以像使用________文件一样在页面中引入该文件。

2. $().on()用于将事件绑定到选择器返回的匹配元素或匹配集，它接收两个参数：所需监听的事件和________。

3. 在 jQuery 中，要给第一个指定的元素添加样式，下面哪个选项是正确的？(　　)

A. first　　B. eq(1)　　C. css(name)　　D. css(name,value)

4. 如果需要匹配包含文本的元素，可使用下面哪个方法来实现？(　　)

A. text()　　B. contains()　　C. input()　　D. attr(name)

5. empty()和 remove([expr])方法有什么不同？

6. jQuery 的层级选择器有哪些？分别有什么功能？

7. size()方法和 length 属性有何异同点？

8. 有如下<div>元素和<p>元素：

```
<p>卑微地爱</p><div id="box">不如高傲地离开</div>
```

如何使用 jQuery 代码颠倒两个元素的排列顺序？

第 14 章

构建企业网站

到目前为止，我们已经系统地学习了 HTML、CSS 和 JavaScript 的主要知识点。但是，许多读者发现，哪怕将前面章节中的每个知识点都学了一遍并敲过一遍代码，将所有知识点都熟记于心，到了实际项目开发时，仍然有不知从何下手的感觉。事实上，很多大学毕业生在走向社会求职时，都会感到这样的焦虑——好像自己学了很多知识，但是对实际工作没什么用，或者不知道怎么下手应用所学的技术去做实际项目。为此，本章将结合实际的项目开发流程，根据实际的业务需求，讲解如何使用 HTML、CSS 和 JavaScript 来开发实际的项目或产品。

本章的学习目标：

- 了解企业网站的开发流程
- 了解企业网站的主要功能
- 掌握网页的组织结构布局
- 掌握所有 HTML 标签的含义和应用
- 掌握 CSS 的定位和布局属性
- 掌握 CSS 的属性设置

14.1 企业网站设计指南

企业网站是商业性和艺术性的结合，同时也是企业文化的载体，通过视觉元素，承接企业的文化和品牌。制作企业网站通常需要根据企业所处的行业、企业自身的特点、企业的主要客户群以及企业最全的资讯等信息，才能制作出适合企业特点的网站。

14.1.1 网站的开发流程

在网络上，企业形象的树立已成为企业宣战的重点，越来越多的企业更加重视自己的网站。建设企业网站能够提供企业形象，吸引更多的人关注公司产品，以获得更长远的发展。本节将介绍一般企业网站的开发流程。

1. 确定建站目标

网站建设流程的第一步，是为网站设立目标，目标不能是抽象化的、简单的。比如，想做一个很漂亮的网站，想做一个功能很强大的网站，类似这种描述太过抽象和简单，因而无法准确确定网站的目标。做网站之前，要先问问，为什么要做网站？网站是否有移动端？网站的目标用户群是哪些？用什么办法吸引访问者？虽说不能指望所有访问者都会喜欢这个网站，但对网站的目标描述得越清楚、越详细，网站访问量就会越大，网站建设就越有可能成功。在建设任何网站之前，这都是值得认真思考的问题。

2. 需求分析

确定好建站目标后，接着需要进行需求分析。那么，需求分析的内容包括什么？比如，客户想要什么类型的网站，以及这个网站的风格是什么样的，确定网站域名和空间，等等。

需求可能来自客户(外包软件)，也可能来自用户(自有产品)。其中，客户/用户根据不同类型又可细分为个人用户、企业用户等。

需求分析主要解决做什么的问题，相应的负责人有项目经理、产品经理，甚至需要更高一级的战略规划。

3. 绘制网站原型

根据网站需求分析提炼出来的功能点，产品经理根据需求分析，使用 Axure 等原型绘制工具规划出网站的内容版块草图及交互效果。在这一过程中，产品经理有可能需要根据网站推广需求，根据搜索引擎的抓取习惯来布置网站版块。

4. 收集、整理资料与素材

需求分析过后，除了绘制网站原型之外，还有一项重要的工作就是收集、整理建设网站所需的资料。网站的前期工作需要围绕网站目标来进行，例如网站的架构、网站的功能以及网站所需的图片、文字、动画、视频等资料。分类整理、仔细检查，确保建站的原始资料正确。一般这件事情主要由项目经理指派资料专员去收集。

5. 与网站设计美工确定布局和风格

将网站原型提供给设计人员，由设计人员制作网站效果图。就好比建房子一样，首先画出效果图，然后开始建房子，网站也是如此。

设计人员在根据网站原型设计网站效果图时，还需要确定网站的布局、风格等内容。这需要设计人员进行综合考虑，例如网站所在行业的特色、网站目标人群的特点、建站技术人员的经验、视觉美工的经验等方面。

6. 网站的开发与实现

根据设计人员制作好的网站效果图，前端和后台可以同时进行开发。

- 前端：根据设计人员提供的网站效果图制作静态页面，包括 HTML 页面、CSS 样式和相关的 JavaScript 脚本。

- 后台：根据页面结构和效果图，设计数据库并开发网站后台。这部分工作主要由后端程序员实现。后端程序员需要根据客户提出的网站性能需求，考虑多方因素，例如速度、安全、负载能力、运营成本，进而选择合适的网站编程语言和数据库。

7. 测试网站

在本地搭建服务器，测试网站的功能与性能是否达到预期要求。测试中发现的问题需要记录并反馈给开发人员，开发人员修改后再次测试。这一过程可能需要反复几次，直至网站各方面的细节都已经完善，符合上线发布要求为止。

8. 网站的发布与推广

将开发测试好的网站打包发布到预先申请好的域名服务器，将网站发布到互联网上，供广大网友访问。

为了让潜在客户找到网站，必须在网页搜索引擎中加入自己公司的名称或关键词。如果是一个新的网站，搜索引擎要找到这个网站可能需要一段时间。这时候就需要专业的网络推广团队为网站做优化推广。当然，后续还要进行网站维护工作，包括网站开发完成后经测试出现的程序 bug 和页面问题，修改文字、修改图片、修改 Logo、修改后台管理账号、修改文本颜色、修改 Banner 等。

14.1.2　企业网站的主要功能

一般企业网站主要有以下功能：

(1) 公司概况。包括公司背景、发展历史、主营产品、发展业绩与前景、组织结构和企业文化等，让来访者对公司有个大致了解。

(2) 新闻动态。将公司的发展动态、公告等信息及时发布到网站上，让用户了解公司的发展动向，加深对公司的了解。

(3) 产品展示。对公司的产品进行系统的展示，方便用户了解和选择适合的产品。可以通过某种方式建立起与客户的有效沟通，更好地与客户进行对话，收集反馈信息，从而改进产品质量和提高服务水平。

(4) 网上招聘。可以根据企业自身需求，建立企业网络人才库，方便管理人员发布招聘信息，为企业储备人才。

(5) 售后服务。在网站上提供产品的售后服务与技术支持，及时解决客户在使用中遇到的各类问题，以及提供产品的在线升级等服务。

(6) 联系信息。网站上应该提供足够详尽的联系信息，包括地址、电话、e-mail 和公众号等。方便客户和合作伙伴与公司取得联系。

14.1.3　色彩搭配与风格设计

企业网站给人的第一印象就是网站的色彩，因此确定网站的色彩搭配是相当重要的一步。一般来说，网站的标准色彩不应超过 3 种，太多则会让人眼花缭乱。标准色彩用于网站的标题、导航栏，作为主色调，给人以整体统一的感觉。其他色彩在网站中也可以使用，但只能作为点缀和衬托，绝不能喧宾夺主。

绿色是企业网站中使用较多的一种色彩。在使用绿色作为企业网站的主色调时，通常会使用渐变色过渡，使页面具有立体的空间感。

在设计企业网站时，要采用统一的风格和结构，把各页面组织在一起。所选择的颜色、字体、图形及页面布局应能给用户传达形象化的主题，并引导他们去关注网站的内容。

风格是指网站的整体形象给浏览者的综合感受，包括站点的CI标志、色彩、字体、标语、版面布局、内容价值、存在意义等诸多因素。因此在风格设计方面可着重考虑如下几方面：

(1) 让Logo尽可能出现在每个页面上。

(2) 突出标准色彩。文字的链接色彩、图片的主色彩、背景色、边框等尽量使用与标准色彩一致的色彩。

(3) 突出标准字体。在关键的标题、菜单、图片中使用统一的标准字体。

(4) 想好宣传标语，放在醒目的位置，突出网站的特色。

(5) 使用统一的语气和人称。

(6) 使用统一的图片处理效果。

(7) 创造网站特有的符号或图标。

(8) 展示网站的荣誉和成功作品。

总之，对企业网站从设计风格上进行创新，需要多方面元素的配合，如页面色彩构成、图片布局、内容安排等。

14.2 构建企业网站

HTML5 新增了如下几个结构元素：<section>、<article>、<nav>、<aside>、<header>和<footer>。通过运用这些结构元素，可以更方便地对网页进行布局，使得网页整体结构更直观、明确，更为语义化。本节将以一个企业网站为例，介绍如何综合运用 HTML 和 CSS 对网页进行布局设计和美化。

14.2.1 前期准备工作

前面介绍了网站开发的基本流程，在开始构建网站之前必须确定建站目标，对网站内容进行需求分析，然后形成需求分析说明书。这些通常由专门的人员完成，作为网页制作与开发人员，需要做的主要工作是收集相关资料和素材，根据需求分析说明书和网站原型，进行网页布局设计与开发。

本例中，我们需要准备的工作有，收集相关资料和图片素材，获取jQuery库文件。将所有图片文件放到images目录，将jQuery文件放在js文件夹中。另外新建css文件夹，在其中新建样式表文件mystyle.css。

首先在mystyle.css中定义几个常规元素的字体和内外边距设置：

```
body{
   margin:0; padding:0;
   font-size:12px;
```

```
    font-family:"宋体";
    background:#e7e7e7;
}
*{
    margin:0;
    padding:0;
}
ul,li{
    list-style-type:none;
    color:#000;
}
a{
    color:#444;
    text-decoration:none;
}
a:hover{
    color:#626262;
    text-decoration:none;
    cursor:pointer;
}
```

接下来开始网页的设计与制作。

14.2.2　组织网页结构

本节要建立的是企业网站的首页，页面的整体结构如图 14-1 所示。

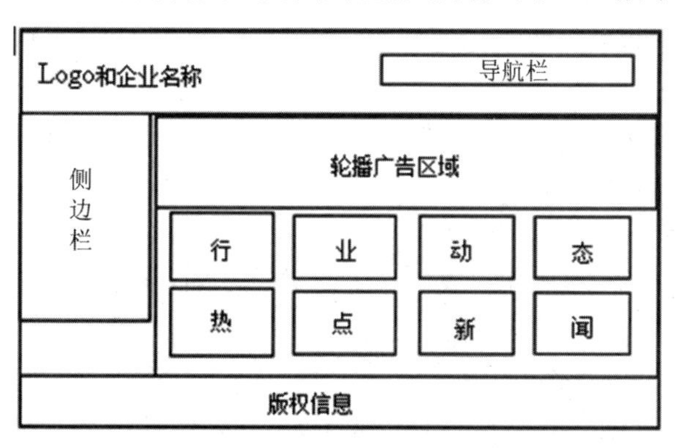

图 14-1　企业网站首页的整体结构

整个页面框架可以大致分为四个部分：第一部分为顶部的标题部分，内容通常包括 Logo 和企业名称以及导航栏；第二部分为侧边栏，这里一般是一些成功案例的导航链接，以及企业的联系方式；第三部分是正中间的主要内容区域，这里通常有轮播广告区域和有关行业动态的图文资讯，单击某个条目可查看详细内容；第四部分为页面底部的版权信息。下面我们就来创建这个网页的基本结构。

首先，新建一个名为 index.html 的页面，保存在 Apache 的 htdocs/exam/ch14 目录下，输入如下代码：

```
<!DOCTYPE html>
<html >
  <head>
    <meta charset="gb2312" />
    <title>一凡科技</title>
    <link href="css/mystyle.css" rel="stylesheet" type="text/css" />
    <script src="js/jquery-3.3.1.min.js"></script>
  </head>
  <body>
    <header>  </header>
    <aside>  </aside>
    <article>
      <div id="lunbobox"></div>
      <div class="n_content"></div>
    </article>
    <div class="clear "></div>
    <footer>  </footer>
  </body>
</html>
```

在页面开头使用<!DOCTYPE html>语句，声明页面将使用HTML5来构建。在<head>标签中，引入样式表文件和jQuery库文件。在正文部分，分别使用<header>、<aside>、<article>和<footer>元素来定义网页的各个部分，接下来将分别完成各部分的设计与开发工作。

14.2.3 设计<header>元素

在企业网站中，通常将企业名称、Logo、整个网站的导航链接以及一些广告图片、广告Flash等放置在<header>元素中，作为网页标题部分。

本例中的标题部分包含一张Logo图片和一个导航条<nav>，代码如下：

```
<header>
  <div id="logo">
    <h1><a href="#"><img src="images/logo.png" alt="一凡科技"/></a></h1>
  </div>
  <nav>
    <ul>
      <li class="first"><a href="#" title="">首页</a></li>
      <li><a href="#" title="">企业动态</a></li>
      <li><a href="#" title="">解决方案</a></li>
      <li><a href="#" title="">服务专区</a></li>
      <li><a href="#" title="">联系我们</a>
      </li>
    </ul>
  </nav>
</header>
```

因为篇幅有限，我们只制作了网站首页，所以代码中的链接都是空链接，实际开发时需要指定相应的页面。

在样式代码中，需要使用如下代码，设置图片和导航链接的属性：

```
#logo{
    position: relative;
    background-color:   #A8C9F5;
    height: 7em;
    padding-left: 2em;
    padding-top: 1em;
}
nav{
    position: absolute;
    top: 3em;
    right: 3em;
}
nav ul{
    list-style: none;
}
nav li{
    display: inline;
    padding-left: 1.1em;
    margin-left: 1em;
    border-left: dotted 1px #4C3A3A;
}
nav li.first{
    border: 0em;
    margin-left: 0em;
    padding-left: 0em;
}
nav li a{
    color: #f00;
    font-size: 1.3em;
    padding: 0.1em;
    text-decoration: none;
}
nav li a:hover{
    text-decoration: underline;
}
```

标题部分的显示效果如图 14-2 所示。

图 14-2　网页标题部分的显示效果

14.2.4 设计<aside>元素

在 HTML5 中，使用<aside>元素来显示当前网页主体内容之外的、与当前网页显示内容相关的一些辅助信息。<aside>元素的显示形式可以多种多样，其中最常用的形式就是侧边栏。

在本例中，<aside>元素的内容分为两部分：解决方案和联系信息。<aside>元素的内部结构如图 14-3 所示。在“解决方案”中同样使用列表来显示一些链接；在“联系信息”中使用<address>来显示联系地址和热线电话等内容，完整的代码如下：

```
<aside>
  <h3>解决方案</h3>
  <ul>
    <li><a href="#">网络安全</a></li>
    <li><a href="#">启蒙幼教</a></li>
    <li><a href="#">数字城市</a></li>
    <li><a href="#">媒体教学</a></li>
    <li><a href="#">地产漫游</a></li>
    <li><a href="#">室内设计</a></li>
    <li><a href="#">数字家庭</a></li>
    <li><a href="#">3D 打印</a></li>
    <li><a href="#">工业仿真</a></li>
    <li><a href="#">AI 医疗</a></li>
  </ul>
  <br><h3>联系我们</h3>
  <address>地址：河北省沧州市运河区永安大道南 11 号一凡科技楼 D 座<br/>
  邮编：061000<br/>
  热线电话：400-000-0001<br/>
  传真：0317-3208842<br/>
  网址：www.yifan.com</address>
</aside>
```

侧边栏的布局和样式相关的 CSS 代码如下：

```
aside{
  position: relative;
  float: left;
  width: 14em;
  padding: 3em 2em 1.5em 2em;
  background-color: #fff ;
}
aside li{
  padding: 1.4em 1em 0em 1em;
}
```

侧边栏的显示效果如图 14-4 所示。

aside
h3
ul
h3
address

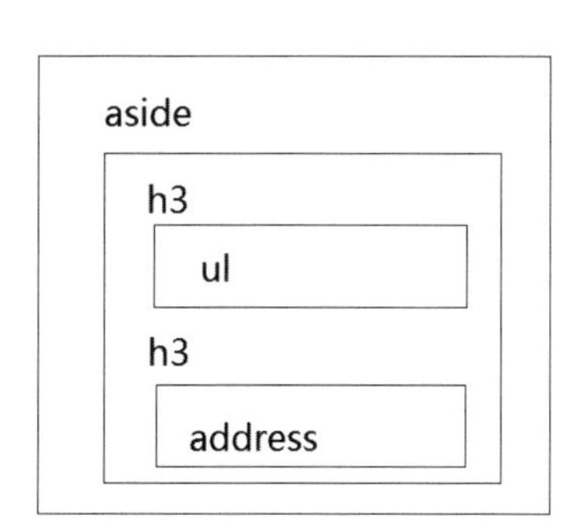

图 14-3　侧边栏的内部结构

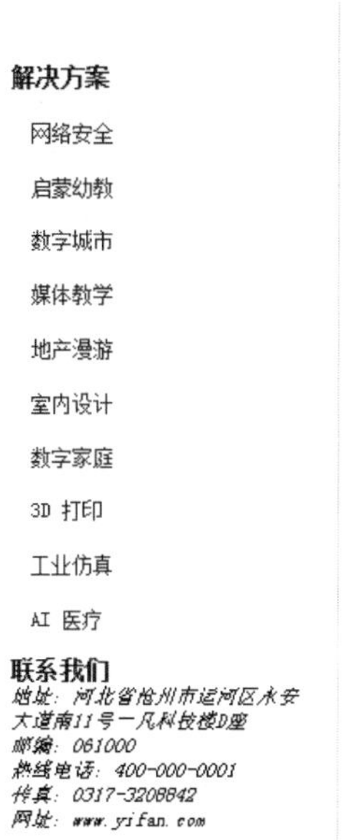

解决方案
网络安全
启蒙幼教
数字城市
媒体教学
地产漫游
室内设计
数字家庭
3D 打印
工业仿真
AI 医疗
联系我们
地址：河北省沧州市运河区永安
大道南11号一凡科技楼D座
邮编：061000
热线电话：400-000-0001
传真：0317-3208842
网址：www.yifan.com

图 14-4　侧边栏的显示效果

14.2.5　设计页面主体部分

页面的主体部分包含两部分，上面是轮播广告区域，下面是一些图文混排的盒子。从前面的网页结构代码可以看出，在<article>内部有两个<div>，分别对应这两部分。这个<article>元素的结构图如图 14-5 所示。

轮播广告区域
图片
文字 文字 ...
文字 ...
更多
图片
文字 文字 ...
文字 ...
更多
图片
文字 文字 ...
文字 ...
更多
图片
文字 文字 ...
文字 ...
更多

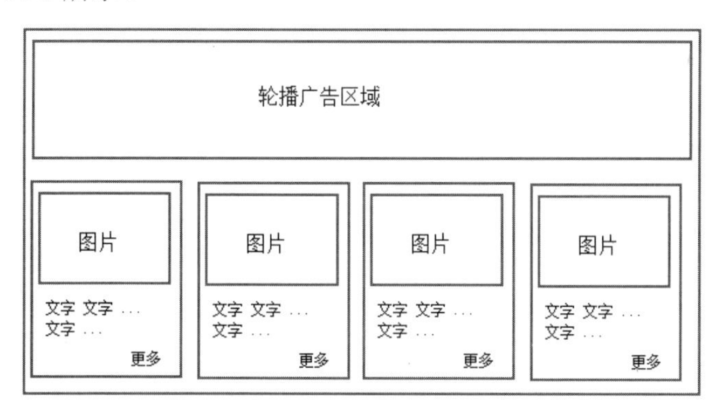

图 14-5　页面主体部分的结构图

1. 轮播图

在轮播图的盒子中，包括用于轮播的图片列表和可以通过鼠标单击切换图片的<ul>列表。完整的代码如下：

```
<div id="lunbobox">
  <div class="lunbo">
    <a href="#"><img src="images/Lb1.jpg" alt="" /></a>
    <a href="#"><img src="images/Lb2.jpg" alt="" /></a>
```

```
        <a href="#"><img src="images/Lb3.jpg" alt="" /></a>
        <a href="#"><img src="images/Lb4.jpg" alt="" /></a>
        <a href="#"><img src="images/Lb5.jpg" alt="" /></a>
    </div>
    <ul id="num">
        <li></li>
        <li></li>
        <li></li>
        <li></li>
        <li></li>
    </ul>
</div>
```

这部分布局和显示效果的CSS样式代码如下：

```
#lunbobox {
    width:960px;
    height:300px;
    position:relative;
}
.lunbo img {
    width:960px;
    height:300px;
    position:absolute;
    top:10px;
    left:1em;
}
#lunbobox ul {
    width:960px;
    position:absolute;
    bottom:10px;
    left:20px;
    right:0px;
    z-index:5;
}
#lunbobox ul li {
    cursor:pointer;
    width:10px;
    height:4px;
    border:1px solid #cccccc;
    float:left;
    list-style:none;
    background:#cccccc;
    text-align:center;
    margin:0px 5px 0px 0px;
}
```

这里的样式设置<ul>列表位于图片的左下方，列表项<li>显示为小方框，如图 14-6 所示。实现轮播后，用鼠标单击每个小方框也可以切换图片。

图 14-6　轮播图的显示效果

图片的轮播需要使用 jQuery 来实现，可以直接在页面中嵌入如下.js 脚本：

```
<script type="text/javascript">///轮播
var t;
var index = 0;
/////自动播放
t = setInterval(play, 3000)//每 3 秒切换一张图
function play() {
    index++;
    if (index > 4) {
        index = 0
    }
    $("#lunbobox ul li").eq(index).css({
        "background": "#999",
        "border": "1px solid #ffffff"
    }).siblings().css({
        "background": "#cccccc",
        "border": ""
    })
    $(".lunbo a ").eq(index).fadeIn(1000).siblings().fadeOut(1000);
};
///单击鼠标 切换图片
$("#lunbobox ul li").click(function() {
    $(this).css({
        "background": "#999",
        "border": "1px solid #ffffff"
    }).siblings().css({
        "background": "#cccccc"
    })
    var index = $(this).index(); //获取索引 图片索引与按钮的索引是一一对应的
    $(".lunbo a ").eq(index).fadeIn(1000).siblings().fadeOut(1000); // 找到兄弟节点
});
//鼠标的移进和移开
```

```
$("#lunbobox ul li,.lunbo a img").hover(
    function() { //鼠标移进
        clearInterval(t);
    },
    function() {//鼠标移开
        t = setInterval(play, 3000);
        function play() {
            index++;
            if (index > 4) {
                index = 0
            }
            $("#lunbobox ul li").eq(index).css({
                "background": "#999",
                "border": "1px solid #ffffff"
            }).siblings().css({
                "background": "#cccccc"
            })
            $(".lunbo a ").eq(index).fadeIn(1000).siblings().fadeOut(1000);
        }
    })
</script>
```

这是比较简单的轮播代码，每隔 3 秒播放一张图片，单击相应的<li>列表项也可以切换图片。

2. 图文资讯

article 元素的第二部分是一些方块盒子组成的图文资讯区域。每个盒子的实现都是相同的，上面是图片，中间是几行超链接文本，最后是用于显示“更多”资讯的链接。

下面给出其中一个盒子的实现代码：

```
<div class="n_vr">
  <div class="n_vr_tp">
    <a href="#"><img src="images/banner1.jpg" alt="幼儿启蒙教育" /></a>
  </div>
  <div class="n_vr_wz">
    <ul>
      <li><a href="#">“一凡杯”沧州幼儿启蒙教育研讨会</a></li>
      <li><a href="#">国内首家全新科技启蒙听听</a></li>
      <li><a href="#">在家也能做出好成绩，来试试</a></li>
      <li><a href="#">人间四月芳菲尽，原来这里</a></li>
    </ul>
  </div>
  <div class="n_vr_more">
    <a href="#">&gt;&gt; 更多</a>
    </div>
  </div>
```

这个盒子中的 3 个子元素分别使用了不同的 CSS 类，相应的 CSS 代码如下：

```
.n_vr{
    width:234px;
    float:left;
    background:#fff;
    border-bottom:1px solid #d3d3d3;
    margin:33px 8px 0 0;
    display:inline;
}
.n_vr_tp{
    width:234px;
}
.n_vr_wz{
    width:234px;
    padding:10px 0 15px 0;
    overflow:hidden;
}
.n_vr_wz ul li{
    line-height:26px;
    float:left;
    width:220px;
    margin-left:14px;
    display:inline;
    text-indent:10px;
}
.n_vr_wz ul li a{
    display:block;
}
.n_vr_wz ul li a:hover{
    color:#28a7e1;
}
.n_vr_more{
    width:220px;
    padding:0 14px 10px 0;
    line-height:20px;
    text-align:right;
}
.n_vr_more a{
    color:#28a7e1;
}
```

除此之外，整个<article>元素的布局设置如下：

```
article{
    background-color: #fff;
    float: right;
    margin: 0em -19em 0em -19em;
```

```
    width: 100%;
}
```

主体部分的显示效果如图 14-7 所示。

图 14-7　主体部分的显示效果

14.2.6　设计版权信息

在设计网页结构时给出的代码中，在<article>和<footer>元素之间，还有如下一行代码：

```
<div class="clear "></div>
```

这个 div 是为了布局方便而添加的，它实际不显示任何内容，它的存在是为了让<footer>元素位于页面的底端。为此，我们对这个空的 div 应用 clear 属性，相应的 CSS 代码如下：

```
.clear{
    clear: both;
}
```

页面底部是版权信息显示部分，这部分的代码比较简单，代码如下：

```
<footer>
    <p>一凡科技有限公司 （2018-2025）版权所有 本网站信息未经允许，不得转载</p>
    <p>全国咨询热线：400-000-0001 公司总部：0317-3208842</p>
    <p>冀 ICP 备 317214 号-4 </p>
</footer>
```

样式设置也很简单，主要是 position 和 text-align 属性，代码如下：

```
footer{
    position: relative;
    z-index: 1;
    border-top: dashed 1px #dfdfdf;
    padding: 1em 0em 2em 0em;
    margin: 1em 2em 0em 2em;
    text-align: center;
}
```

版权信息部分的显示效果如图 14-8 所示。

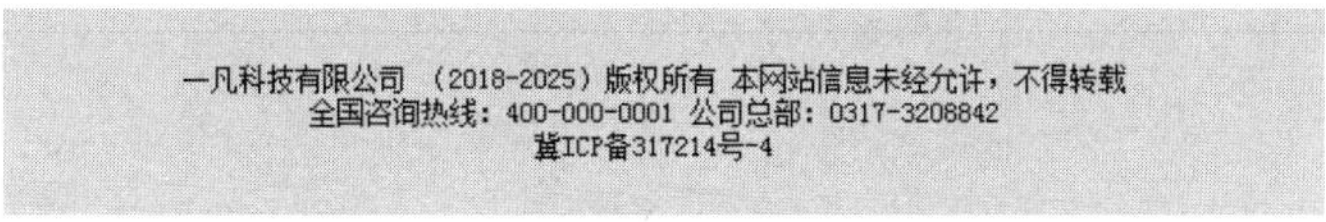

一凡科技有限公司 （2018-2025）版权所有 本网站信息未经允许，不得转载
全国咨询热线：400-000-0001 公司总部：0317-3208842
冀ICP备317214号-4

图 14-8　版权信息部分的显示效果

14.3　测试网页

因为我们只制作了网站的首页，并且页面中的链接都是空的，所以只能测试首页的显示情况以及轮播图是否能够自动播放。进行实际项目测试时，需要逐个单击网页中的链接，查看链接是否正确，并测试所有页面。

通过浏览器打开 index.html 页面，显示效果如图 14-9 所示。

localhost/exam/ch14/index.html
一凡科技
QueenG
首页
企业动态
解决方案
服务专区
联系我们
解决方案
互动化旅游
教学平台
炒房

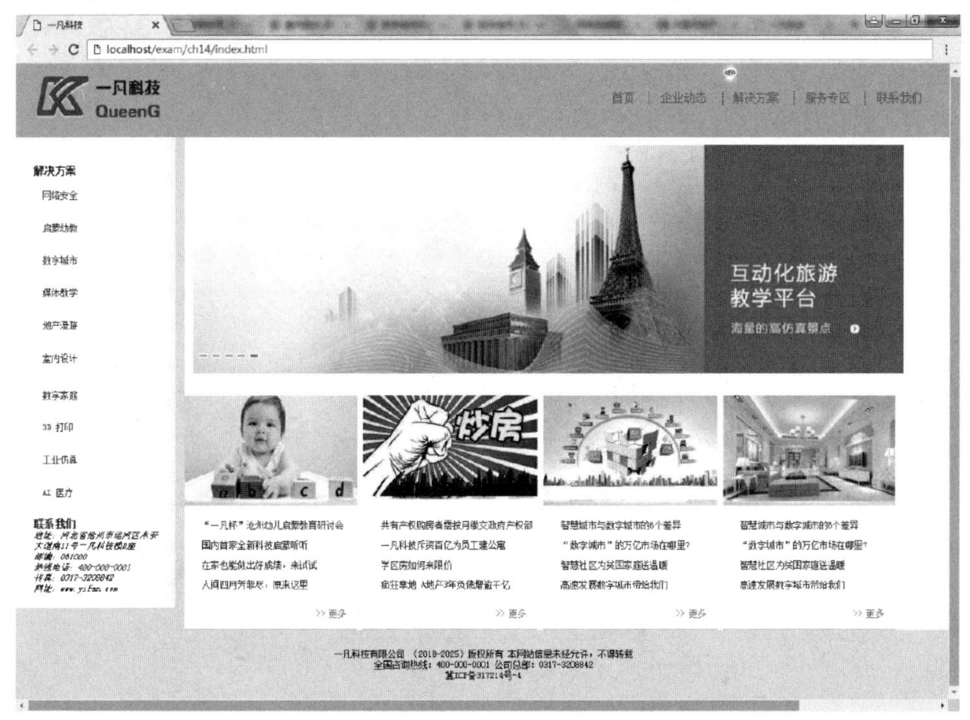

图 14-9　企业网站首页的显示效果

14.4 本章小结

本章综合运用全书所学内容，设计并制作了一个企业网站的首页。首先介绍的是企业网站的设计指南，包括网站开发的基本流程、企业网站的主要功能以及色彩搭配和风格设计；然后从零开始，组织并设计一个企业网站的首页，这是目前企业网站常用的一种布局，由于篇幅所限，我们只设计实现了首页，读者可自行实现其他页面；最后对页面显示效果进行了测试。

参考文献

[1] 胡秀娥. HTML+CSS+JavaScript 网页设计与布局实用教程[M]. 2 版. 北京：清华大学出版社，2018

[2] 李东博. HTML5+CSS3 从入门到精通[M]. 北京：清华大学出版社，2013

[3] 未来科技. HTML5+CSS3+JavaScript 从入门到精通[M]. 标准版. 北京：中国水利水电出版社，2017

[4] 张树明. Web 前端设计基础——HTML5、CSS3、JavaScript[M]. 北京：清华大学出版社，2017

[5] [美]Rob Larsen 著；崔楠 译. HTML5 & CSS3 编程入门经典[M]. 北京：清华大学出版社，2014

[6] 石磊，王维哲，李娜，谢昆鹏，王鹏程. HTML5+CSS3 网页设计基础教程[M]. 北京：清华大学出版社，2018

[7] 刘玉红. HTML5+CSS3+JavaScript 网页设计案例课堂. 北京：清华大学出版社，2015

[8] [美]Thomas A.Powell 著；刘博 译. HTML 5&CSS 完全手册[M]. 5 版. 北京：清华大学出版社，2011

[9] 王爱华，刘锡冬，王轶凤. HTML+CSS+JavaScript 网页设计实用教程[M]. 北京：清华大学出版社，2017

[10] 车云月. 精通 HTML+CSS 网页开发与制作[M]. 北京：清华大学出版社，2018

[11] 阮晓龙，耿方方，许成刚. Web 前端开发 HTML5+CSS3+jQuery+AJAX 从学到用完美实践[M]. 北京：中国水利水电出版社，2016

[12] 杨春元. ASP.NET 4.5 动态网站开发实用教程. 北京：清华大学出版社，2014

[13] 孟庆昌，王津. HTML5 CSS3 JavaScript 开发手册. 北京：机械工业出版社，2013

[14] http://www.w3school.com.cn

[15] http://www.runoob.com/

[16] http://www.w3cplus.com/content/css3-animation

[17] https://www.w3.org/